CW01374245

カラー図解　アメリカ版　大学生物学の教科書

第２巻　分子遺伝学

D. サダヴァ他　著

石崎泰樹
丸山　敬　監訳・翻訳

LIFE 8th edition Chapter 2, 3 and 4 by David Sadava, H. Craig Heller, Gordon H. Orians, William K. Purves, and David M. Hillis.
First published in the United States by Sinauer Associates, Inc., Sunderland, MA

Japanese translation published by arrangement with W. H. Freeman and Company, a division of Bedford, Freeman and Worth Publishers LLC through The English Agency (Japan) Ltd.

カバー装丁／芦澤泰偉・児崎雅淑
カバー写真／© Mike Agliolo / Photo Researchers / PPS
本文・目次デザイン／長橋誓子

監訳者まえがき

本シリーズ、すなわち『カラー図解　アメリカ版　大学生物学の教科書』シリーズは、米国の生物学教科書『LIFE』(eighth edition) から「細胞生物学」、「分子遺伝学」、「分子生物学」の３つの分野を抽出して翻訳したものである。『LIFE』のなかでも、この３つの分野は出色のできであり、その図版の素晴らしさは筆舌に尽くしがたい。図版を眺めるだけでも生物学の重要事項をおおよそ理解することができるが、その説明もまことに要領を得たもので、なおかつ奥が深い。我々はこの３分野を『LIFE』の精髄と考え、訳出したが、本書を読んでさらに生物学に興味を持った方々は、大部ではあるが是非原著に「挑戦」してほしい。

『LIFE』は全57章からなる教科書で、学生としての過ごし方や実験方法からエコロジーまで幅広く網羅している。世界的に名高い執筆陣を誇り、アメリカの大学教養課程における生物学の教科書として、最も信頼されていて人気が高いものである。例えばマサチューセッツ工科大学 (MIT) では、一般教養科目の生物学入門の教科書に指定されており、授業はこの教科書に沿って行われているという。このような教科書を作成し得ること (第一線の研究者の執筆能力とそれを出版することができる経済力) は、ある分野では日本は未だ「後進国」であることを認識させる。

MITでは生物学を専門としない学生もすべてこの教科書の内容を学ばなければならない。生物学を専門としない学生が生物学を学ぶ理由は何であろうか？　一つは一般教養を高めて人間としての奥行きを拡げるということがあろう。また、その学生が専門とする学問に生物学の考え方・知識を導入して発展させるという可能性もある。さらには、文系の学生が生物学の考え方・知識を学んでおけば、その学生が将来官界・財界のトップに立ったときに、バイオテクノロジーの最先端の研究者とのあいだの意思疎通が容易になり、バイオテクノロジー分野の発展が大いに促進されることも期待できる。すなわち技術立国の重要な礎となる可能性がある。また、一般社会常識として、さまざまな研究や新薬を冷静に評価できるようになろう。例えば、癌治療法として生物学的には有害な可能性が高い療法が存在している。人間も生物である以上、人間社会を考えるには生物を知らなければならない。

本シリーズを手に取る主な読者はおそらく次の三者であろう。第一は生物学を学び始めて学校の教科書だけでは満足できない高校生。彼らにとって本書は生物学のより詳細な俯瞰図を提供してくれるだろう。第二は大学で生物学・医学を専門として学び始めた学生。彼らにとっては、生物学・医学の大海に乗り出す際の良い羅針盤となるに違いない。第三は現在のバイオテクノロジーに関心を持つが、生物学を本格的に学んだことのない社会人。彼らにとっては、本書は世に氾濫するバイオテクノロジー関連の情報を整理・理解するための良い手引書になるだろう。

本シリーズは以下の構成となっている。

- 第１巻（細胞生物学）：細胞の基本構造、エネルギー代謝、植物の光合成
- 第２巻（分子遺伝学）：染色体と遺伝子の構造と機能
- 第３巻（分子生物学）：情報伝達、遺伝子工学、免疫、発生と分化

まず第１巻で古典的とも言うべき細胞の構造と生化学的な反応を説明し、第２巻では、今日の生物学を支えている分子遺伝学、そして第３巻ではそれらの応用を概説する。各巻はほぼ独立しており、順番どおりではなく、興味のある分野から読み始めても十分に理解できよう。

第２巻目となる本書では遺伝学を取り扱っている。ゲノムプロジェクトの偉業によりヒトを含めて多くの生物種の遺伝子塩基配列が明らかになっている。最近は個人（著名人）の塩基配列すら決定されている。塩基配列自体はA、T、G、Cという４つの文字が羅列されたまさに「暗号」である。この遺伝暗号の意味を理解するためには、遺伝学を知らなければならない。本書では、染色体と細胞分裂、メンデル遺伝学、DNAの構造と複製、DNAをもとにタンパク質が合成される過程、遺伝子発現制御、ウイルス／細菌の遺伝学が解説されている。

第６章では、遺伝情報が正確に次の世代に伝えられる体細胞分裂と、生物の多様性の基盤である減数分裂における染色体の動きを理解しよう。第７章では、この染色体の動きとメンデルの遺伝学とを関連づけてみよう。第８章では、染色体の中の遺伝子の本質であるDNAの複製過程を学ぼう。第９章では、狭義の遺伝暗号であるアミノ酸と塩基配列の対応を知ろう。第10章では、ウイルスと原核生物の遺伝学を学ぼう。第11章では、真核生物の遺伝学、とくに遺伝子発現がどのように制御されているかを垣間見よう。こうして、塩基配列に含まれた情報が具体化されるまでには驚くほど複雑な過程（まだまだ未解決の問題が山積みである）が存在することを理解すれば、私たちの生命・生活（LIFE）と遺伝子の関係（たとえば遺伝情報に基づく医療など）を冷静に判断することができるようになる。

なお、第6、7、8章は浅井将博士（埼玉医科大学医学部助教）に、第9、10、11章は吉河歩博士（埼玉医科大学医学部助教）に翻訳協力いただいた。

2010年5月　　　　　　　　　　　　監訳者　石崎泰樹、丸山敬

付記：本書翻訳過程における渡辺圭太氏ら講談社ブルーバックス出版部の学問的チェックを含めた多大の貢献に深く感謝する。また、出版不況という厳しい状況で学術書の刊行を英断した講談社経営陣にも感謝する。デフレ経済とともに、インターネットによりサービスに対する対価の基準が揺らぎ低下している。良質のサービスを最低以下の価格で提供することが求められている。しかし、コストは誰かが負担しなければならない。書籍は信頼に足る良質な情報源として、玉石混淆の情報が氾濫するインターネット社会だからこそ、ますます重きをなしており、それを得るためには相応の対価が必要であることを改めて強調しておく。

目次

カラー図解

アメリカ版　大学生物学の教科書

第2巻　分子遺伝学

Contents

第1巻・第3巻の構成内容

【各章の翻訳担当者】
第1章〜第5章……石崎泰樹
第6章〜第8章……丸山　敬（翻訳協力／浅井　将）
第9章〜第11章……丸山　敬（翻訳協力／吉河　歩）
第12章〜第15章……丸山　敬
第16章〜第17章……石崎泰樹

第6章

染色体、細胞周期および細胞分裂

ヘンリエッタ・ラックスの不死化細胞

1951年1月28日、5人の子供の母親である31歳のヘンリエッタ・ラックス（Henrietta Lacks、**図6-1**）は、下着に血液の染みがついているのを見つけた。何か問題があると感じた彼女は、近くのジョンズ・ホプキンス病院（メリーランド州ボルチモア）に、夫に連れて行ってもらった。子宮頸部の検査によって血痕の理由が明らかになった。100gぐらいの大きさの腫瘍が見つかったのである。医師は腫瘍の断片を臨床検査室の病理学者に送り、腫瘍が悪性であることが確かめられた。

1週間後、ヘンリエッタは入院して、腫瘍を死滅させるためにラジウムによる放射線治療を受けた。治療を始める前に、医師らは腫瘍からサンプルとして少量の細胞を取り、ジョージ・ゲイ（George Gey）とマーガレット・ゲイ（Margaret Gey）の研究室に送った。このジョンズ・ホプキンスの2人の科学者は、人間の細胞を体の外（すなわち試験管内、*in vitro*）で生存、増殖させようと20年間試行していた。彼らは人間の細胞を試験管内で「飼育」することができれば、癌の治療法を発見するために使えるかもしれないという信念の下に研究をしていた。彼らはヘンリエッタの腫瘍細胞でついに

図6-1　ヘンリエッタ・ラックス
メリーランド州ボルチモアの家の前のヘンリエッタ・ラックス。1951年に癌のために亡くなった。彼女を死に追いやった癌からの培養細胞という形で彼女は財産を残した。

それを実現したのだった。この腫瘍細胞は、彼らがこれまで培養したどんな細胞よりも活発に増殖した。

不運にも、腫瘍細胞はヘンリエッタ・ラックスの体の中でも急速に増殖し、数ヵ月以内で、癌性細胞は彼女の体内のほとんどすべてに広がった。そして彼女は1951年10月4日に亡くなった。同じ日にジョージ・ゲイが全国放送のテレビに登場して、HeLa(ヒーラ)細胞（**図6-2**）と名づけた細胞が入った試験管を示し、癌治療は近いと言った。

著しい増殖能力のため、HeLa細胞は安定した基盤として生物医学の研究に利用された。条件を整えれば、この細胞はウイルスに感染し、ポリオウイルスの産生手段として用いられ、この疾患に対する最初のワクチンが開発された。ヘンリエッタ自身はヴァージニアとメリーランドの外には行ったことがなかっ

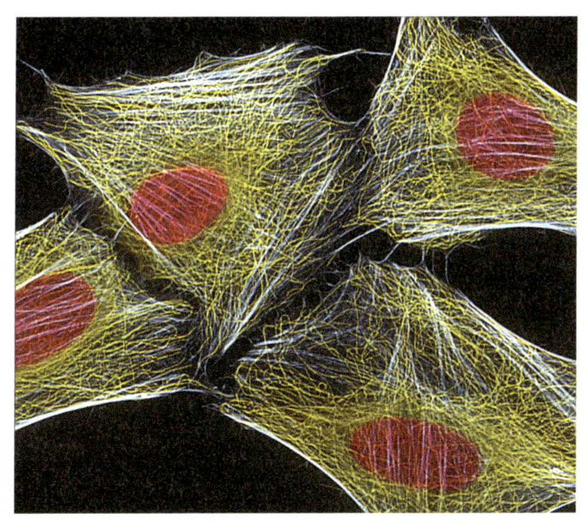

図6-2　HeLa細胞
急速に増殖するこれらの癌細胞は多くの研究室で培養され、生物医学の研究に大きく貢献している。

たが、彼女の細胞は世界中を移動している。HeLa細胞はスペースシャトルに乗って宇宙にさえ行った。過去半世紀にわたって、HeLa細胞から得られた情報を使って何万もの論文が発表された。しかし、HeLa細胞が早急に癌の治療法を導いてくれるという望みは、事実に反することになった。

世界の先進国の大部分では、癌は2番目の死亡原因のままである（心臓病に続く）。しかしながら、もし1941年に最初に用いられた簡単な医学検査を受けていれば、ヘンリエッタはおそらくもっと長生きしただろう。パップ試験と呼ばれるこの検査は、子宮頸部の前癌状態の細胞を検出できる。通常、癌になる前に細胞は取り除かれる。米国では、パップ試験は子宮頸癌による死のおよそ90％を防いだ。当時、このような検査が普及していれば、HeLa細胞が世に出ることもなかっただろう。

正常組織では、細胞分裂（細胞「誕生」）は細胞消失（細胞「死」）によって相殺される。ほとんどの正常細胞と異なり、HeLa細胞を含む多くの癌細胞は、細胞消失よりも細胞分裂に大きく傾いた遺伝子の不均衡のせいで成長を続ける。放射線や薬剤を用いる癌の治療は、この均衡を細胞消失の方へと傾けさせることを目標としている。

この章では 細胞がどのように増殖するか（つまり子孫形成）について説明する。まず、１個の原核細胞（細菌）から２つの新しい生命（娘細胞）が形成される過程を説明する。そして、真核細胞の２種類の細胞分裂（体細胞分裂と減数分裂）を説明する。真核生物の有性生殖と無性生殖についても触れる。さらに、細胞が増殖する細胞分裂の議論を踏まえて、アポトーシス（プログラムされた細胞死）を説明することにしよう。

6.1 原核細胞と真核細胞はどのように分裂するか？

単細胞生物は主に繁殖するために細胞分裂を利用するのに対し、多細胞生物において細胞分裂は成長や組織の修復という重要な役割を果たす（**図6-3**）。

(A) 繁殖

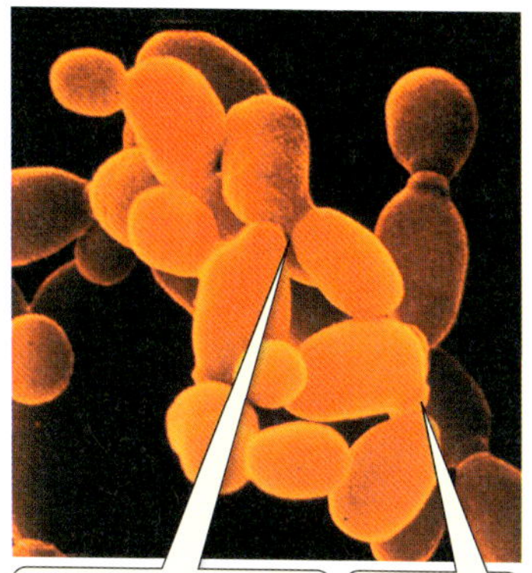

(B) 成長

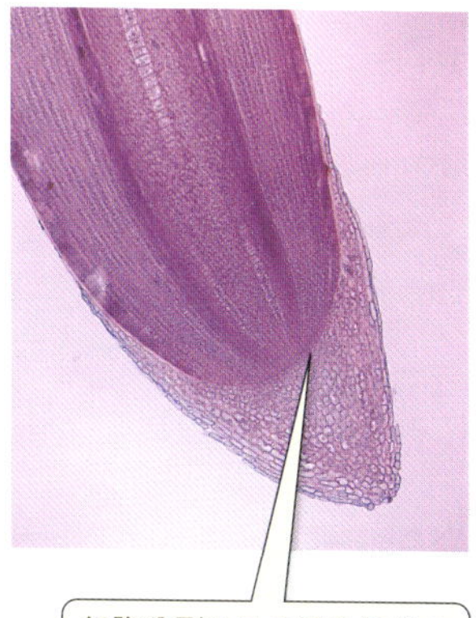

(C) 再生

図6-3　細胞分裂の重大な影響
細胞分裂は（A）繁殖（B）成長（C）組織の修復と再生の基盤になっている。

細胞が分裂するためには、以下の4つの事象が起こらなければならない。

- 増殖のためのシグナルがなければならない。細胞の内部または外部からくるこのシグナルが細胞分裂を開始する。
- 遺伝情報であるDNAとその他の生細胞の内容物の**複製**が起こらなければならない。新しい2個の細胞はそれぞれ同一の遺伝子と完全な細胞の機能を有することになる。
- 細胞は複製したDNAを新しい2個の細胞に分配しなくてはならない。この過程を**分離**という。
- **細胞質分裂**と呼ばれる過程で2つの新しい細胞（娘細胞）として分離されるためには、細胞膜が（そして細胞壁を持つ細胞では細胞壁も）再構築される必要がある。

これら4つの事象の起こり方は、原核細胞と真核細胞では若干異なる。

原核生物は二分裂によって分裂する

原核生物においては、細胞分裂の結果、単細胞全体が複製されることになる。細胞が成長し、DNAが複製されて、2個の新しい細胞に分かれる。この過程を**二分裂**という。

増殖シグナル　多くの原核生物の複製速度は環境に対応している。細菌である大腸菌は、広く遺伝学研究に用いられる種で、「細胞分裂機械」とも呼ばれ、絶え間なく分裂する。一般的に、大腸菌の細胞分裂は37℃で40分かかる。しかし、炭水化物やミネラルなどの栄養分が豊富な場合、分裂周期は速まり、短ければ20分で分裂する。別の細菌である枯草菌は、栄養供給が少ないときは分裂を停止し、その後状況が好転したら分裂を再開する。これらのことは、例えば環境や栄養濃度などの外的因子が、原核生物における細胞分裂開始のシグナルとなっていることを示唆する。

DNAの複製　1.3節（第1巻）で見たように、**染色体**は遺伝情報を含んだDNA分子とタンパク質の複合体である。細胞分裂のとき、染色体のすべてが複製され、2個の染色体がそれぞれ1個ずつ、2個の新しい細胞に分けられる。

ほとんどの原核細胞は、染色体を1つ持っている。細菌である大腸菌では、DNAは途切れのない分子であり、しばしば環状染色体と呼ばれる。環として描かれることもよくあるが、環状染色体は完全に円形ではない。もし、大腸菌のDNAが実際に円形になった場合、その外周は1.6mmである。大腸菌自体は直径約1 μm（1 μm = 10^{-3}mm）、長さ約4 μmしかない。このように大腸菌DNAを完全に延ばすと、細胞より100倍以上も大きい円となる。DNA分子は折りたたまれてきちんと収納されている。マイナスに帯電した（酸性）DNAに結合しているプラスに帯電した（塩基性）タンパク質が、この折りたたみに寄与している。環状染色体はほとんどすべての原核生物やいくつかのウイルスの特徴であり、真核細胞の葉緑体やミトコンドリアにも見出される。

原核生物の染色体では以下の2つの領域が、細胞の複製において重要な役割を果たしている。

- *ori*：複製起点（複製が開始する部位）
- *ter*：複製終結点（複製が終了する部位）

DNAが細胞の中心に近いタンパク質の複製複合体に織り込まれるようにして、染色体の複製は起こる（このタンパク質複合体はDNAポリメラーゼを含む。複製に重要なこの酵素につ

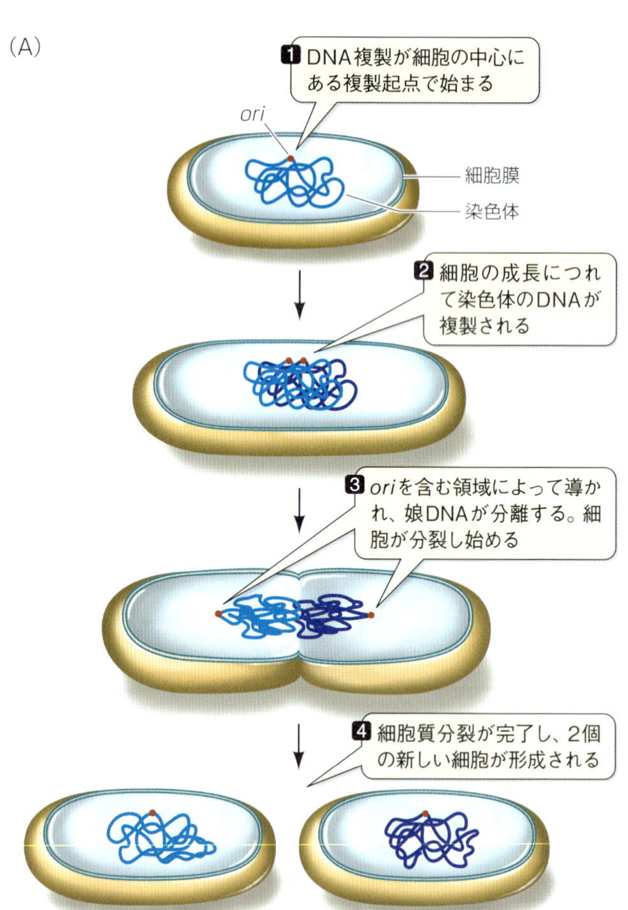

図6-4　原核細胞の細胞分裂
(A) 細菌における細胞分裂の経過。(B) 緑膿菌という細菌これら2個の細胞は、今まさに細胞質分裂を完了しようとしている。

いては8.3節で説明する）。原核細胞のDNAの複製の過程で細胞は膨大して２個の娘DNAは両端へと分離される。

DNAの分離　２個のDNAが細胞の中心で複製され、*ori*領域は細胞の両端に移動する。*ori*領域に隣接するDNAはこの分離に必須なタンパク質と結合する。この過程はATPの加水分解から得られるエネルギーを必要とする（**図6-4**）。原核細胞の細胞骨格※も、能動的にDNAを移動させたり、あるいはDNAが移動するための「鉄道線路」となったりして受動的にDNAの分離に関係する。

※**訳注**：真核細胞では、ミクロフィラメント、微小管、中間径フィラメントからなる、細胞の形をヒトの骨格のように形成する構造。ミクロフィラメントや微小管は細胞内の物質輸送のレールにもなる。詳しくは1.3節（第1巻）参照のこと。

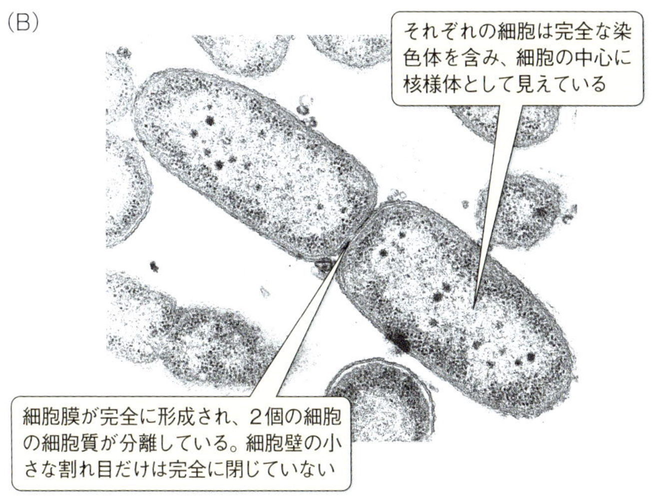

細胞質分裂 染色体の複製が終了した後、細胞の分離、すなわち細胞質分裂が始まる。細胞質分裂の最初の現象は、巾着袋の紐に似た環を形作るための細胞膜の陥入である。真核生物のチューブリン（チューブリンは微小管を作り上げる）に似たタンパク質から構成される線維構造がこの環の主要な要素である。細胞膜の陥入の際、新しい細胞壁の成分が合成され、最終的に２個の細胞に分かれる。

> 最適な環境条件下では、大腸菌の個体数は20分ごとに倍増する。理論上は、約１週間後に単一の大腸菌は地球の大きさの球を産生できるだろう。他の生物にとって有り難いことに、大腸菌はそうなるずっと前に栄養分が不足してしまう。

真核細胞は有糸分裂または減数分裂で分裂する

ヒトや種子植物のような多くの真核生物は受精卵というたった１個の細胞を起源とする。この細胞は、生物の親個体からの**配偶子**と呼ばれる雌雄２個の細胞、すなわち精子と卵の融合に由来する。このように受精卵には両方の親からの遺伝物質が含まれている。具体的に言えば、受精卵には雄性の親からの染色体１セットと雌性の親からの染色体１セットが含まれている。

受精卵から多細胞生物が形作られることを「発生」と呼ぶ。発生は細胞の複製と特殊化という両方の面が含まれている。例えば、成人した人間では数兆個の細胞を持ち、これらの細胞はすべて突き詰めていくと１個の受精卵に由来している。その多くは固有の役割を持つが、ここでは１個の細胞が複製することに焦点を当てる。

原核生物と同様に、真核生物においても細胞の複製には増殖のシグナルやDNAの複製、分離、細胞質分裂を必要とする。しかしながら、その詳細はまったく異なる。

- 原核細胞とは違い、真核細胞は環境条件が適切だとしても絶え間なく分裂をするわけではない。事実、真核細胞は多細胞体の一部であり、特殊化されてほとんど分裂しないこともある。真核生物では、細胞分裂のシグナルは1個の細胞のみの環境に関係しているわけではなく、生体全体の必要性と関係している。
- ほとんどの原核細胞は主要な染色体を1つだけ持っているが、真核細胞は通常多数の染色体を持っているので（ヒトは46本）、一般的に言って原核細胞よりも複製や分離の過程は複雑である。真核細胞では、新しく複製された染色体は互いに隣接して結合しており（姉妹染色分体）、**有糸分裂**と呼ばれる仕組みで新しい2個の核へ分離する。
- 真核細胞は明確な構造の核を有し、それぞれ同一の染色体を1セットずつ持った2個の新しい核へと分裂しなければならない。このように、真核細胞では細胞質分裂は遺伝物質の分離と区別されており、核全体の複製が終わってからのみ起こる。
- 細胞質分裂は植物（細胞壁を持つ）と動物（細胞壁を持たない）でも異なる。

核分裂の2つ目の仕組みである**減数分裂**は、有性生殖に関与する配偶子をつくる細胞のみに起こる。すなわち、減数分裂は新しい個体に寄与する精子と卵をつくる細胞のみに起こる。有糸分裂によって生じた2個の細胞は遺伝的に同一であり、互いに同一のDNAを持つが、減数分裂の場合、生じた細胞は同じではない。6.5節で見るように、減数分裂は遺伝物質を組み換えることによって多様性を生じさせ、結果として新しい遺伝的組み合わせをつくる。減数分裂は有性生活環において重要な役割を果たしている。

6.2 真核細胞の分裂はどのように制御されているか？

何が細胞が分裂するかどうかを決めるのか？　どのようにして有糸分裂は同一の娘細胞を作り出し、減数分裂は多様な細胞を生み出すのか？　以下の節では、真核細胞の２つの分裂過程、すなわち有糸分裂と減数分裂の詳細を述べ、遺伝や発生、発達におけるその役割について説明する。

細胞は、分裂するか死ぬまで生きて機能する。あるいは、もし配偶子（精子または卵）であれば、別の配偶子と融合するまで生きる。赤血球のようなある種の細胞は、成熟したときに分裂する能力を失う。また、植物の茎の皮質のように、極めてまれにしか分裂しない細胞もある。発生段階の胚のような細胞は迅速に分裂するよう特殊化している。

１個の真核細胞から２個の細胞が生じる過程は**細胞周期**と呼ばれる。真核細胞はほとんどの時間、分裂と分裂のあいだの**間期**と呼ばれる状態にある。ほぼすべての真核細胞の細胞周期は、有糸分裂（M期）と間期の２相からなる。この節では、間期の中でも特に有糸分裂の引き金になるような現象について説明する。

細胞は細胞周期を一巡して２個の細胞になる。何度も何度も繰り返される細胞周期は新しい細胞の一定の供給源になる。しかしながら、迅速な成長に関わっている組織でさえ、細胞は多くの時間を間期で過ごす。例えば根の先端や肝臓のようにいくつかの分裂している細胞を集めて調べてみても、ほとんどの細胞は間期にあり、ほんの一握りの細胞のみが有糸分裂しているだろう。

間期にはG1期、S期、およびG2期と呼ばれる３つの副相がある。細胞のDNAは**S期**のあいだに複製される（Sはsynthesis＝合成の略号）。有糸分裂の終わりからS期の始まりまでの相は**G1期**（Gはgap＝間隙）、またはGap1と呼ばれる。別の間隙期間である**G2期**（Gap2）はS期の終わりと有糸分裂の始まりを分ける。有糸分裂と細胞質分裂は細胞周期の**M期**（Mはmitosis＝有糸分裂）と呼ばれる（**図6-5**）。

間期に起こることをより詳細に見ていこう。

■ **G1期**　G1期では、細胞はS期のための準備をしているが、

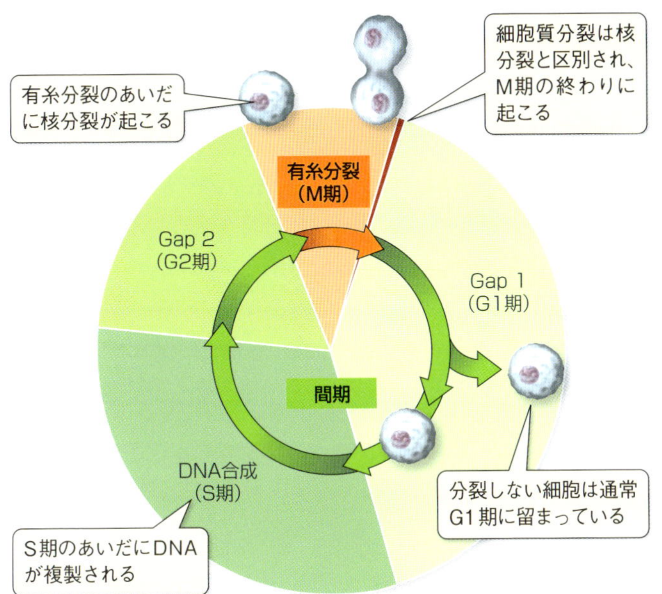

図6-5　真核細胞の細胞周期
細胞周期は有糸分裂と細胞質分裂が起こる有糸分裂（M期）と間期として知られる成長のための長い期間からなる。分裂する細胞では間期は3つの副相（G1期、S期、G2期）を持つ。

染色体のDNAは1本であり、複製されていない。G1期の長さは細胞の種類によって変化しやすい。迅速に分裂している胚にはG1期がまったくないものもあるが、一方、何週間も何年もG1期のままという細胞もある。多くの場合、こうしたG1期に留まる細胞は、G0期と呼ばれる休止期に入る。このG0期から細胞周期のG1期に戻るのには、内部または外部からの特別なシグナルを必要とする。

- **G1期からS期への移行**　細胞の分裂はG1期からS期へ移行するときに開始される。
- **S期**　S期のあいだに、8.3節で詳述するようなDNAの複製の過程が完了する。1本の染色体は2本の染色分体が合わさったものとなり、有糸分裂や減数分裂によって2個の新しい細胞に分離するのを待機している。
- **G2期**　G2期のあいだ、細胞は有糸分裂の準備を行う。例えば、染色分体を分裂する細胞の両端へ移動させる微小管の構成要素の合成などである。

サイクリンとその他のタンパク質が細胞周期の現象の引き金となる

S期やM期へ入る適切な決定はどのようになされているのか。これらの移行を制御している物質があるという最初の糸口は、細胞融合による実験によってもたらされた。異なる細胞周期の相にある哺乳類の細胞を融合させると、S期の細胞はDNA複製を活性化させる物質をつくり出す（**図6-6**）。同様の実験によってM期に入るように活性化する分子の存在も指摘されている。

G1期からS期へ、またG2期からM期への移行は、**サイクリン依存性キナーゼ（Cdk）**と呼ばれるタンパク質の活性化に依存する。キナーゼはリン酸基をATPから別の分子に転移することを触媒する酵素であり、このリン酸基転移はリン酸化反応と呼ばれる。

$$\text{タンパク質} + \text{ATP} \xrightarrow{\text{キナーゼ}} \text{リン酸化タンパク質} + \text{ADP}$$

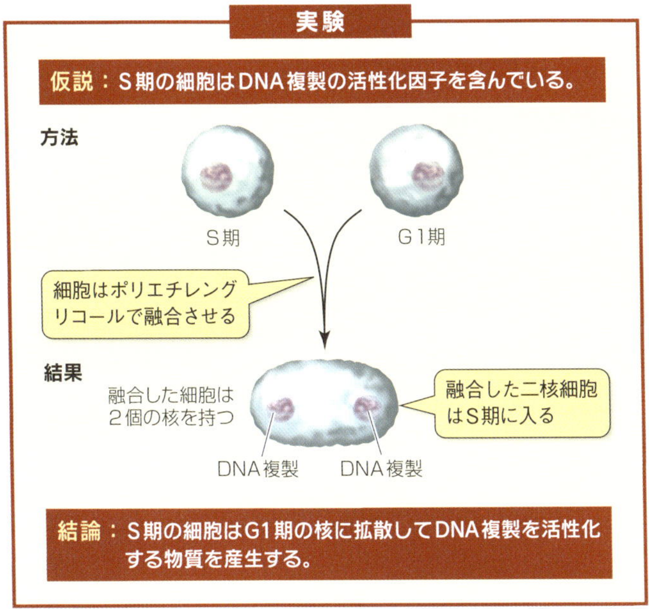

図6-6　細胞周期の制御

細胞は細胞膜を分解する物質（ポリエチレングリコールなど）によって融合するように誘導することができる。このような融合は当初は二核細胞を産生する。もしS期の細胞がG1期の初期の細胞と融合した場合、後者は前者によって刺激されてS期に入る。

発展研究：M期の細胞が有糸分裂の活性化因子を産生することを示すためにこの方法をどのように用いるか？

リン酸化反応によってタンパク質はどうなるのか？　タンパク質は親水性の領域（タンパク質分子の外側で水分子と相互作用する傾向にある）と疎水性の領域（内側で相互作用する傾向にある）を持つ。これらの領域はタンパク質の三次元構造に重要である。リン酸基は電荷を有しているため、リン酸化されたアミノ酸はタンパク質の外側に位置する傾向にある。このようにリン酸化反応は電荷の変化によってタンパク質の構造や機能を変化させる。

さまざまな標的タンパク質のリン酸化反応を触媒することによって、Cdkは細胞周期の段階を開始するという重要な役割を果たす。Cdkが細胞分裂を誘導するという発見は、異なる器官や異なる細胞種における研究が１つの仕組みに集中して成果を上げた見事な例である。コロラド大学のジェームズ・メイラー（James Maller）らは、未成熟なウニの卵を用いて、成熟卵になる過程を研究していた。成熟した卵からは「卵成熟促進因子」と呼ばれるタンパク質が精製された。これが未成熟の卵を刺激して分裂させる因子だった。一方、酵母を用いて細胞周期を研究していたワシントン大学のリーランド・ハートウェル（Leland Hartwell）はG1期とS期のあいだで留まっている株を見つけたが、その株ではCdkが欠損していた。この酵母のCdkはウニの卵成熟促進因子と非常によく似ていることがわかった。間もなく、同様のCdkが、ヒトを含めた多くの他の生物でもG1期からS期への移行を制御していることが明らかにされた。

Cdkは単独では活性体ではない。**サイクリン**と呼ばれる第２のタンパク質の結合がCdkを活性化する。アロステリック制御の代表例（第１巻3.5節参照）として挙げたこの結合は、Cdkの構造を変化させてキナーゼ活性部位を露出させることによってCdkを活性化する（**図6-7**）。サイクリン−Cdk複合体

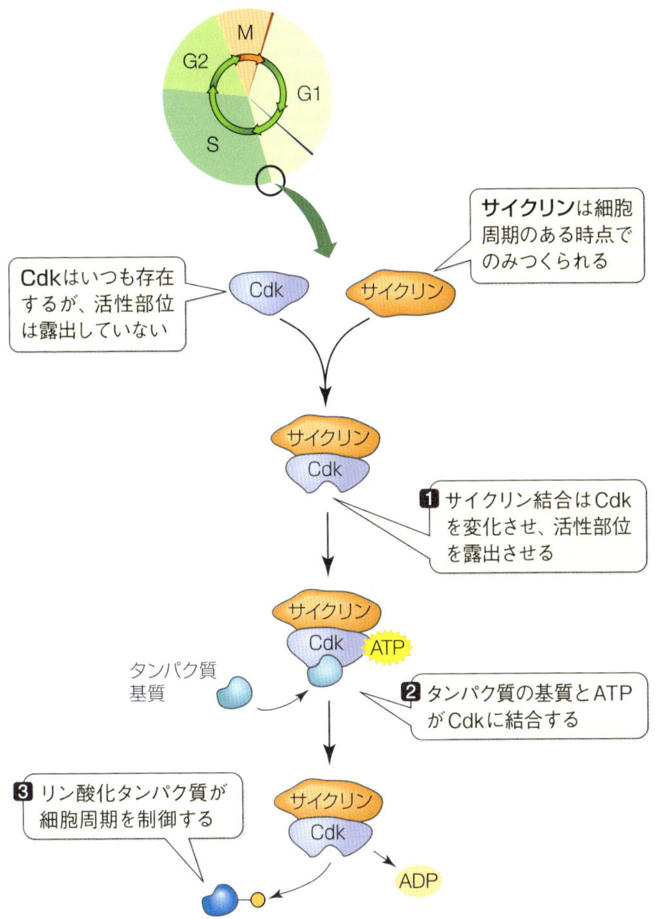

図6-7　サイクリンの結合はCdkを活性化する
サイクリンが結合すると不活性型のCdkの三次元構造が変化して、活性型タンパク質キナーゼになる。

は活性型タンパク質キナーゼとして働き、G1期からS期へ移行する引き金となる。その後サイクリンは分解されて、Cdkは不活性となる。

いくつかの異なるサイクリン−Cdkの組み合わせが哺乳類の細胞周期においていろいろな段階で働く（**図6-8**）。

- サイクリンD−Cdk4はG1期の中間で働く。サイクリンD−Cdk4は細胞の**臨界点（R点）**を通過させる。臨界点とは、ここを過ぎたら残りの細胞周期は必然的に進行するという重要な決定のポイントである。
- サイクリンE−Cdk2もまたG1期の中間で働く。細胞周期を進めて臨界点を通過させるためにサイクリンD−Cdk4と協力して働く。
- サイクリンA−Cdk2はS期で働き、DNAの複製を刺激する。
- サイクリンB−Cdk1はG2期とM期のあいだで働き、有糸分裂開始へと導く。

臨界点を過ぎる過程で鍵となるのは**RB（網膜芽細胞腫タンパク質）**と呼ばれるタンパク質である。RBは通常、細胞周期を阻害する。しかし、タンパク質キナーゼによってリン酸化されると、RBは不活性となって臨界点で止めることはなくなり、細胞周期はG1期を過ぎてS期へと進む（二重否定であるが、細胞機能が進行するのは阻害因子が阻害されるためである。この現象は細胞内の代謝の制御でもしばしば見られる）。RBのリン酸化を触媒する酵素はCdk4とCdk2である。細胞が臨界点を通過するために必要なことは、サイクリンDとEの合成であり、それがCdk4とCdk2を活性化し、活性化されたCdk4とCdk2がRBをリン酸化して不活性型とすることである。

サイクリン−Cdk複合体は、細胞周期の過程を監視して、次

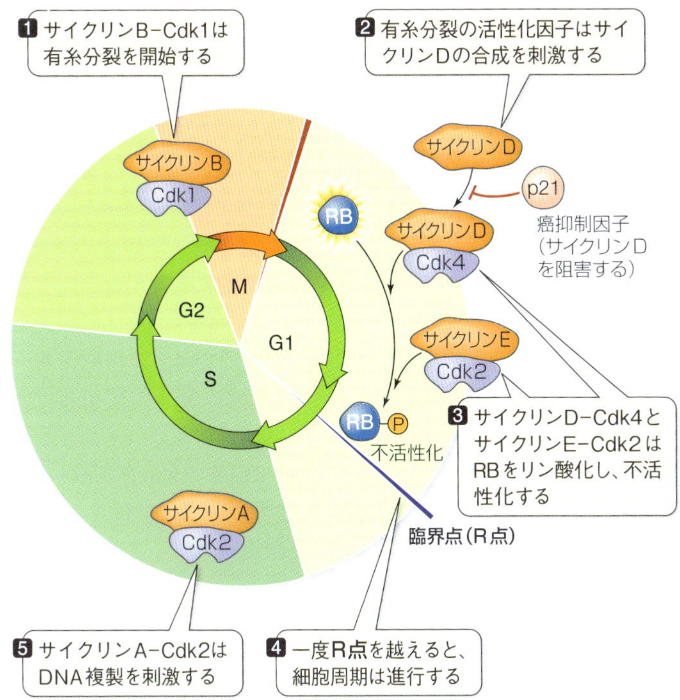

図6-8　サイクリン依存性キナーゼとサイクリンは細胞周期における移行の引き金を引く

サイクリン依存性キナーゼ（Cdk）は適切なサイクリンが結合することによって活性化する。人間の典型的な細胞周期には、4つのサイクリン−Cdk制御がある。RB（網膜芽細胞腫タンパク質）は細胞周期を阻害する作用を持つ癌抑制因子であるが、リン酸化によって不活性化される。RBが不活性化されると細胞周期は臨界点（R点）を越えて進行する。癌抑制因子であるp21は、サイクリンDに結合することによって一時的に細胞周期を止めることができる。

の段階へ進むかどうかを決定するチェックポイントとして働く。例えば、G1期でDNAが放射線によって障害を受けた場合、p21と呼ばれるタンパク質が産生される（pは「protein＝タンパク質」を表し、21は重量を表す。p21の場合は約２万1000ダルトンである）。p21タンパク質はG1期の２つのCdkと結合することができ、Cdkがサイクリンによって活性化されることを抑制する。そのためDNAの修復が行われているあいだは細胞周期が止まる。DNAが修復された後、p21は分解され、サイクリンがCdkに結合するようになって細胞周期が進行する。細胞周期の中にはその他にもいくつかの箇所にチェックポイントがある。例えば、S期の最後にDNA複製が完全かを見るチェックポイントがあり、完全でない場合は有糸分裂の前に細胞周期が止まる。

癌は不適切な細胞分裂に起因しているので、癌細胞においてはこれらのサイクリン–Cdkの制御が崩壊していることは驚くべきことではない。例えば、非常に増殖速度が大きいいくつかの乳癌細胞はサイクリンDを多く保有しているので、Cdk4を過剰に刺激して細胞が分裂する。また、正常細胞においては、p53と呼ばれるタンパク質がp21の産生を刺激してCdkを阻害し、細胞分裂が起こらないようにしている。人間の癌細胞の半数以上は機能異常のp53を有していて、細胞周期の制御が不能となっている。細胞周期を妨げるp53やp21、RBのようなタンパク質を、通常「癌抑制因子」という。

RBタンパク質は網膜芽脂肪腫（Retinoblastoma）から命名された。網膜芽細胞腫は、眼の網膜を作る胚芽細胞が無制限に増殖してできる腫瘍である。この癌は２万人に１人の割合で幼児が罹患する。癌を取り除くことができたとしても、罹患した眼の視力は失われてしまう。

成長因子は細胞分裂を刺激する

サイクリン−Cdk複合体は、細胞周期の進行を自律的に制御する。生体のすべての細胞で規則的に細胞周期が起きているわけではない。もはや細胞周期が起こらない細胞もあるし、ゆっくりと進行してまれに分裂する細胞もある。このような細胞が分裂するとしたら、**成長因子**と呼ばれる外部の化学的シグナルによって刺激を受けていることになる。例えば、切り傷を負って出血したとき、血小板と呼ばれる特殊化した細胞の断片が血液凝固を始めるために傷口に集まる。血小板は「血小板由来成長因子」と呼ばれるタンパク質を産生して放出する。これが隣接した皮膚の細胞に拡散して細胞を分裂させ、傷口を治させるのである。

他の成長因子にはインターロイキンがある。これはある種の白血球によって産生されて、生体の免疫防御機構にとって必須な他の細胞の細胞分裂を推し進める。腎臓によって産生されるエリスロポエチンは、骨髄細胞の分裂と赤血球の産生を刺激する。さらに、多くのホルモンは特定の細胞に対して分裂を促進する。

成長因子の生理的なメカニズムについては別の章で後述するが、これらはすべて同じように作用する。これら成長因子は標的細胞の表面にある特殊な受容体タンパク質に結合し、細胞周期を開始させる。癌細胞がしばしば異常な分裂をするのは、癌細胞は自身で成長因子を産生したり、分裂開始に成長因子を必要としなかったりするからである。

6.3 有糸分裂で何が起こっているのか？

真核生物の細胞周期を概説したので、ここからは有糸分裂のM期の現象を細かく見ていく。

細胞分裂の過程において、増殖シグナル、DNA複製に続く3つ目の重要な段階である複製したDNAの分離は、有糸分裂の際に起こる。分離は、巨大なDNA分子と関連するタンパク質を超小型の染色体の中に折りたたむことによってなされる。有糸分裂によるDNAの分離後、細胞質分裂によって2個の細胞に分かれる。これらの段階をより詳しく見ていこう。

真核生物のDNAは非常にコンパクトな染色体に詰め込まれる

細胞内のDNAは、さまざまなタンパク質と結合した粗い構造の**染色質（クロマチン）**を形成している。真核生物の場合、クロマチンは有糸分裂（M期）の際に凝縮して密な構造を形成し、染色体（クロモソーム）として光学顕微鏡で観察できるようになる（図6-9）。1個の染色質には長大な二重らせんDNAが1本存在するが、M期の1個の染色体では2本の二重らせんDNAと数多くのタンパク質との複合体が凝集している(訳注：しばしば分裂していない細胞の染色質も染色体と称する。その場合には、染色体には1本の二重らせんDNAが存在する)。S期でDNA分子が複製された後、**姉妹染色分体**と呼ばれる2本の2本鎖DNA分子が存在するようになる。この姉妹染色分体は**コヒーシン**と呼ばれるタンパク質複合体によって、その長さのほとんど全体にわたって互いにくっついている。有糸分裂が開始されると、コヒーシンのほとんどが外れ、染色分体は**セントロメア**という領域だけでくっついた形となる（図

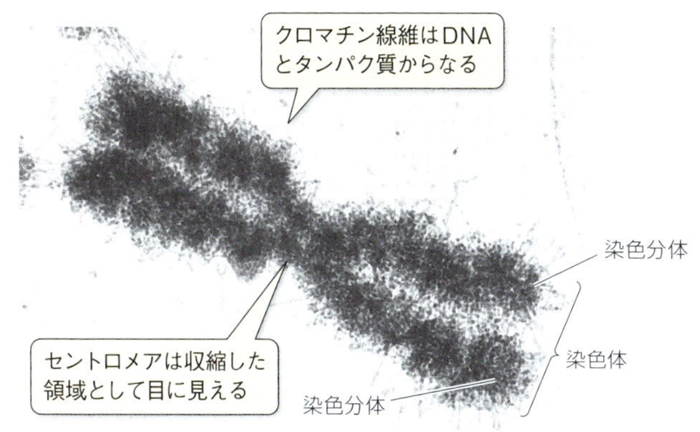

図6-9　染色体、染色分体、クロマチン
有糸分裂（M期）にあるヒトの染色体で、細胞は分裂の準備をしている。

6-9、**図6-13**参照）。複製後、**コンデンシン**と呼ばれる2番目のタンパク質がDNA分子を覆い、さらに凝縮する。

もし典型的なヒトの細胞のDNAを端から端まで伸ばしたら、2m近くになる。けれども核の直径はたった5μmしかない（$1\ \mu m = 10^{-6} m$）。であるから、間期の細胞核のDNAは未だ「ほぐれた状態」なのだが、それでも**図6-10**のように見事に折りたたまれているのである。この折りたたみはほとんど、染色体のDNAと緊密に結合したタンパク質によるものである。

染色体は**ヒストン**と呼ばれるタンパク質を大量に含んでいる（語源のhistosは「織物」または「機（はた）」の意）。5種類のヒストンが存在する。リシンやアルギニンなどの塩基性アミノ酸を複数有するのでヒストンは細胞内pHでプラスの電荷を持つ。プラスの電荷がDNAのマイナスの電荷を持つリン酸基を引き付ける。このDNA-ヒストンやヒストン-ヒストンの相互作用に

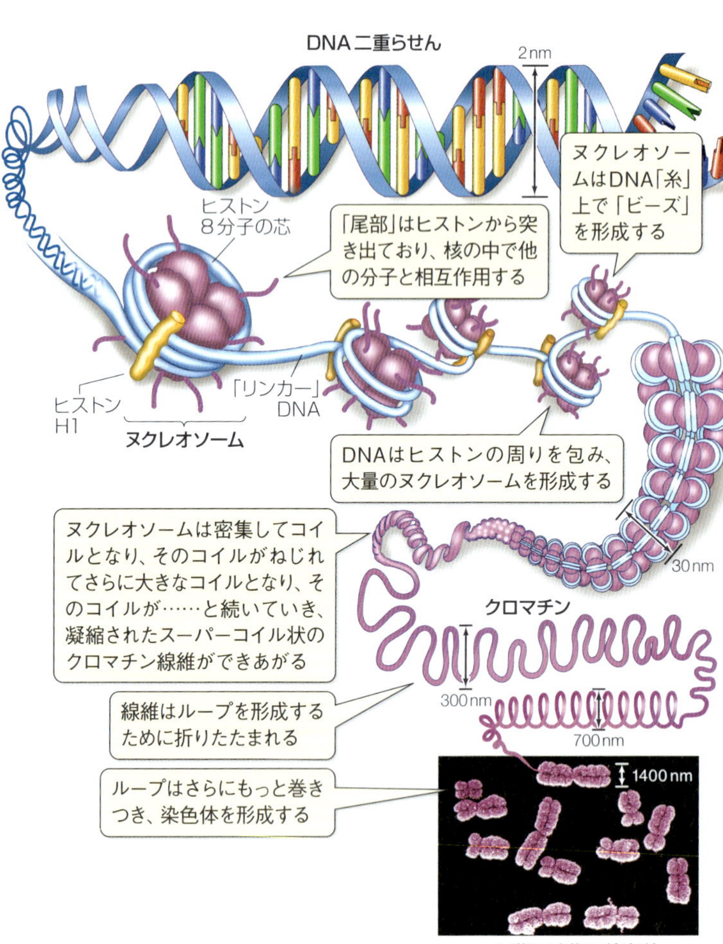

図6-10　DNAは有糸分裂の染色体に詰め込まれる
DNAとヒストンによって形成されるヌクレオソームは、高度に折りたたまれたクロマチンの構造の中で必須な構成単位である。

よって**ヌクレオソーム**と呼ばれるビーズ状の構造物ができる。

- ８個のヒストン分子つまり４個のヒストン分子２組［(H2A, H2B, H3, H4)$_2$］が、芯（糸巻き部分）を形作る。
- 146塩基対のDNAがヒストンの芯の周りを1.65回転する。
- DNAの外側にあるヒストンH1がDNAをヒストンの芯に固定する。

間期のあいだ、染色体は糸に通したビーズのように、多数のヌクレオソームを巻き込んだ１本のDNA分子からなる。ヌクレオソームとヌクレオソームをつなぐDNA（その長さは一定ではない）を非ヌクレオソーム型「リンカー」DNAと呼ぶ。この間、DNAは核の環境にさらされ、複製や発現の制御に関わるタンパク質が結合しやすくなっている。これについては第11章で見る。

有糸分裂と減数分裂（6.4節参照）のあいだ、クロマチンは互いに折りたたまれたヌクレオソームとしてよりきつく巻かれ、凝縮される。クロマチンの巻き上げは染色分体が離れ始めるまで続く。

概要：有糸分裂は遺伝情報の正確なコピーを分離する

有糸分裂において、１個の核から親の核と遺伝的に同一な２個の核が生じる。この過程によって真核細胞の多数の染色体は確実に、そして正確に娘核（じょうかく）へと分離する。有糸分裂は次の段階へ滑らかに移りゆく連続的な過程ではあるが、以下、説明の便宜上、有糸分裂、つまり細胞周期のＭ期を前期、前中期、中期、後期、終期という一連の現象に分けておく。これらの現象のそれぞれを有糸分裂の過程にしたがって順に説明しよう。

中心体は細胞分裂の平面を決定する

S期にDNAが核内で複製されているあいだ、核の近くにある細胞質内の細胞小器官である**中心体**も、分裂して2個、すなわち1対となる。多くの生物では、1個の中心体は1対の**中心小体**からなり、1個の中心小体は9本の微小管が並んでできた中空の円筒である。この2つの円筒は互いに直角になっている(**図6-11A**)。

G2期からM期への移行時に2個の中心体が互いに分かれ、核膜の両端へと移動する。中心体の方向性は細胞が分裂する面、2個の新しい細胞の親細胞との空間的な関係を決定する。この関係は酵母のような単独で生存する細胞にとってはあまり意味がないが、組織を構成している細胞にとっては重要である。

中心小体の周囲には高濃度の二量体チューブリンが存在し、微小管の形成が促進され、染色体の移動を調整する（中心体がない植物細胞では微小管とは異なるものが同じ役割を果たす)。微小管は染色体の正確な分離に重要な紡錘体を形成する。

前期に染色分体が見えるようになり、紡錘体が形成される

間期のあいだ、光学顕微鏡下では核膜と核小体、そしてなんとか識別できるクロマチンのからまりのみが見える。細胞が有糸分裂の初期である**前期**に入るときに核の状況は変化する。S期から染色分体をしっかり束ねているコヒーシンのほとんどは外れ、そのため個々の染色分体が見えるようになる。染色分体は、セントロメアで少量のコヒーシンによってまだまとまっている。前期の終わりになると、**動原体**と呼ばれる特殊な3層構造がセントロメア領域に発生する。これらの構造体は染色体の移動に重要である。

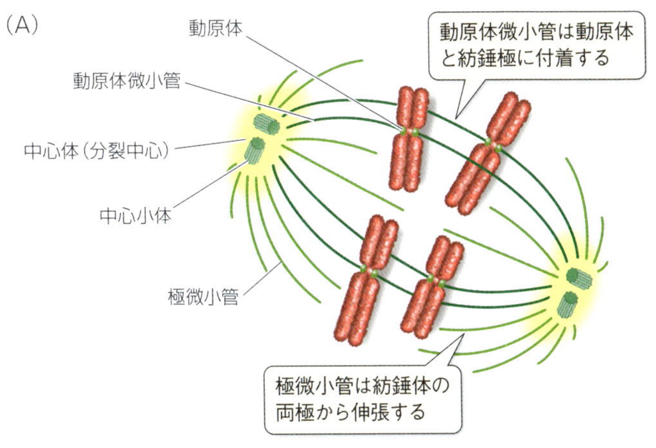

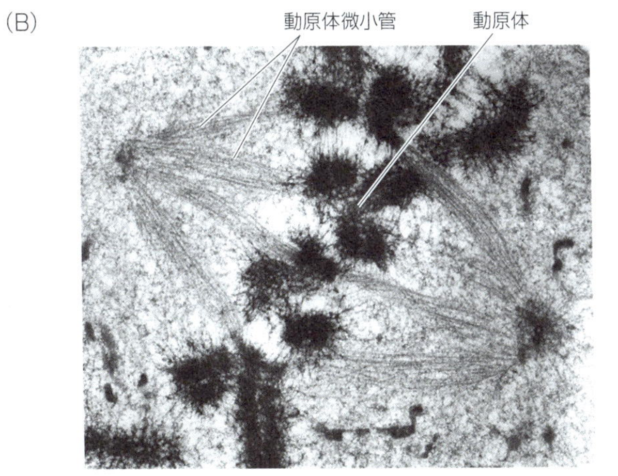

図6-11　有糸分裂の紡錘体は微小管からなる
(A) は中期の動物細胞における紡錘体。(B) は (A) の段階における電子顕微鏡写真で、動原体微小管を強調している。

２個の中心体はそれぞれ染色体が動く方角を示す分裂中心または極としての役目を果たす（**図6-11A**）。微小管はそれぞれの極と染色体のあいだで**紡錘体**を形成し、紡錘体は染色体が付着できる構造として、また２個の極を離しておく骨組みとして役目を果たす。紡錘体は実際には半紡錘体２個からなる。それぞれの微小管は一方の極から紡錘体の中間まで伸びて、もう一方の半紡錘体から伸びた微小管と重なり合う。微小管は最初、不安定で、絶え間なくできたり壊れたりする。その後、もう一方の半紡錘体からの微小管と接触すると安定する。

紡錘体の中には２種類の微小管がある。

- 極微小管は上記のとおり紡錘体の骨組みを形成する微小管である。極微小管は中心小体の周りに豊富にチューブリンを持つ。二量体チューブリンは集まって細胞の中央領域まで伸びる長い線維を形成する。
- 動原体微小管は後で形成され染色体の動原体に付着する。１対の染色体の中の２本の姉妹染色分体は動原体の部分でそれぞれ２つの半紡錘体の動原体微小管に付着することになる（**図6-11B**）。これで確実に１対の染色分体の一方が最終的に一方の極へ移動し、他方が反対の極へ移動する。染色分体の移動は有糸分裂のクライマックスであり、最終段階でもある。

染色体の移動は高度に制御されている

染色体が移動するのは前中期、中期、後期といった有糸分裂の３つの相である（**図6-12**）。この３つの相において、２本の染色分体を保持しているセントロメアは分離し、もとの姉妹染色分体は互いに離れて反対の方角へ移動する。

前中期　**前中期**の特徴は核膜と核小体の消失である。これらの材料となる物質は細胞質に残っていて、娘核が形成するときに再び集合する。前中期では、染色体は極の方へ移動し始めるが、この移動は２つの要素によって妨げられる。

- 極からの反発力が染色体を中央領域や、細胞の**赤道板**（中期板）へ押しやる。
- ２本の染色分体はコヒーシンによってセントロメアでまだ一緒にまとまっている。

このように、前中期には、染色体があてどなく極と紡錘体の中間を行ったり来たりしているように見える。次第に、セントロメアが赤道板に接近する。

中期　すべてのセントロメアが赤道板に到達したときに、細胞は**中期**にあると言われる。染色体が最大限に凝縮されているので、中期は染色体の大きさや構造を見るのに最もよい時期である。染色分体は微小管によって極にはっきりと結び付いている。中期の終わりには、染色分体の対すべてが同時に分離する。

後期　染色分体の分離が**後期**の始まりとなり、ここで一対の姉妹染色分体が分離してそれぞれ紡錘体の両極へ移動する。それぞれの染色分体は２本鎖DNA分子を含み、**娘染色体**と呼ばれるようになる。姉妹染色分体をまとめているコヒーシンが、「セパラーゼ」と呼ばれる特別な加水分解酵素によって加水分解されるので、この分離が起こる。この時点まで「セキュリン」と呼ばれる阻害活性のあるサブユニットと結合しているので、セパラーゼは不活性体として存在している。すべての染色分体が紡錘体に結合すると、セキュリンが加水分解され、セパ

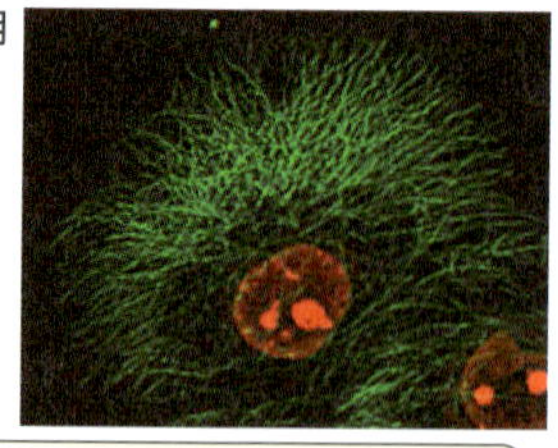

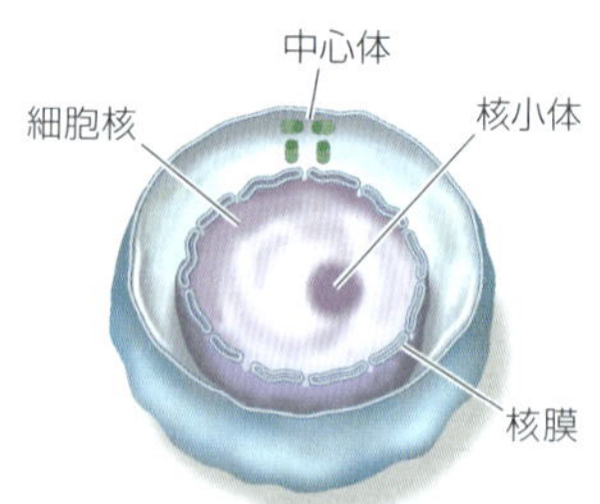

❶ 間期のS期のあいだ、細胞核はDNAと中心体を複製する

前期

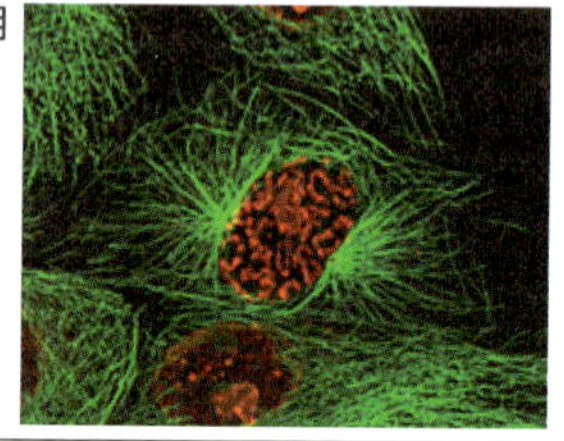

発達中の紡錘体

染色体の
染色分体

❷ クロマチンのコイルと、このコイルがさらに巻かれたスーパーコイルはどんどんコンパクトになっていき、凝集されて顕微鏡で見える染色体となる。この染色体は、1対の同じ姉妹染色分体からなる

前中期

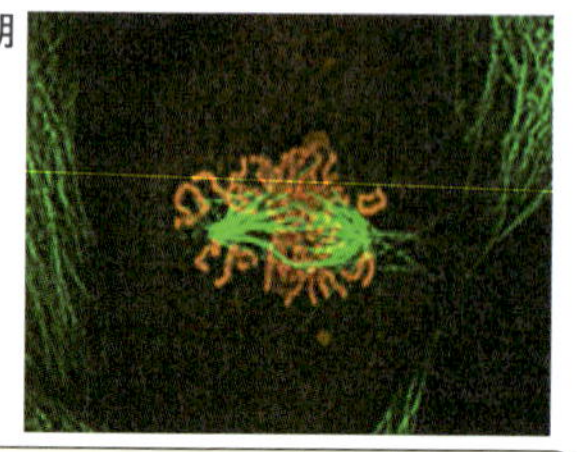

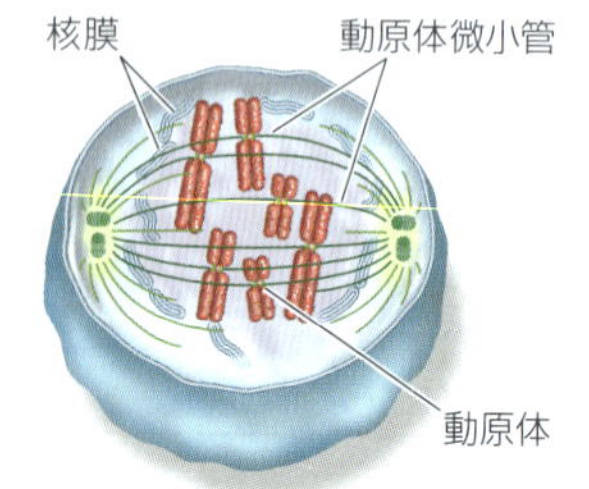

❸ 核膜が分解される。動原体微小管が現れて、動原体を極につなげる

中期

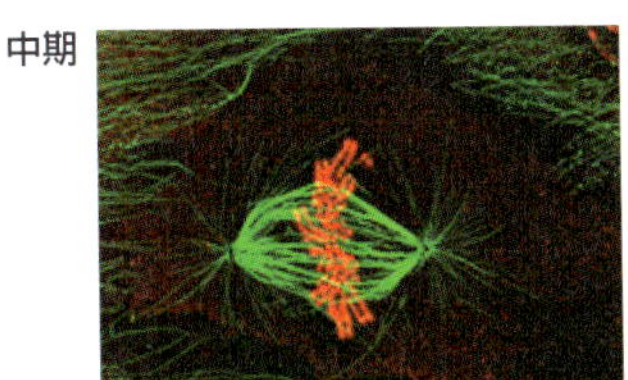

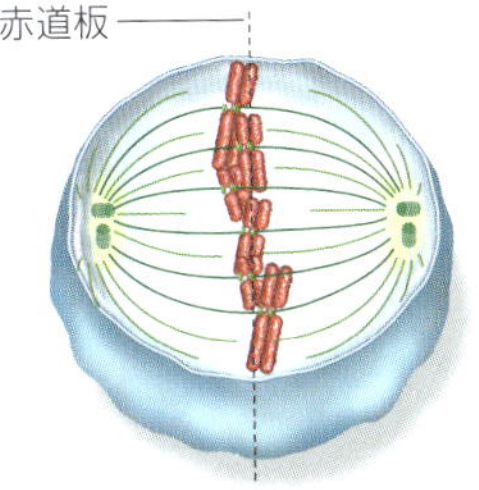

4 セントロメアが細胞の赤道と同一面に位置する

後期

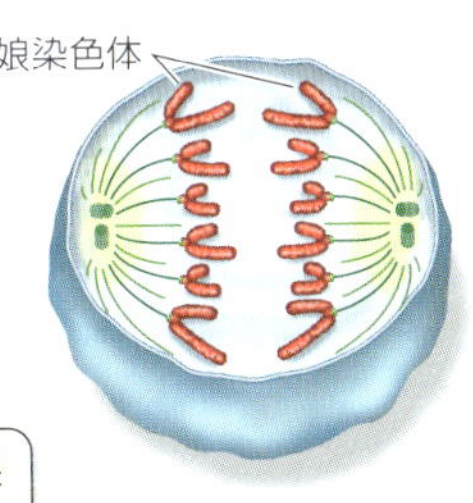

5 姉妹染色分体対が分離して、新しい娘染色体が極に向かって移動し始める

終期

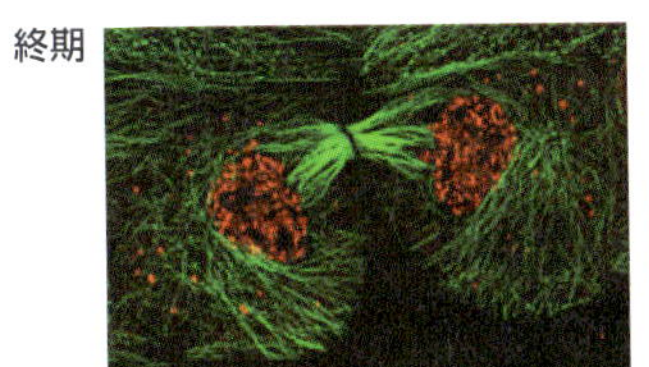

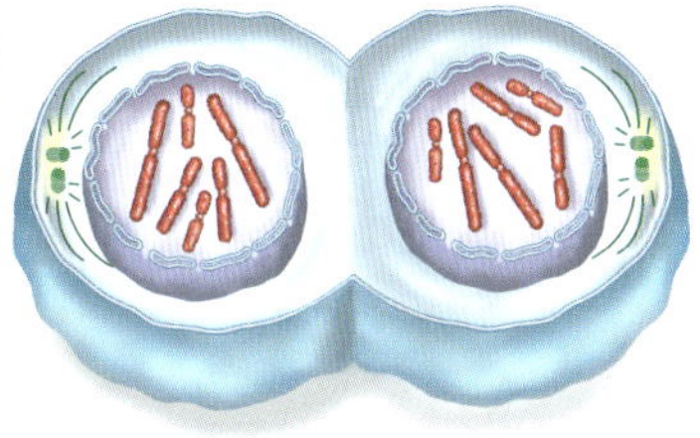

6 娘染色体が極に到達する。終期の終わりとして、核膜と核小体が再形成され、クロマチンがほどけて、細胞は再び間期に入る

図6-12　有糸分裂

有糸分裂は遺伝的に同一な2個の新しい細胞核をもたらす。これらの細胞核は互いに、また元の細胞核と同一である。顕微鏡写真では、微小管（紡錘体）が緑色に、染色体が赤色に染められている。略図では、染色体は個々の染色分体の運命を強調して描かれている。

ラーゼがコヒーシンを加水分解する（**図6-13**）。このように、染色体の配置は染色分体の分離に関連している。紡錘体チェックポイントと呼ばれるこの過程は、紡錘体にまだ結合していない動原体があるかどうかを検知しているらしい。もしそのような動原体があれば、セキュリンの加水分解が阻害され、姉妹染色分体は離れないでいる。

何がこの高度に組織化された大規模な移動を推進するのか？２つのものが染色体を動かすようである。第一に、動原体は「モーター分子」として働くタンパク質である。細胞質ダイニンと呼ばれるこれらのタンパク質はATPをADPとリン酸基へ

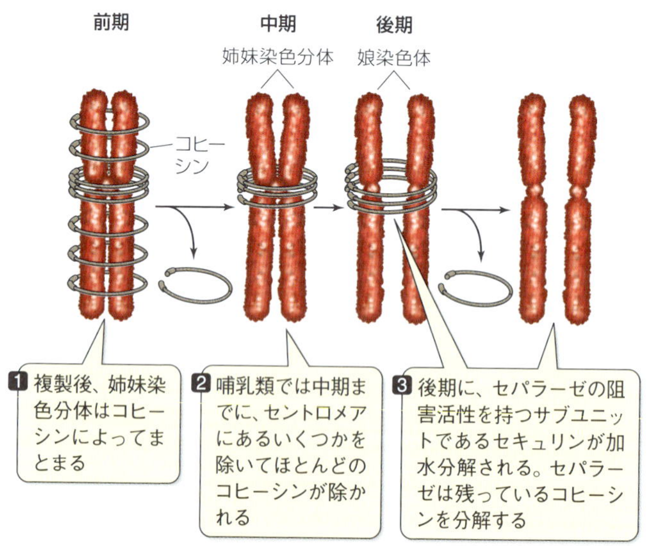

図6-13　染色分体の連結と分離
コヒーシンタンパク質は姉妹染色分体をまとめる。酵素セパラーゼは後期の始まりにコヒーシンを分解して、染色分体は娘染色体に分離する。

加水分解する能力を持ち、微小管に沿って極へ染色体を移動させるエネルギーを放出する。これらのモータータンパク質は動く力の約75％を占める。第二に、動原体微小管は極から短くなって染色体を引き付ける。これが約25％を占める。

後期のあいだに、紡錘体の極が２倍ほどの距離に押しやられていく。線毛や鞭毛の微小管がスライドするのと似たような方法で、モータータンパク質によって互いにスライドするように動く（第１巻**図1-25A**参照）。この両極への動きによって娘染色体が分離する。

細胞のサイズからしても、染色体はゆっくり動く。１分あたり約１μmで、極まで完全に移動するには10〜60分かかる。これは、人間が900万年かけてアメリカ大陸を横断するくらいのスピードに近い。この遅い速度のおかげで、染色体は正確に分離するのかもしれない。

細胞核は終期に再形成する

後期の終盤で染色体が移動を止めたとき、細胞は**終期**に入る。同一のDNA（遺伝的な指令）を含む２セットの染色体（ここまでは娘染色体と呼んでいた）はそれぞれ紡錘体の反対の極にあり、分解が始まる。染色体はもう一度間期の特徴であるクロマチンの粗な凝縮体になるまで、ほどけていく。前期のあいだに分解された核膜と核小体は融合してそれぞれの構造を再形成する。こうした変化が完了したとき、終期、つまり有糸分裂の終わりとなり、それぞれの娘核はまた間期に入る。

有糸分裂は美しく正確である。その結果は、互いに、また親とも染色体構造が同じ、したがって遺伝的構成も同じ２個の核である。次に、２個の核は別々の細胞に分離しなければならず、細胞質の分離も必要となる。

細胞質分裂は動物と植物でまったく異なる

有糸分裂は核の分裂だけを言う。有糸分裂に続く細胞質の分裂は細胞質分裂によって完了する。生物によって、細胞質分裂の仕方は異なる。植物と動物における過程は本質的に違う。

動物の細胞は、まるで見えない糸が２個の極のあいだで細胞質をしっかり締めつけているかのように、細胞膜にしわが寄って分裂する（**図6-14A**）。「見えない糸」は実際には細胞膜の直下にある収縮環の中にあるアクチンフィラメント（ミクロフィラメント、1.3節〈第１巻〉参照のこと）とミオシンである。これらの２つのタンパク質は筋肉中では相互作用をして収縮を起こす。同じようにして細胞を２つにちぎるのである。アクチンフィラメントは中期の細胞骨格として存在する単体のアクチンから迅速に重合する。この重合は細胞の中心の貯蔵庫から放出されたカルシウムイオンの制御を受けているように見える。

植物の細胞には細胞壁があるので、植物の細胞質分裂は動物と異なっている。植物の細胞の中では、有糸分裂の後に紡錘体が壊されると、ゴルジ装置由来の膜性の小器官が２個の娘核のあいだの中ほどの赤道板に現れる。これらの小器官はモータータンパク質のキネシンの力で微小管に沿って進み融合する。こうして新しい細胞膜が形成され、同時に小器官の内容物から細胞板が構成され、これをもとに新しい細胞壁が形成される（**図6-14B**）。

細胞質分裂後、両方の娘細胞は完全な細胞のすべての構成要素を含む。染色体の正確な分配は有糸分裂によって確実に行われる。これとは対照的に、リボソームやミトコンドリア、葉緑体などの細胞小器官の場合、ある程度の個数がそれぞれの娘細胞に存在している限り、娘細胞に等しく分配される必要はない。２つの娘細胞に正確に等分する必要がある染色体とは異なり、これらの細胞小器官の分配はそれほど正確である必要はない。しかし、染色体以外の細胞成分の娘細胞への不均衡な分配は、２つの娘細胞の性質に違いをもたらし、発生などの過程で重要な意味をもつことがある。

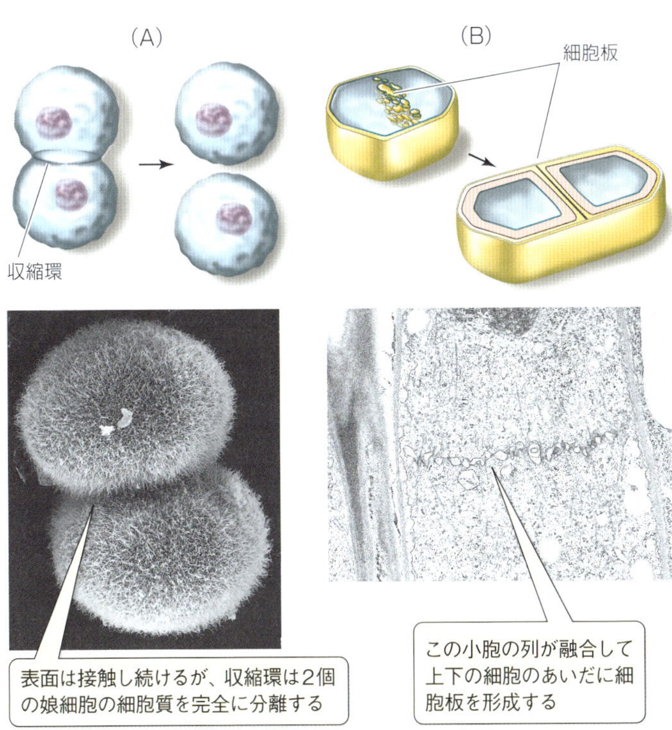

図6-14　細胞質分裂は動物細胞と植物細胞で異なる
植物細胞は細胞壁を持つので、分裂の仕方が動物細胞とは異なる。(A) 胚発生の最初の細胞分裂の終わりに完全に細胞質分裂をしたウニの接合子（受精卵)。(B) 終期の終わりに分裂している植物細胞。最終的に生じる２個の細胞は空間ではなく固い細胞壁で分離される。

6.4 有性の生活環における細胞分裂の役割は何か？

有糸分裂の複雑な過程を経て遺伝的に同一な２個の細胞ができる。しかし、真核細胞には、減数分裂と呼ばれる遺伝的多様性をもたらすもう一つの細胞分裂の過程がある。この過程の役割は何だろうか？

有糸分裂の細胞周期は何度も繰り返す。この過程によって、たった１個の細胞が大量の他の細胞を生じさせる。他方、減数分裂は４個の娘細胞を産生し、それ以上の複製は行われないこともある。有糸分裂と減数分裂は共に生殖に関わるが、それぞれ異なった役割がある。

有糸分裂による生殖は遺伝的不変性をもたらす

植物性生殖とも呼ばれる**無性生殖**は細胞核の有糸分裂に基づいている。単細胞生物では有糸分裂によって細胞周期ごとに自己と同じ子孫を生みだしている。あるいは多細胞生物であっても、有糸分裂で作られた単細胞（もしくは複数の細胞からなる細胞塊）が親から分離して多細胞の子孫を形成することもある（**図6-15**）。無性生殖では、子は親の**クローン**である。すなわち、子は親と遺伝的に同一である。もし子に多様性があるならば、遺伝物質の突然変異による可能性が高い。無性生殖は新しい個体産生の迅速かつ効果的な手段であり、自然界ではよく見られる。

減数分裂による生殖は遺伝的多様性をもたらす

無性生殖とは違って、**有性生殖**では親と同一ではない子が生まれる。有性生殖は減数分裂によって産生された配偶子を必要

(A)

(B)

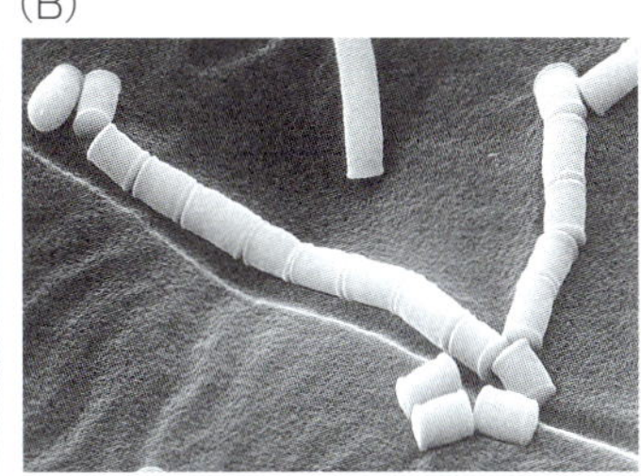

図6-15　無性生殖
(A) このチョヤのようないくつかのサボテンは簡単に裂ける壊れやすい茎を持つ。地面の上の断片は根を下ろして元の植物と遺伝的に同一な新しい植物体を有糸分裂で生長させる。(B) これらの糸巻き状の細胞は真菌によって形成された無性胞子である。それぞれの胞子は有糸分裂によって産生した核を含む。胞子は胞子を産生するために自己を寸断した親と遺伝的に同一である。

とする。両親はそれぞれ１個の配偶子を子に提供する。減数分裂によって作り出される配偶子（結果的には子）は、遺伝的に両親ともそして配偶子間でも異なったものになる。この遺伝的多様性のため、子の中には特定の環境で生き延びて繁殖することに関して他の子よりもうまく適応するものがある。このように、減数分裂によって自然淘汰と進化のための基盤となる遺伝的多様性が生まれる。

ほとんどの多細胞生物において、**体細胞**（生殖のために特殊化していない細胞）は２セットの染色体を含み、染色体は２本で1対になっている。1対の染色体のそれぞれは、それぞれの親に由来する。このような**相同染色体（相同体）**はお互いに大きさや外見が似ている（7.4節で後述するが、いくつかの種で発見されている性染色体を除く）。遺伝的には完全に同一ではないが、相同染色体は同等の遺伝情報を有している。

一方、配偶子は1セットの染色体しか持っていない。すなわち、それぞれの対から1個ずつの相同体となる。配偶子における染色体の数はnで示され、細胞は**半数体（一倍体）**と言われる。**受精**と呼ばれる過程において、2個の半数体の配偶子は融合して新しい生物である**接合子**を形成する。接合子はこのように2セットの染色体を持ち、体細胞と同じになる。その染色体数は$2n$で示され、接合子は**二倍体**と言われる。

すべての有性生活環はある顕著な特徴を持つ。

- 雄親と雌親が存在し、それぞれが減数分裂によって産生した配偶子として染色体を子に提供する。
- それぞれの配偶子は半数体である。すなわち、それは1セットの染色体を含んでいる。
- しばしば雌性の卵と雄性の精子と認識される2個の配偶子は融合して1個の細胞である接合子すなわち受精卵を産生する。その結果、接合子は2セットの染色体を含むことになる（二倍体）。

図6-16に示されるように、接合子形成の後、さまざまな有性生活環が存在する。

- **単相単世代型**生物：例えば、ほとんどの原生生物と多くの菌類などの生活環では、小さな接合子だけが二倍体細胞である。成熟した成体は半数体である。接合子は減数分裂によって半数体細胞すなわち**胞子**を産生する。これらの胞子は単細胞のままか、あるいは有糸分裂によって多細胞となる。成熟した半数体生物は有糸分裂によって配偶子を産生し、配偶子は融合して二倍体接合子を形成する。

- ほとんどの植物と一部の原生生物：**世代交代**が存在し、減数分裂は配偶子を生じないが、半数体胞子を生じる。胞子は有糸分裂によって別の半数体の生活段階（配偶体）を形成する。この半数体の段階では有糸分裂によって配偶子が形成される。配偶子は融合して二倍体接合子を形成し、この二倍体接合子は二倍体胞子体になる。
- **複相単世代型**生物：動物やいくつかの植物が含まれるが、半数体細胞は配偶子のみで、成体は二倍体である。配偶子は減数分裂によって形成され、融合して二倍体接合子を形成する。接合子は有糸分裂によって成体を形成する。

さて、個々の生物の中で多様性を生じさせている有性生殖の役割に注目していこう。有性生殖の本質はまず親の二倍体の染色体（2セット）からその半分の1セットが無作為に選択されることにあり、これによって半数体配偶子ができる。次に、この半数体配偶子2個が融合することによって、両方の配偶子からの遺伝情報を含む二倍体細胞ができる。これらの過程はどちらも集団内の遺伝情報の混ぜ合わせに寄与し、2つの個体がまったく同じ遺伝子構成を持つことはなくなる。有性生殖による多様性は進化の好機を広げる。

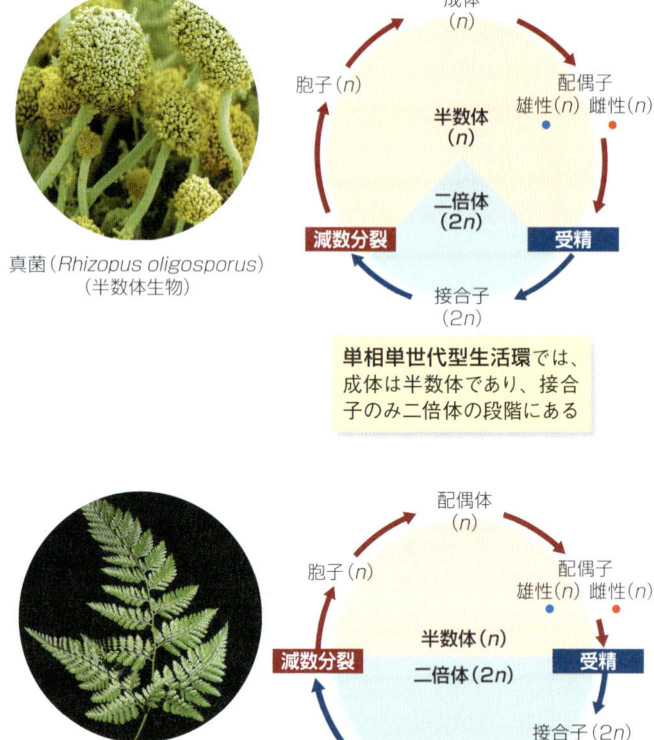

図6-16　有性生殖では受精と減数分裂が交互に起こる
有性生殖では、半数体（*n*）細胞または生物が二倍体（2*n*）細胞または生物と交互に起こる。

ゾウ（*Loxodonta africana*）
（二倍体生物）

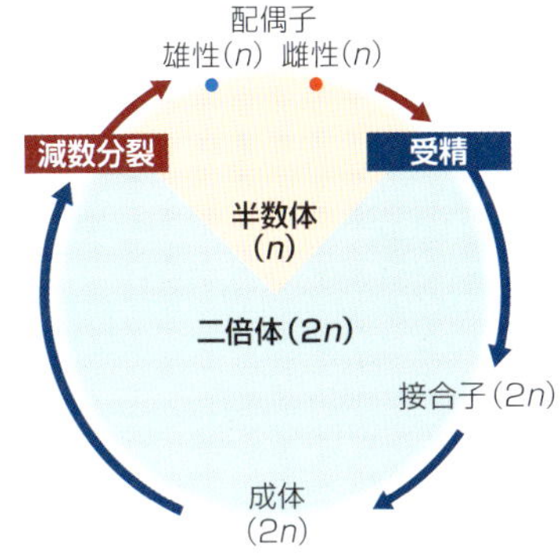

複相単世代型生活環では、成体は二倍体であり、配偶子のみ半数体の段階にある

中期の染色体の数、形状、大きさが核型を構成する

細胞が有糸分裂の中期にあるとき、大抵は個々の染色体を数えることや特徴づけることが可能である。これは生物の種類によっては、比較的簡単な操作で中期にある細胞を選別してその染色体を展開して観察することを可能にした技術のおかげである。全染色体の顕微鏡写真を作成し、個々の染色体の画像を秩序立てて並べる。このような顕微鏡写真で明らかになった細胞内の染色体の数、形、大きさをまとめて**核型**という（**図6-17**）。

個々の染色体は長さやセントロメアの位置、染色して高倍率で観察したときに見える特徴的な染色パターンなどから見分けることができる。細胞が二倍体のとき、核型は相同染色体の対となる。ヒトの場合、相同染色体は23対で総計46本の染色体があるが、他の二倍体種ではこれよりも多かったり、少なかっ

(A)

(B)

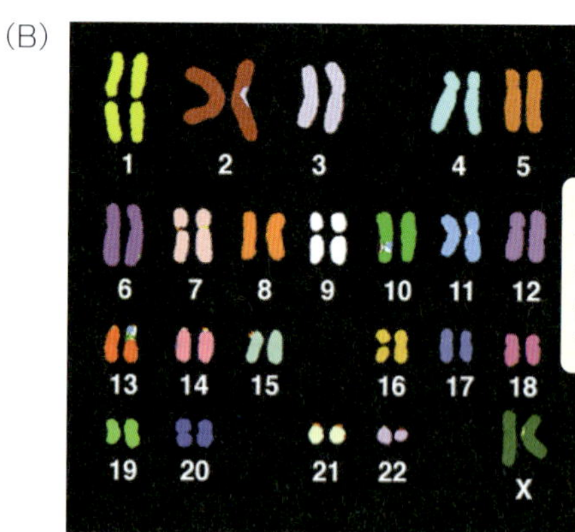

図6-17　ヒトの核型

(A) 有糸分裂の中期におけるヒトの細胞由来の染色体。それぞれの染色体のDNAは、特異的な有色色素で染まる固有の核酸配列を持っているので、それぞれの相同染色体ははっきりと区別できる色を共有している。この段階の染色体は2本の染色分体からなるが、この「染色体彩色」技術では区別できない。多彩な球体は間期の核である。

(B) 画像(A)のコンピュータ解析によって作成したこの画像は、相同染色体を整列させて番号が振られ、ヒトの核型をはっきりと示している。

たりする。生物の大きさと染色体の数には単純な関係はない（**表6-1**）。

表6-1　植物種と動物種における染色体の対の数

一般名	種	染色体対の数
アカイエカ	*Culex pipiens*	3
イエバエ	*Musca domestica*	6
アメリカヒキガエル	*Bufo americanus*	11
イネ	*Oryza sativa*	12
ヒョウガエル	*Rana pipiens*	13
ミシシッピワニ	*Alligator mississippiensis*	16
アカゲザル	*Macaca mulatta*	21
コムギ	*Triticum aestivum*	21
ヒト	*Homo sapiens*	23
ジャガイモ	*Solanum tuberosum*	24
ロバ	*Equus asinus*	31
ウマ	*Equus caballus*	32
イヌ	*Canis familiaris*	39
コイ	*Cyprinus carpio*	52

6.5 細胞が減数分裂をしているとき何が起こるか？

有糸分裂とは違って、減数分裂では親の細胞とは遺伝的に異なる半分しか染色体を持たない娘細胞が生じる。これらの変化はどのようにもたらされるのか？

減数分裂は有性生殖に備えて、2回の核分裂を行って染色体の数を半分に減らす。減数分裂のあいだ、核は2回分裂するのに、DNAは1回しか複製されない。有糸分裂の結果とは違い、減数分裂によって誕生した細胞はお互いに異なり親細胞とも異なる。こうした減数分裂の過程とその詳細を理解するために、減数分裂が持つ次の3つの機能を覚えておくことは役に立つ。

- 染色体数を二倍体から半数体に減少させること
- それぞれの半数体の細胞は1組の完全な染色体セットを持つようにすること
- 子孫の遺伝的多様性を促進すること

図6-18を参照しながら、それぞれの段階を思い描いてみよう。

第一減数分裂は染色体数を減少させる

2つの独特な機構が、2つの減数分裂のうちの1番目である**第一減数分裂**を特徴づける。1つ目は、相同染色体が全長に沿って対合して集まる、ということである。このような対合は有糸分裂では起こらない。2つ目は、中期Ⅰの後、相同染色体がそのまま分離するということである。このあと2本の姉妹染色分体からなる個々の染色体は第二減数分裂の中期Ⅱの終わりまでは変化がないままである。

図6-18　減数分裂

減数分裂では、2セットの染色体が4個の核に分配され、元の細胞の核の半分を持つ。4個の半数体細胞は2回の連続した核分裂の結果である。顕微鏡写真はユリの雄性の生殖器官の減数分裂を示している。略図は動物における対応する相を示している（わかりやすくするために片方の親からの染色体を青色にし、別の親からのそれを赤色にしてある）。

第一減数分裂

前期Ⅰ始め

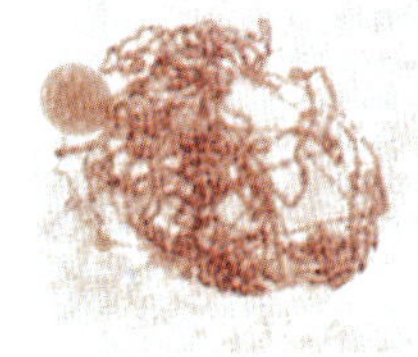

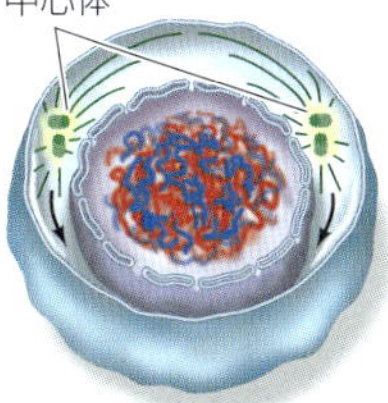

❶ 間期の後、クロマチンは凝縮し始める

前期Ⅰ半ば

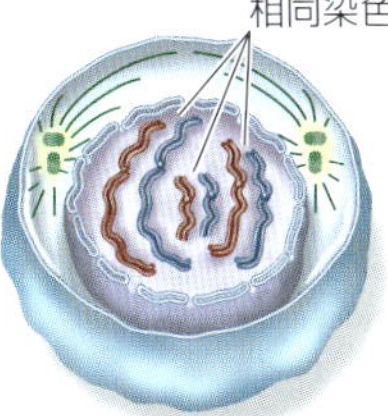

❷ 相同染色体はシナプシス（対合）を開始し、凝縮していく

前期Ⅰ終わり－前中期

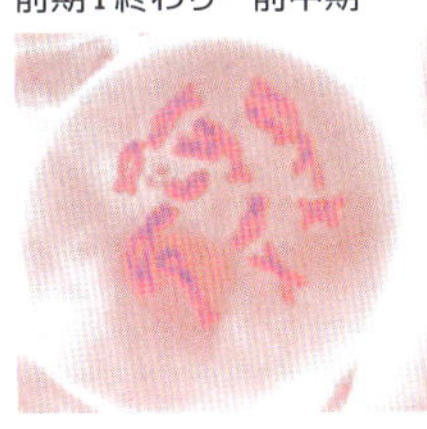

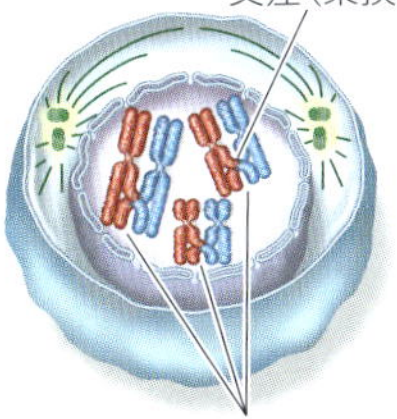

❸ 染色体はコイル状に短くなり続ける。交差（乗換え）は遺伝物質の交換をもたらす。前中期において核膜が分解する

中期Ⅰ

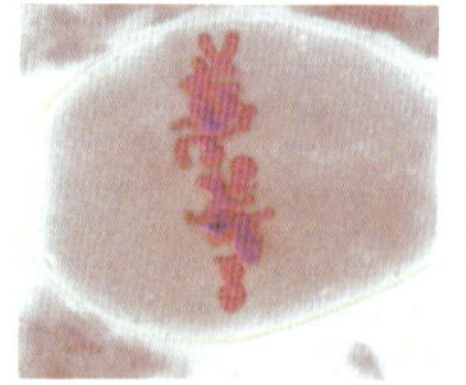

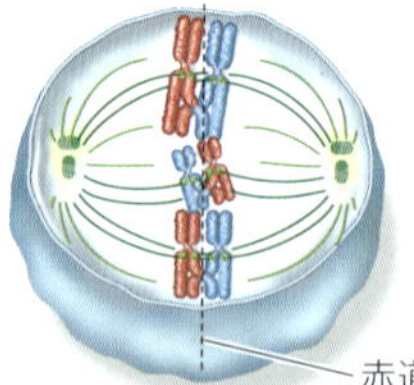

4 相同染色体のペアは赤道板（中期板）に並ぶ

後期Ⅰ

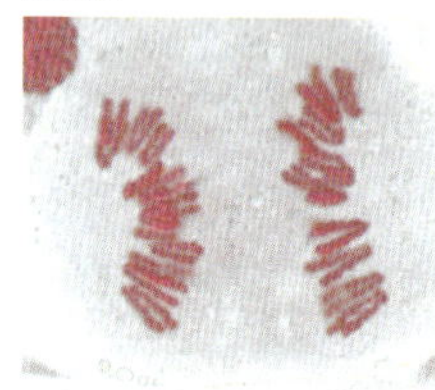

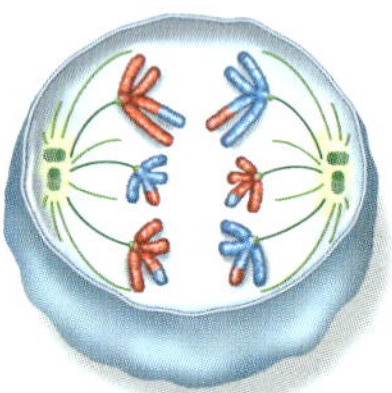

5 相同染色体（それぞれ2本の染色分体を持つ）は細胞の両極へ移動する

終期Ⅰ

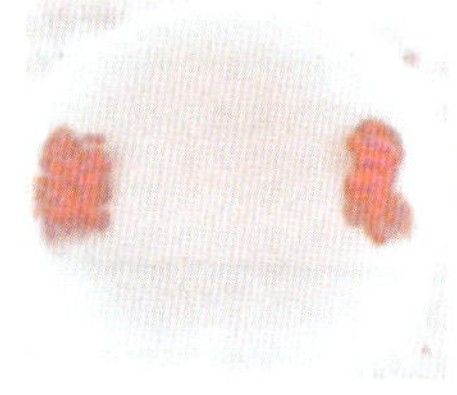

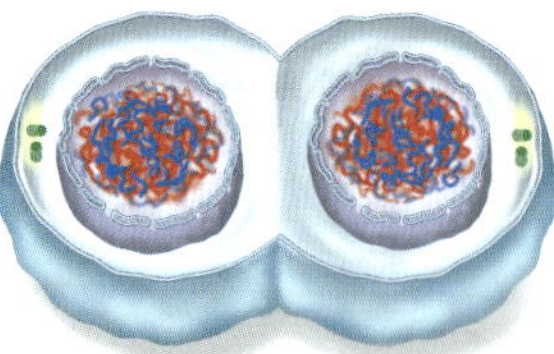

6 染色体は核を形成して細胞が分裂する

第二減数分裂

前期Ⅱ

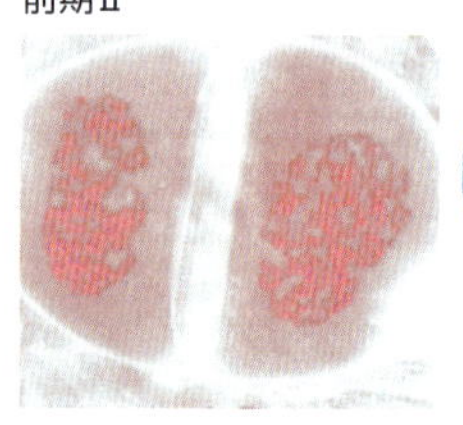

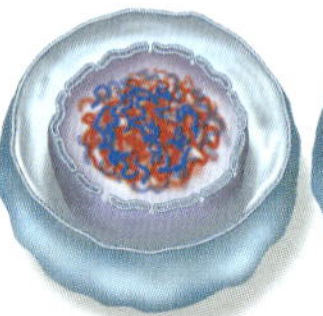

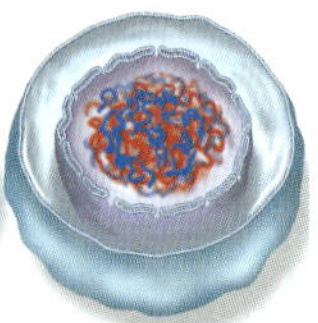

7 DNAが複製されない短い間期（中間期）の後に、染色体は再度凝縮する

中期Ⅱ

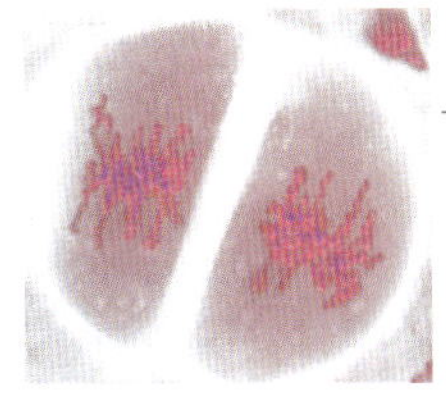

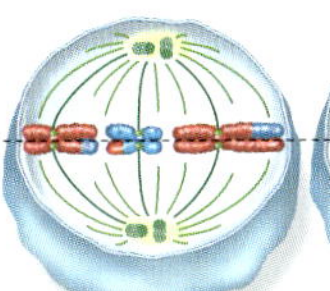

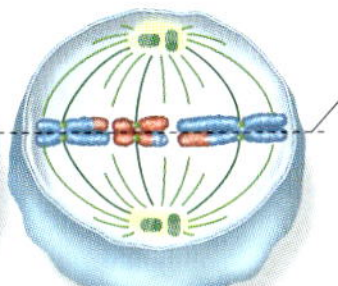

❽ 対となっている染色分体の動原体がそれぞれの細胞の赤道板に並ぶ

後期Ⅱ

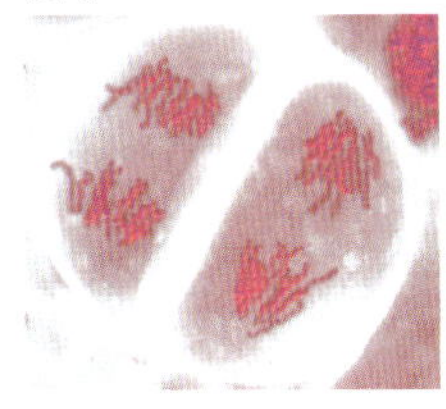

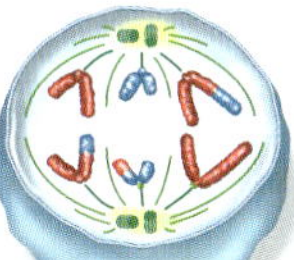

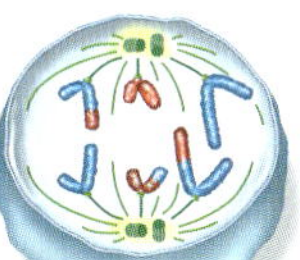

❾ 染色分体は最後に分離して単体で染色体となり、両極へ引かれる。前期Ⅰの交差（乗換え）から、互いの新しい細胞は異なる遺伝構成を持っている

終期Ⅱ

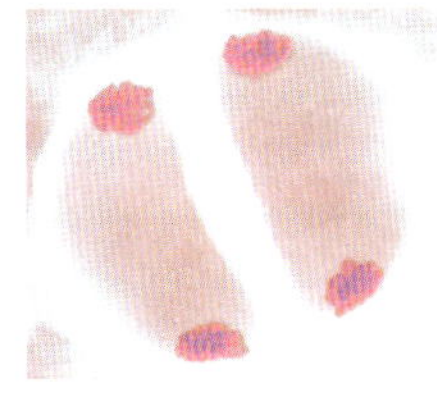

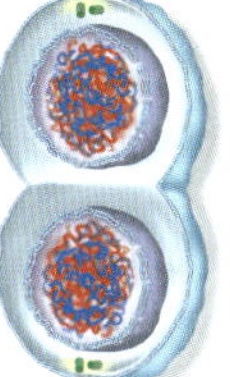

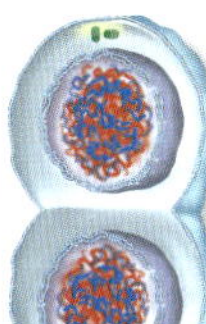

❿ 染色体は核に集まって細胞が分裂する

産物

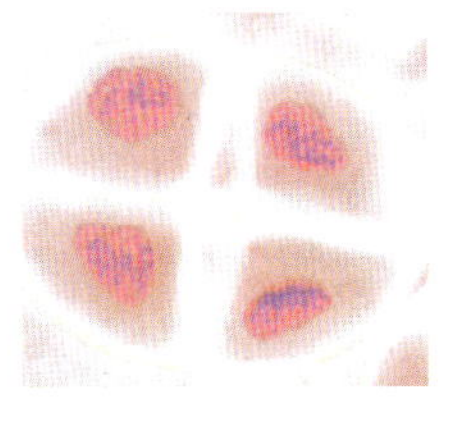

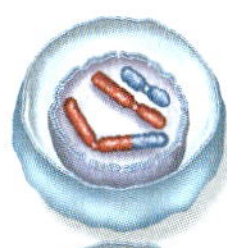

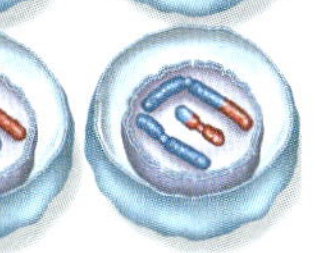

⓫ 4個の細胞はそれぞれ染色体は半数体となる核を持つ

有糸分裂のように、第一減数分裂は染色体が複製されるS期を含む間期のあとに起こる。結果として、それぞれの染色体は２本の姉妹染色分体からなり、コヒーシンタンパク質によって束ねられている。

第一減数分裂は長い前期Ⅰから始まり（**図6-18**の最初の３つの枠）、染色体が顕著に変化する。相同染色体は長軸に沿って接着することによって対になり、この過程は**シナプシス**（神経細胞のシナプスの類語、対合）と呼ばれる。この対になる過程は前期Ⅰから中期Ⅰの終わりまで続く。

染色体が光学顕微鏡ではっきりと見られるときまでに、２個の相同体はすでに固く結合している。この結合はテロメア（染色体末端の反復配列。詳しくは8.3節参照）から始まり、相同染色体上の相同のDNA配列の認識によって行われる。加えて、特別なタンパク質群が対合装置と呼ばれる足場を形成して、相同染色体に沿って縦方向に存在し、２つの染色体を結合しているように見える。

対合している相同染色体の４本の染色分体は**四分子**、または**二価染色体**と呼ばれる。言い換えれば、１個の四分子は２対の相同染色体それぞれ２本ずつ、計４本の染色分体である。例えば、減数分裂の始まりではヒトの二倍体細胞には46本の染色体があるが、それぞれ２本の染色分体を持つ23対の相同染色体（すなわち23個の四分子）で前期Ⅰのあいだに総計92本の染色分体となる。

前期Ⅰと中期Ⅰのあいだ、染色分体はコイル状に圧縮し続けているので、染色体はずいぶん厚く見える。ある部位では、相同染色体は互いに反発しているように見える。特にセントロメアの近くではそのように見えるが、コヒーシンの介在による物理的な接着で結合している。これらのコヒーシンは２本の姉妹染色分体を結合しているものとは違う。接着領域はX字状の外見を呈し（**図6-19**）、**キアズマ**と呼ばれる（「十字形」という意味）。

キアズマは、相同染色体上の姉妹でない染色分体のあいだでの遺伝物質の交換に寄与する。これを遺伝学者は**乗換え**、もしくは**交差**と呼ぶ（**図6-20**）。染色体は通常、シナプシスが始まるとすぐに遺伝物質の交換を始めるが、キアズマは相同部分が解離するときになるまで目に見えない。乗換えは、相同染色体のあいだで遺伝情報を入れ換えることによって減数分裂の生成物に遺伝的多様性を増加させる。第7章で、乗換えとその遺

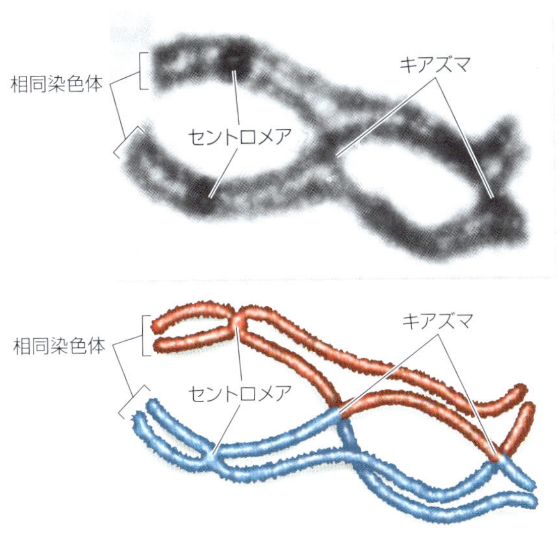

図6-19　染色分体のあいだにおける交換の証拠であるキアズマ
顕微鏡写真はサンショウウオの減数分裂前期Ⅰにおける2本の染色分体からなる相同染色体1対を示している。2個のキアズマが見える。

伝的な重要性を見ていく。

前期Ⅰの複雑な現象が起こるには長い時間が必要である。有糸分裂の前期は通常分単位で、有糸分裂全体でも1時間か2時間以上かかることはめったにないのに対し、減数分裂はもっと長い時間がかかる。ヒトの男性の場合、減数分裂時の睾丸内の細胞は前期Ⅰに約1週間、減数分裂周期全体で約1ヵ月かかる。卵になる細胞では、前期Ⅰは女性本人の出生よりずっと以前の早期胎児の発生中に始まり、数十年後、月に1度の卵巣周期のあいだに終わる。

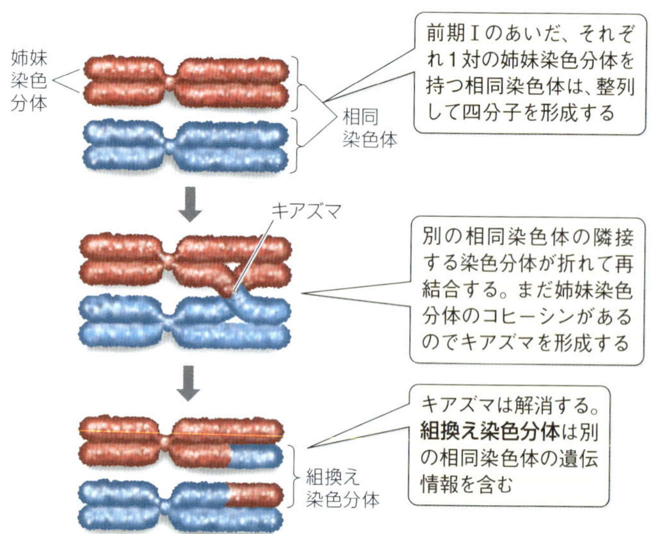

図6-20　乗換えは遺伝的に多様性のある染色体を形成する
乗換えによる遺伝物質の交換は組換え染色体上で遺伝情報の新しい組み合わせを生じる。異なる色は雄性の親と雌性の親による染色体を区別している。

前期Ⅰの後には核膜と核が分解される前中期が続く。紡錘体が形成され、微小管が染色体の動原体に付着する。第一減数分裂では、それぞれの染色体における両方の染色分体の動原体は同じ半紡錘体に付着する。このように、2本の染色分体からなる染色体はそのまま1個の極へ移動する。相同染色体対のどちらがどちらの半紡錘体に付着するか、したがって、どちらの染色体がどちらの極へと移動するかはランダムである。中期Ⅰまでに、すべての染色体は赤道板に移動する。この時点で、相同染色体はキアズマによって連結されている。

相同染色体は後期Ⅰに分離する。後期Ⅰは、個々の染色体がどれもまだ2本の染色分体からなっていて、相同染色体の片方は1つの極へ、残りの片方は反対の極へと引かれる（この過程が有糸分裂の後期の染色分体の分離と異なることに注意）。この分裂による2個の娘核のそれぞれは元の二倍体の核に存在していた2セットではなく1セットの染色体しか有していない。しかしながら、1本だけでなく2本の染色分体からなるので、これらの染色体は有糸分裂後の染色体の2本に相当する。

生物種によっては、核膜が再集合する終期Ⅰがある。終期Ⅰがあるとき、終期に続いて有糸分裂の間期に似た**間期**※がある。間期のあいだ、染色体は部分的にほどける。しかしながら、それぞれの染色体はすでに2つの染色分体からなるので、遺伝物質の複製はない。また、前期Ⅰにおける乗換えで母方と父方の染色体のあいだで遺伝情報の入れ換えが行われるので、一般的にこの間期の姉妹染色分体は遺伝的に同一ではない。終期Ⅰがない生物種では、染色体は直ちに第二減数分裂へ移行する。

※**訳注**：日本語ではともに「間期」だが、英語の場合、通常の分裂時の（中）間期はinterphaseといい、DNA合成を伴わない減数分裂の間期についてはinterkinesisという。

第二減数分裂は染色分体を分離する

第二減数分裂はさまざまな意味で有糸分裂と似ている。第一減数分裂によって産生された2個の核それぞれにおいて、染色体は中期Ⅱで赤道板に並ぶ。コヒーシンの分解で姉妹染色分体のセントロメアは分離し、娘染色体は後期Ⅱで極へと移動する。

第二減数分裂と有糸分裂のあいだには、3つの主要な違いがある。

- DNAは、有糸分裂の前では複製されるが、第二減数分裂の前では複製されない。
- 有糸分裂では、ある染色体を作り上げる姉妹染色分体は同一である。第二減数分裂では、前期Ⅰで乗換えがあれば、姉妹染色分体は一部で異なる。
- 第二減数分裂における赤道板上の染色体の数は有糸分裂におけるそれの半分である。

減数分裂によって4個の核が生じるが、それぞれの核は半数体で、その他の核とはお互いに遺伝的組成が異なり、親の半数の染色体を持つ。これら4個の半数体核における差異は前期Ⅰの乗換えと後期Ⅰの相同染色体のランダムな分離の結果として生じる。

減数分裂における染色体の動向が遺伝的多様性を生じる

減数分裂における相同染色体のシナプシスと分離の重要性とは何か？　有糸分裂では、それぞれの染色体はその相同染色体とは独立に振る舞う。その2本の染色分体は後期にそれぞれ反対の極へ送られる。二倍体の細胞では、相同染色体の1セットは父親に、もう1セットは母親に由来している。通常の体細胞分裂では、これらの染色体は独立して振る舞い、親細胞の染色体すべてを過不足なく2つの娘細胞は持つことになる（娘細胞の染色体は1本の染色分体からなる）。しかし、減数分裂では、娘細胞への染色体の分配は、非常に複雑なものとなる。**図6-21**で2つの過程を比較してみる。

減数分裂では、シナプシス時に母方由来の染色体は父方由来の相同するものと1対になる。減数分裂の後期Ⅰでは、相同染色体の分離は2つの娘細胞がそれぞれの相同染色体の1本（母方由来もしくは父方由来のどちらか1本）を受け取る。例えば、ヒトの減数分裂の終わりには、それぞれの娘核にははじめ46本だった染色体のうちの23本がわたされる。このように、染色体数は二倍体から半数体へ減少する。さらに、第一減数分裂は娘核が完全な1セットの染色体を確実に得られるようになっている。

第一減数分裂の産物は2つの理由から遺伝学的に多様である。

- 前期Ⅰの半ばのシナプシスでは、ペアとなった母親由来の染色体と父親由来の染色体のあいだで、相同領域の**組換え（交換）**が行われる。その結果、各染色体は父親由来の遺伝情報と母親由来の遺伝情報がミックスされた「キメラ」（混血、雑種）となる。
- 後期Ⅰにおいて、相同染色体のどちらが、どの娘細胞に行くかは運任せである。例えば、二倍体の親核に2セットの相同染色体（＃1と＃2とする）がある場合、特定の娘核は父方の染色体＃1と母方の染色体＃2、または父方の染色体＃2と母方の染色体＃1、または両方とも母方、または両方とも父方を受け取る可能性がある。これはすべて中期Ⅰにおける相同染色体の並び方によってランダムに決まる。この現象は**独立組合せ**と名付けられた。

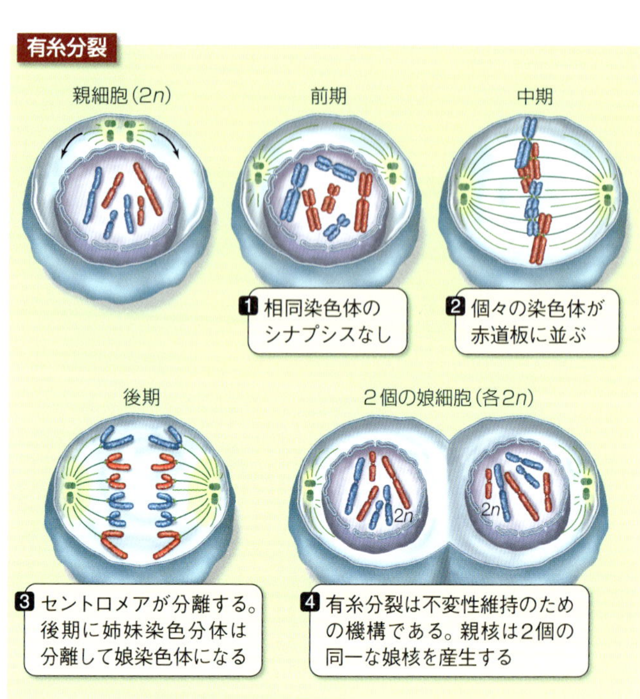

図6-21　有糸分裂と減数分裂の比較
主として相同染色体のシナプシスや中期Ⅰの終わりにおけるセントロメアの不分離で、減数分裂は有糸分裂と異なる。

減数分裂

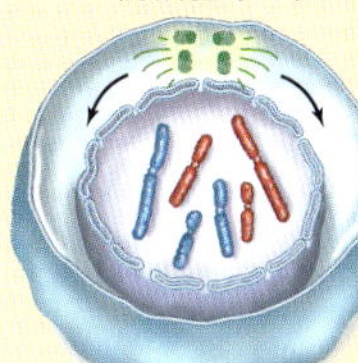

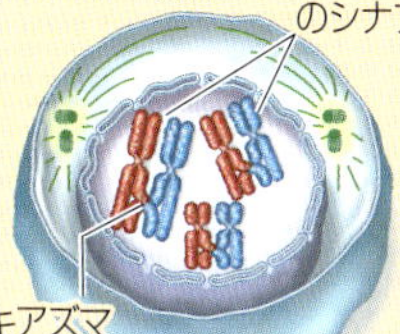

1 相同染色体のシナプシスと乗換えあり

2 相同染色体が赤道板に並ぶ

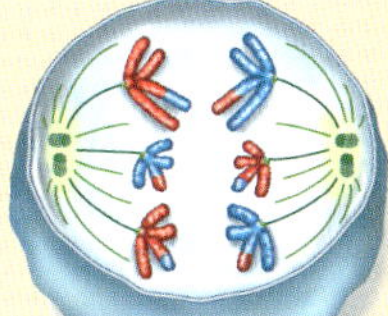

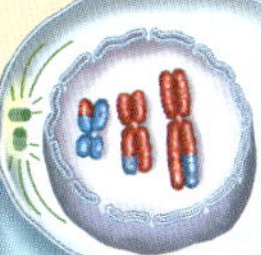

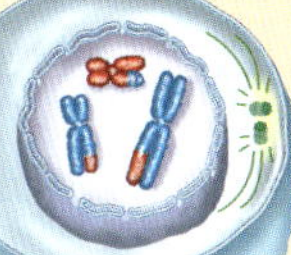

3 セントロメアは分離しない。後期Ⅰのあいだ、姉妹染色分体は一緒のままである。相同染色体は分離する。前期Ⅱの前にDNAは複製されない

4 終期Ⅰの終わりには、相同染色体のそれぞれは核膜によって互いに隔てられるようになる

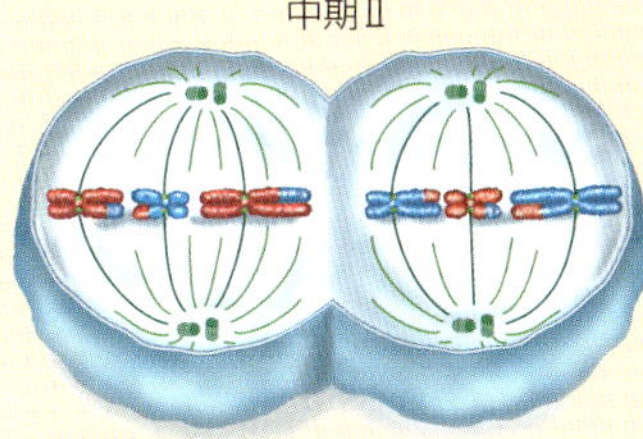

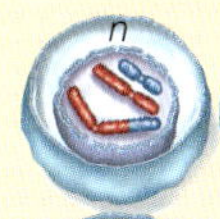

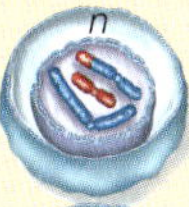

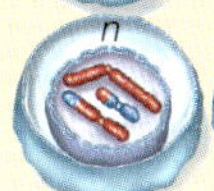

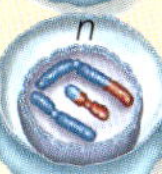

5 この段階はそれぞれの細胞が半数体であるということ以外は有糸分裂の中期に似ている

6 減数分裂は多様性出現のための機構である。親核は４個の異なる娘核を産生する

上述の４つの可能な染色体の組み合わせのうち、どちらかの親と同じ娘核を産生する組み合わせは２つだけであることに注意してほしい（乗換えによる物質の交換を除く）。染色体の数が増えれば増えるほど、元となる両親型と同じ組み合わせが再現される可能性は小さくなるから、遺伝的多様性は大きくなる。実のところ二倍体の生物のほとんどの種が２対以上の染色体を持っている。ヒトでは、23対の染色体で、2^{23}（838万8608）通りの組み合わせが独立組み合わせによって生じる。乗換えによってさらに生じる遺伝的入れ換えを考慮すると、可能な組み合わせの数は実質的には無限である。

減数分裂における誤りは異常な染色体構造と染色体数という結果を生む

細胞分裂の複雑な過程の中で、時としてエラーが生じる。第一減数分裂において相同染色体の対が分離し損なうかもしれないし、第二減数分裂または有糸分裂において姉妹染色分体が分離し損なうかもしれない。こうした現象は**不分離**と呼ばれる。反対に、相同染色体がくっつき損なうかもしれない。どの問題も異数性細胞の産生になる。**異数性**とは、１つ以上の染色体が不足したり、余分に存在したりする状態である（**図6-22**）。

染色体異数性の原因の１つとしてコヒーシンの不足が考えられる。減数分裂において、コヒーシンはDNA複製後に生成され、２本の相同染色体を中期Ｉまで結合する（**図6-13**参照）。コヒーシンによって、染色体が赤道板に並ぶときに一方の相同染色体が一方の極に向き、もう一方の相同染色体は別の極に向く。この「接着剤」がないと、２本の相同染色体は有糸分裂における染色体のように中期Ｉででたらめに並ぶかもしれない。両方が同じ極へ行く可能性は50％ある。例えば、ヒトの卵の形成中に、21番染色体対の両方が後期Ｉで同じ極へ行った場合、結果として卵は21番染色体を２本含むか、まったく含まないか、どちらかになる。これらの染色体を２本持つ卵が正常な精子と受精した場合、結果として受精卵は３本の染色体を持

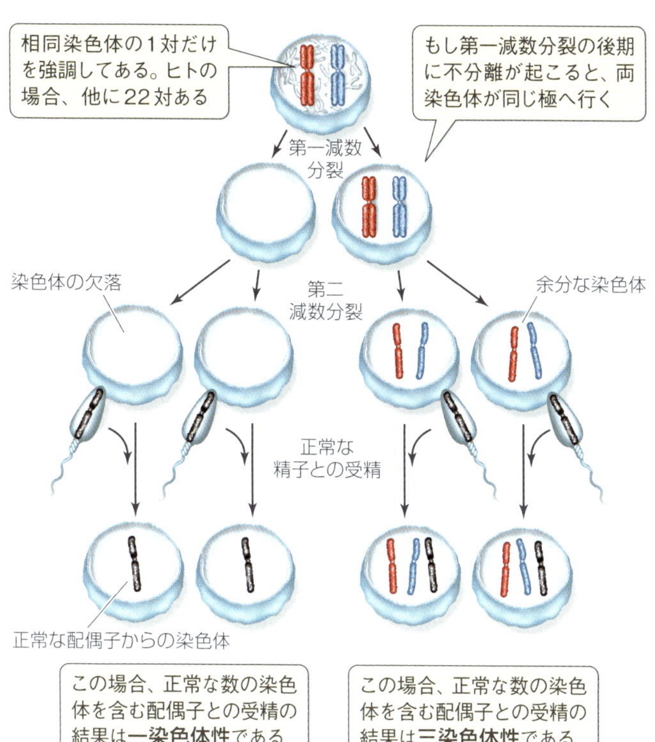

図6-22　不分離は異数性をもたらす
もし第一減数分裂のあいだに相同染色体が分離しないと不分離が起こる。結果は異数性である。１本以上の染色体が不足するか余分に存在することになる。

つ。これは21番染色体の**三染色体性（トリソミー）**である。21番染色体を1本多く持つ子どもはダウン症候群の兆候――知能障害、独特な手や舌や瞼の異常、心臓の異常や白血病のような疾患の罹患率の高さ――がある。21番染色体を持たない卵が正常な精子と受精した場合、受精卵は21番染色体を1本のみ持つ。これは21番染色体の**一染色体性（モノソミー）**となる。

他にも染色体に関する異常は起こる。**転座**と呼ばれる作用では、染色体の一部分が切断し、別の染色体に付着する。例えば、1本の21番染色体の特定の大きな部分が別の染色体に転座するかもしれない。この転座した部分を2本の正常な21番染色体と一緒に受け継いだ個体はダウン症候群になるだろう。

三染色体性（あるいは、逆の一染色体性）は驚くことにヒトの受精卵ではよく起こり、異数性を示す全妊娠の10～30％にもなる。このような受精卵から発生する胚のほとんどは出生までいかず、生まれても1歳未満でしばしば死んでしまう。21番染色体以外のほとんどの染色体における三染色体性と一染色体性は胚性致死につながる。主に、三染色体性と一染色体性のために、少なくとも全妊娠の5分の1は最初の2ヵ月間に自然流産となる（初期の妊娠はしばしば診断もされないことから、流産となった妊娠の実際の割合は確実にもっと高い）。

倍数体細胞の減数分裂は困難である

6.4節で述べたように、二倍体と半数体の核両方とも有糸分裂による分裂は正常に行われる。二倍体あるいは半数体の個体（多細胞）も有糸分裂によって1つの細胞から形成される。染色体が1本足りない細胞であっても、あるいは、染色体が1本余分にある細胞であっても、有糸分裂によって増殖しうるのである。ダウン症候群では21番染色体が1本多い個体となる。

染色体全体を一式余分に持つ生物も偶発的にあるいは人工的に生じ得る。ある状況下では、三倍体（$3n$）、四倍体（$4n$）およびそれ以上の**倍数体**※の核が存在しうる（これらの倍数は染色体の完全なセットの数を表す）。

※**訳注**：polyploidの日本語訳は「倍数体、多数体」となっている。この倍数体に、正常な二倍体は狭義には含まれない。本書では三倍体以上を意味している。なお前出の「異数性」とは、特定の染色体のみにおける本数の増減のことである。

もし核が1セット以上の余分な染色体を持っていても有糸分裂は正常に進行する。なぜなら、それぞれの染色体はその他の染色体とは独立して振る舞うからである。しかしながら、減数分裂では、相同染色体は分裂を開始するために対合しなければならない。1本の染色体に相同体がない場合は、後期Ⅰで染色体の代表を両極へ送ることができない。二倍体の核は正常の減数分裂を行うことができるが半数体の核はできない。同様に、四倍体核は染色体のそれぞれの種類を偶数持つので、それぞれの染色体はその相同体と組むことができる。しかし、三倍体核は染色体の3分の1が相手を欠いているので、正常な減数分裂ができない。そのため、三倍体、四倍体やそれ以上の通常とは異なった数の染色体を持つ生体は不妊になりやすい。このような生体は現代農業ではよく見られる。例えば、現代のパンの原料である小麦は六倍体だが、これは二倍体の14本の染色体を持っている3種類の異なる小麦のあいだでの自然交配の結果である（訳注：ちなみに、種なしスイカは三倍体である）。

6.6 細胞はどのように死ぬのか？

本章の始めで触れたように、真核生物における複雑な細胞分裂の本来の役割は、死ぬ細胞を補充することである。これらの細胞には何が起こるのか？

細胞が死ぬ方法には２つある。細胞死の１つは**ネクローシス**で、細胞が毒素による損傷を受けたり、酸素や必須栄養素の不足に陥ったりすると起こる。これらの細胞は、通常膨らんで破裂し、細胞外の環境に内容物を放出する。この過程はしばしば炎症で見られる（15.2節〈第３巻〉参照）。キズの周りに形成されたカサブタは壊死組織の身近な例である。

もう１つの細胞死は**アポトーシス**（ギリシア語で「apo（剝がれて）」と「ptosis（落ちる）」に由来して「(枯れ葉などが木から）落ちる」という意味）である。アポトーシスは、遺伝的にプログラムされた細胞死をもたらす一連の出来事である。細胞死のこれら２つの方法を**表6-2**で比較してみる。

細胞は、本質的には「細胞の自殺」であるアポトーシスをなぜ開始するのだろうか？　考えられる理由は以下のような２つがある。

- 細胞がもはや生体から必要とされなくなった場合。例えば、出生前、ヒトの胎児は、指と指のあいだに結合組織である水かきがある。発達するにつれ、細胞はアポトーシスを起こし、この不必要な組織は消えていく（**図16-16**〈第３巻〉参照）。
- 細胞がより長く生きれば生きるほど、癌になるような遺伝子損傷を受ける可能性がある。このことは、有害物質に曝されやすい血液や腸の上皮層組織の細胞の場合、特にそうである。正常な場合、このような細胞は数日または数週間で死ぬ。

表6-2　2種類の細胞死

	ネクローシス	アポトーシス
刺激	低酸素、毒、 ATP枯渇、損傷	特異的、遺伝的にプログラム された生理的なシグナル
ATP要求性	不要	必要
細胞内様式	膨張、小器官の崩壊、 組織死	クロマチン凝縮、 膜ブレブ形成、単細胞死
DNA分解	無作為な断片	ヌクレオソーム単位の断片
細胞膜	破裂	ブレブ形成 (図6-23A参照)
死細胞の運命	白血球による捕食	隣接細胞による取り込み (訳注：白血球による捕食もある)
組織の反応	炎症あり	炎症なし

発生中の脳では、神経細胞のあいだに多くの接続があり得る。それにもかかわらず、これらの接続のわずかしか出生まで残らない。脳の細胞の残り ── 半分ぐらい ── は死ぬのである。

アポトーシスの現象はほとんどの生物で非常によく似ている。細胞は隣接した細胞から隔離され、クロマチンをヌクレオソーム単位の断片に切断する。そして、細胞片に分裂する膜状の丸い突出部「ブレブ」を形成する（**図6-23A**）。自然の節約の注目すべき例として、周囲の生存している細胞は通常、死細胞の内容物を取り込む。アポトーシスを起こす遺伝的なシグナルもまた多くの生物で共通である。

細胞分裂の周期のように、細胞死の周期も内部または外部から来るシグナルによって制御されている（**図6-23B**）。これらのシグナルは有糸分裂のシグナル（例えば成長因子）の欠如や損傷したDNAの認識などである。外部シグナル（またはこれらの欠如）は、細胞膜上の受容体タンパク質の形態を変化さ

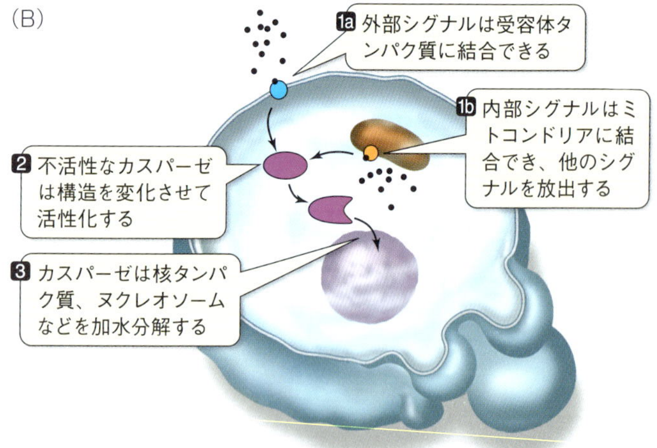

図6-23　アポトーシス：プログラムされた細胞死
(A) 多くの細胞は、不必要になった場合、あるいは、DNAの損傷が過大となり個体に悪影響を及ぼしかねない場合（例えば、いわゆる前癌状態)、「自殺」するように遺伝的にプログラムされている。
(B) 外部シグナルも内部シグナルも、特異的な細胞成分を分解するカスパーゼを活性化させてアポトーシスをもたらす。

せて**カスパーゼ**と呼ばれる酵素群を次々に活性化させることができる。内部シグナルは、ミトコンドリアからカスパーゼを活性化する分子を放出させる。いずれの場合も、カスパーゼが核膜、ヌクレオソーム、細胞膜のタンパク質を加水分解して、細胞は自殺スイッチをオンにする結果となる。14.5節（第3巻）に見るように、例えば癌のような過度の細胞増殖を治療するために使われている薬剤の多くは、こうしたシグナルを利用して作用する。

ここまで細胞周期および細胞質分裂や有糸分裂、減数分裂によって細胞がどのように分裂するのかに注目してきた。減数分裂が次世代へわたす遺伝的「部品」をどのように産生するかを見てきたわけだが、「ゲノムの領域」を説明する第7章から第11章では、19世紀にグレゴール・メンデル（Gregor Mendel）によって解明された遺伝や、遺伝暗号の解明以後に獲得された爆発的に増えた知識に注目していく。いまや、遺伝学の影響を受けない現代生活はないともいえる事態になっている。

チェックテスト （答えは1つ）

1. 真核性の染色体に関する以下の記述のうち、正しくないのはどれか？

ⓐ時として2本の染色分体からなる。
ⓑ時として1本の染色分体からなる。
ⓒ通常、1個のセントロメアを有している。
ⓓタンパク質だけからなる。
ⓔ光学顕微鏡で明確な物体としてはっきりと目に見える。

2. ヌクレオソームについての説明はどれか？

ⓐ染色体でつくられている。
ⓑすべてDNAからなる。
ⓒヒストンコアの周りに巻きついているDNAからなる。
ⓓ有糸分裂のあいだだけ存在する。
ⓔ有糸分裂の前期のあいだだけ存在する。

3. 細胞周期に関する以下の記述のうち、正しくないのはどれか？

ⓐ有糸分裂と間期からなる。
ⓑG1期のあいだ、細胞のDNAは複製される。
ⓒある細胞はG1期に何週間も、またはもっと長い期間留まることができる。
ⓓG2期のあいだ、DNAは複製されない。
ⓔ細胞は細胞内または細胞外のシグナルの結果として細胞周期に入る。

4. 有糸分裂に関する以下の記述のうち、正しくないのはどれか？

ⓐ1個の核は2個の同じ娘核をもたらす。
ⓑ娘核は親核と遺伝的に同じである。
ⓒセントロメアは後期の開始時に分離する。
ⓓ相同染色体は前期に対合する。
ⓔ中心体は紡錘体の微小管を形成する。

5. 細胞質分裂に関する以下の記述のうち、正しいのはどれか？

ⓐ動物では、細胞板が形成される。
ⓑ植物では、膜に溝ができることによって開始される。
ⓒ有糸分裂に続いて起こる。
ⓓ植物細胞では、アクチンとミオシンが重要な役割を果たす。
ⓔ核の分裂である。

6. アポトーシスに関する以下の記述のうち、正しいのはどれか？

ⓐすべての細胞で起こる。
ⓑ細胞膜の形成に関わる。
ⓒ胎児では起こらない。
ⓓ細胞死を起こす一連のプログラムされた現象である。
ⓔネクローシスと同じである。

7. 減数分裂に関する以下の記述のうち、正しいのはどれか？

ⓐ第二減数分裂は二倍体から半数体に染色体の数を減少させる。
ⓑDNAは第一減数分裂と第二減数分裂とのあいだに複製される。
ⓒ第二減数分裂のあいだに染色体を構成する染色分体は同じである。
ⓓ第一減数分裂前期のそれぞれの染色体は4個の染色分体からなる。
ⓔ第一減数分裂後期に、相同染色体は互いに分離する。

8. 減数分裂に関する以下の記述のうち、正しいのはどれか？

ⓐ1個の核は2個の娘核をもたらす。
ⓑ娘核は親核と遺伝的に同じである。
ⓒセントロメアは第一減数分裂後期の開始時に分離する。
ⓓ相同染色体は第一減数分裂前期に対合する。
ⓔ紡錘体は形成されない。

9. ある植物は12個の二倍体の染色体を持つ。その植物の卵細胞は5個の染色体がある。最もありそうな記述はどれか？

ⓐ正常な有糸分裂
ⓑ正常な減数分裂
ⓒ第一減数分裂における不分離
ⓓ第一減数分裂および第二減数分裂における不分離
ⓔ有糸分裂における不分離

10. ヒトの細胞において第二減数分裂後期の娘染色体数はどれか？

ⓐ 2
ⓑ 23
ⓒ 46
ⓓ 69
ⓔ 92

テストの答え　1.ⓓ　2.ⓒ　3.ⓑ　4.ⓓ　5.ⓒ
6.ⓓ　7.ⓔ　8.ⓓ　9.ⓒ　10.ⓒ

第７章

遺伝学：メンデルとその後

ラビ（ユダヤ教指導者）の知恵

1800年前の中東の砂漠で、ラビがジレンマに直面していた。あるユダヤ人の女性が息子を産んだ。その約2000年前にアブラハムへの神の命令によって定められ、後にモーゼが復唱した法律の定めるところにより、母は生後8日の息子を割礼の儀式（**図7-1**）のためにラビのもとへ連れてきたのである。そのラビは、女性の2人の息子が陰茎包皮を切られたとき、出血死しているのを知っていた。しかし、聖書の命令は生きている。割礼を受けなければ、その子は神と厳粛な契約を結んだ者とは見なされないだろう。他のラビとの協議の後、この三男は割礼を免除すると決定された。

図7-1　古来の儀式
男の子はユダヤ教の法に従って割礼を受ける。血友病の遺伝子を保因しているユダヤ人の母の息子たちはこの儀式を免除される。

それから約1000年後の12世紀、医師であり神学者のモーゼス・マイモニデス（Moses Maimonides）は、ラビが書き残した文献でこの事例やその他多くの事例を調べなおし、このような場合、三男に割礼を施すべきではないと述べた。さらに、この子が母の「最初の夫との子であろうと２番目の夫との子であろうと」免除すべきであるとした。出血性疾患が明らかに母から息子へ受け継がれていると、彼は推論したのである。遺伝子や遺伝学に対して我々が持つ現代的な知識もなく、ラビはヒトの疾患（現在ではこの疾患は血友病Ａとして知られている）を遺伝の型（今でいう伴性）と結びつけていた。血友病Ａの正確な生化学的性質とその遺伝的メカニズムがわかったのは、わずかここ数十年のことである。

第６章に記述したように、ヒトの染色体は22対の相同染色体（計44本）と２本の性染色体からなる。たとえ染色体上の１つの遺伝子が突然変異体だとしても、もう一方の染色体上の正常な遺伝子が、通常は機能するタンパク質を産生することができる。ところが１対の染色体だけは違う。Ｘ染色体とＹ染色体の場合、男性はそれぞれ１つずつ受け取るが、女性はＸ染色体を２つ受け取る（Ｙ染色体はない）。血友病の血液凝固機能不全を引き起こす遺伝的変異はＸ染色体上に存在し、変異を有している男性は正常遺伝子の「バックアップ」を持っていない。ほとんどの人には大した影響を伴わない色覚異常も同じような遺伝形式をとる（**図7-2**）。

我々は、このような遺伝の様式をどのように説明し、予想するのか？　遺伝について多くのことが、科学者や研究者が遺伝子や染色体の存在を知る以前から直観されていた。約2000年前の賢いラビの決定が証明するように。事実、遺伝の基礎科学は、生命科学の歴史における驚くような実験と結果解析の成果

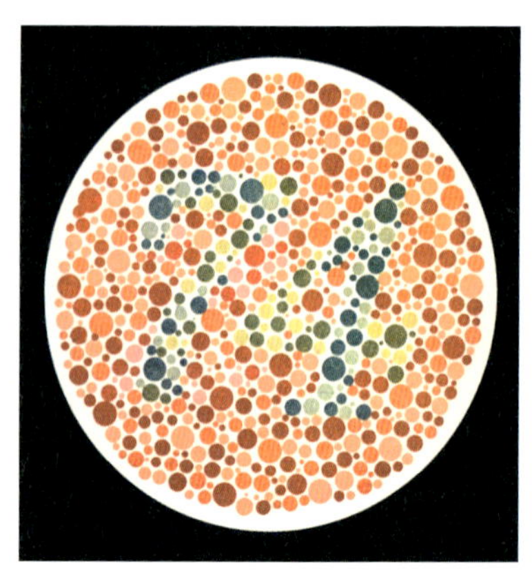

図7-2　伴性形質検査
血友病と同様に、赤緑色覚障害を起こす対立遺伝子の突然変異はX染色体上に伝わる。しかしながら血友病とは違って、この疾患は健康上の影響はない。写真のような簡単な検査※では、正常の色覚を持つ人は74と見えるが、ほとんどの典型的な色覚障害者は21と見え、重い色覚障害者は数字を識別できない。

によって1860年代に構築された。グレゴール・メンデル（Gregor Mendel）による実験と解析の重要性は、約30年間、科学界に理解されなかった。しかしながら、一度評価が定まると、自然科学と医学はこれまでにない速度で発展し始めた。

※**訳注**：この図は日本で徴兵検査用に大正時代に開発された石原式色覚検査表の一部である。日本人男性の5％は赤と緑の区別がしがたいとされる。資料や標識を作成するとき、白黒でも見やすく作成するように心がける必要がある。

この章では遺伝の単位 ── 遺伝子 ── が世代から世代へどのように伝達されるか議論していく。遺伝を支配する法則の多くが、減数分裂のあいだの染色体の振る舞いによって証明できることを示す。「遺伝子と遺伝子」「遺伝子と環境」の相互作用について説明し、染色体上における遺伝子の特定の位置が多様性にどのように影響を与えるかを見ていく。

7.1 遺伝におけるメンデルの法則とは何か？

生物学の遺伝についての初期の研究の多くは、経済的重要性のある植物と動物を通じてなされてきた。記録によると、人々は5000年も前に意図的にナツメヤシや馬の雑種作製を行っていたことがわかる。19世紀の初めには、特にチューリップのような装飾用の花々の植物育種が広範囲に行き渡った。当時の植物栽培家は、遺伝がどのように働くかについて2つの鍵となる仮説を立てて育種を行っていた。それらの仮説のうち1つだけが正しいと判明した。

- **各親は等しく子に寄与する（これは正しい）** 1770年代に、ドイツ人の植物学者ヨーゼフ・ゴットリーブ・ケールロイター（Josef Gottlieb Kölreuter）は、ある形質について親の雌雄を入れ換えた交差交配である**相反交雑**の子孫を研究していた。例えば、白い花を咲かせる雄花と赤い花を咲かせる雌花を交雑（交配）し、もう一方では補完的に赤い雄花と白い雌花を交雑した。ケールロイターの研究において、このような相反交雑はいつも同じ結果となり、両方の親は子に対して等しく寄与することを示している。
- **子では遺伝要因が融合される（これは誤り）** ケールロイターらは、遺伝要因が卵と精子の細胞にあると提案した。これらの遺伝要因は、受精後の1つの細胞内において一体となるとき混ざり合う（融合する）ものと考えられた。もし、1つの特徴を持っている植物（例えば、赤色の花）を異なる特徴を持つもの（青色の花）と交雑した場合、子は両親の特性の融合した組み合わせ（紫色の花）を持つだろう。融合するという仮説によれば、一度遺伝的要素が組み合わさると、これらは二度と切り離すことができない（異なる色が混ざったインクのように）。赤色と青色の遺伝要因はずっと融合したまま新しい紫色の遺伝要因になると考えられた。

グレゴール・メンデルは1860年代に行った実験によって、これら２つの仮説のうち１つ目は正しいことを確認したが、２つ目を否定した。

メンデルは遺伝についての実験に新しい方法をもたらした

オーストリア人のグレゴール・メンデルは、科学者ではなく修道士であった（**図7-3**）。しかしながら、彼には科学的研究に着手するのに十分な資質があった。1850年の自然科学の教員免許試験に失敗の後、彼はウィーン大学で集中的に物理学、化学、数学、多岐にわたる生物学に取り組んだ。物理学と数学の勉学は、彼の遺伝の研究に用いられた実験的かつ定量的な方法に強く影響を及ぼした。そして、推論の成功の鍵となったのがこの定量的な実験であった。

植物における遺伝の原理について研究した７年のあいだ、メンデルは交配させた結果となる２万4034個の植物の特性を書き留めている。慎重に集められた結果の解析によって、メンデルは遺伝がどのように働くのかという新しい理論を思いついた。彼の研究は遂に1865年の公開講座や、詳細に書かれた1866年の論文になった。メンデルの論文は120の図書館に置かれている雑誌に掲載され、彼は数人の著名な学者に別刷（彼は40部を入手していた）を送付している。しかしながら、彼の理論は簡単には受け入れられなかった。実のところ、ほとんど無視されたのである。

メンデルの論文がほとんど注目されなかった１つの理由は、その時代の非常に優れた生物学者でも、メンデルが使ったような単純なレベルでさえ数学的用語で考える習慣がなかったことである。チャールズ・ダーウィンでさえメンデルの発見の重要性を理解できずにいた（ダーウィンの自然淘汰による進化論は個体間の遺伝的変異が前提となっている）。事実、ダーウィンはキンギョソウでメンデルの実験と同様の交配実験を行ってメンデルと同様の結果を得ていたが、親の寄与は子の中で融合するという仮説を疑問に思うことはなかった。

ひとつにはメンデルは生物学者としての実績がほとんどなかったために、彼の研究の重要性が見落とされたのかもしれない。事実、テストの最低点は生物学で取っていた。理由が何であれ、メンデルの先駆的な論文の科学界への影響は30年間以上認められなかった。

図7-3　グレゴール・メンデルと彼の庭
オーストリア人の修道士グレゴール・メンデル（左）は、現在のチェコ共和国にあるブルノの修道院の庭で遺伝学の先駆的な実験を行った。

1900年までには、減数分裂の現象が報告され、メンデルの発見はユーゴー・ドフリース（Hugo DeVries）とカール・コレンス（Carl Correns)、エリッヒ・フォン・チェルマック（Erich von Tschermak）という３人の植物遺伝学者による別々の実験を受けて、突如注目の的となった。３人はそれぞれに交配実験を行って主要な発見を1900年に公表したのだが、いずれも1866年のメンデルの論文を引用したのである。この３人は、染色体と減数分裂を使えば、メンデルが交配から得た結果を説明するのに提唱した理論を科学的に説明できる、と気づいた。

遺伝子と減数分裂の発見以前にメンデルが注目すべき洞察に達することができたのは、その実験方法によるところが大きかった。彼の研究は、大規模な準備、実験対象の幸運な選択、細心な遂行、想像力に富みながらも論理的な解釈、の正によい例である。これらの実験、結論、および生まれてきた仮説を注意深く見ていく。

メンデルは細心な研究計画を考え出した

メンデルは、栽培が容易であること、受粉を操作できること、および多様な形質の個体が入手できることなどの理由から、普通のエンドウを研究することを選んだ。１つのエンドウから別のエンドウへ手で花粉を移すことによって、彼は親の受粉、つまりは受精を制御した（**図7-4**)。このようにして、メンデルは実験上の親子関係を把握した。メンデルが研究に用いたエンドウは同じ花に雄性器官と雌性器官を付ける。もし、そのままにしておけば、これらは自然な自家受粉、つまりそれぞれの花の雌性器官は同じ花の雄性器官からの花粉を受ける。メンデルはこの自然では他の花の花粉を受粉することはないことを実験で利用した。

メンデルは、研究に適した遺伝性の特徴や形質を探すため、いろいろ違った種類のエンドウを調べることから始めた。

- **特徴**とは、花の色のような観察可能な外観のことである。
- **形質**とは、紫色の花や白色の花のような、特徴における特定の型のことである。
- **遺伝形質**とは、親から子へ伝達されるものである。

メンデルは、紫色の花に対比して白い花のような、明確で対照的な特徴の形質を探した。さらに、これらの形質は**純粋種**でなければならなかった。つまり、観察した形質は何世代にもわたって存在する唯一の型だということである。言い換えれば、純粋種なら、白い花のエンドウを互いに交配させれば何世代にもわたって白い花のみを生じ、背丈の高い植物同士を交配させれば背丈の高い子孫のみを生じる。

メンデルは、近親交配（外見から判断して同一である兄弟植物の交配または自家受粉をさせる）と選択を繰り返すことによって、純粋種の系統を単離した。彼の研究のほとんどは、**表7-1**に示す７組の対照的な形質に集中していた。メンデルは交配実験を開始する前、親となる個体は必ず純粋種系のものとなるよう確認した。

メンデルは次に以下の方法で交配を行った。

- １つの親株から花粉を集めて、自家受精できないように葯（雄性器官）を除いた別の株の花の柱頭（雌性器官）に乗せた。花粉を提供した株と受け取った株は**親世代**で、**P**とした。
- やがて種子ができて、これを植える。種子とそこから生じた新しい植物は**第１世代（F_1）**にあたる（訳注：Fはfilial＝「子の」に由来する）。メンデルと彼の助手は、それぞれの

研究方法

エンドウの花の構造（縦断面）

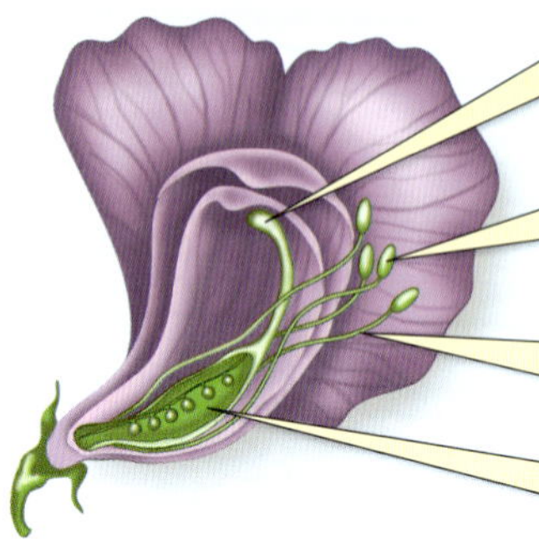

エンドウの花の交配受粉

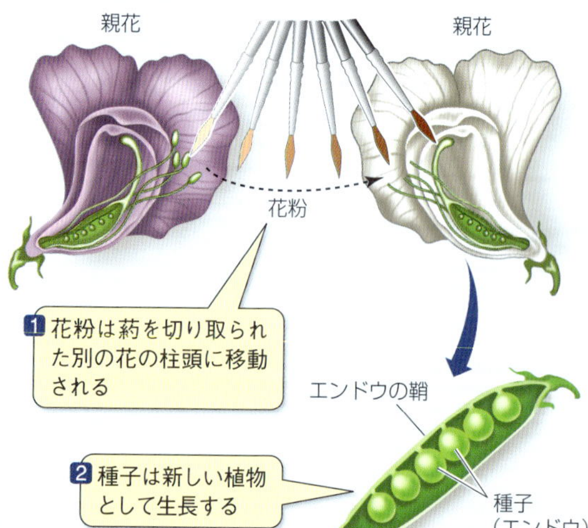

図7-4　2つの植物における交配の制御
植物は個体同士の交配を管理しやすいことから、初期の遺伝学研究で広く使われた。メンデルは多くの実験にエンドウを使用した。

F_1がどの形質を備えているかを調べ、それからそれぞれの形質を示すF_1植物の数を記録した。

- いくつかの実験では、F_1植物が自家受粉して**第2世代（F_2）**を生じるようにさせた。この場合もやはり、それぞれのF_2の特徴を調べて数えた。

メンデルは最初の実験で一遺伝子雑種交雑を行った

「雑種」という用語は、1個以上の形質が異なっている個体間での交雑による子孫のことをいう。メンデルの最初の実験では、1個だけ形質が異なる2つの純粋種の親家系（P）を交雑し、「一遺伝子雑種」（F_1世代）を産生させた。さらに続けてF_1の種子を植え、結果として生じた植物をF_2世代の産生のために自家受粉させた。この技術は**一遺伝子雑種交雑**と呼ばれるが、このような場合、一遺伝子雑種植物は文字通りに交雑しているのではなく、自家受粉である。

メンデルは、対照的な形質を持った7組のエンドウすべてについて同じ実験を行った。実験方法の一例として、種子の形状を扱ったものを**図7-5**に挙げた。彼は、しわの寄った種子のエンドウから花粉を取り、球形の種子の花の柱頭に付けた。彼はまたそれぞれの形質を持つ親を逆にして、補完的な交雑も行った。つまり、球形の種子の花からの花粉を、しわの寄った種子の花の柱頭に付けた。すべての場合で、親世代の植物の交雑によって生じたF_1種子はすべて球形のもので、あたかもしわの寄った種子が完全に姿を消したかのようだった。

表7-1　メンデルの一遺伝子雑種交雑の結果

親世代の表現型		
優性		劣性
球形の種子	×	しわの寄った種子
黄色の種子	×	緑色の種子
紫色の花	×	白色の花
膨張した鞘	×	収縮した鞘
緑色の鞘	×	黄色の鞘
軸上にある花	×	末端にある花
長い茎（1m）	×	短い茎（0.3m）

次の春に、メンデルは、これらの球形の種子から253本のF_1植物を育てた。これらの植物はF_2種子を産生するためにそれぞれを自家受粉させた。全部で7324個のF_2種子が産生したが、そのうち5474個が球形のもので、1850個がしわの寄ったものだった（**図7-5**；**表7-1**参照）。

メンデルは、しわの寄った形質を持つ種子がF_2世代で再び現れたものの、F_1世代ではまったく見られなかったことを観察した。このことから彼は球形の種子の形質はしわの寄った形質に対して**優性**であるという結論を導いた。そして、しわの寄った形質を**劣性**と呼んだ。実験した他の6組の形質それぞれにおいても、片方の形質がもう1つの形質よりも優性であった。F_1世代で消えた形質は常に劣性の形質であった。

F_2世代の表現型			
優性	劣性	総計	比率
5,474	1,850	7,324	2.96：1
6,022	2,001	8,023	3.01：1
705	224	929	3.15：1
882	299	1,181	2.95：1
428	152	580	2.82：1
651	207	858	3.14：1
787	277	1,064	2.84：1

図7-5　メンデルによる一遺伝子雑種交雑
メンデルが観察したF_2世代に見られた結果 ── 4分の3が球形の種子で4分の1がしわの寄った種子 ── は、親世代の形質を逆にした交雑でも同じだった。

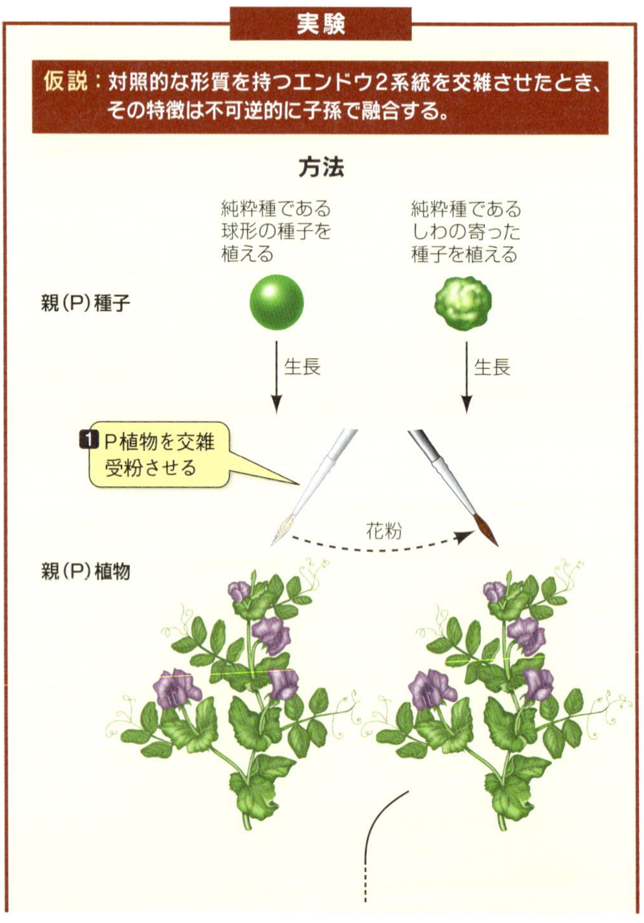

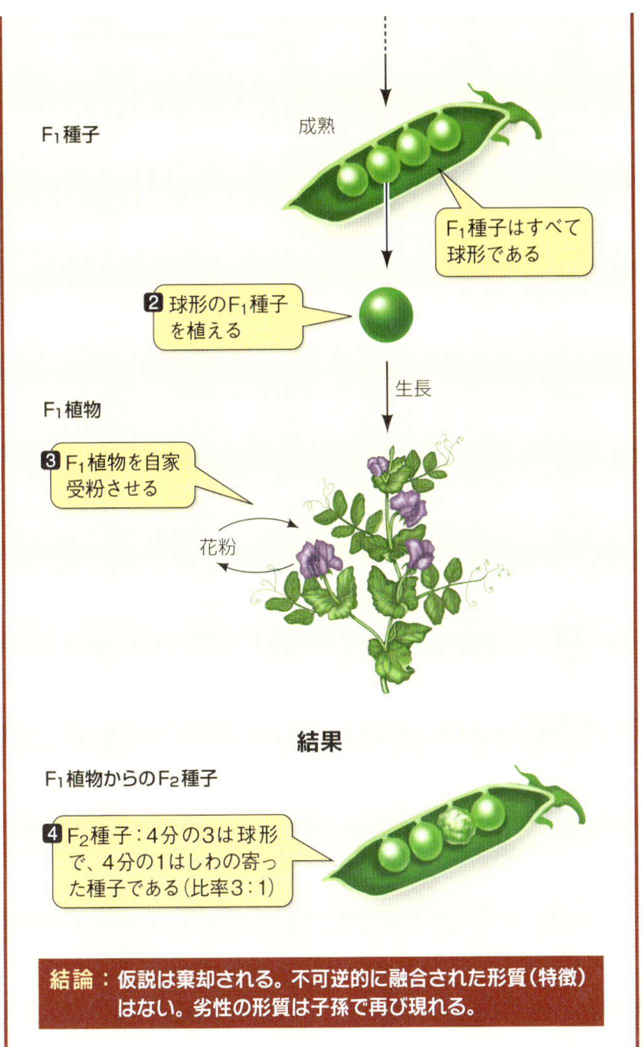

結論：仮説は棄却される。不可逆的に融合された形質（特徴）はない。劣性の形質は子孫で再び現れる。

メンデルはまた、実験に用いたそれぞれ7組のエンドウの形質で、F_2世代における2つの形質の比率がいつも同じで約3：1となることを観察した。つまり、F_2世代の4分の3は優性形質で4分の1は劣性形質ということであった（**表7-1**参照）。例えば、種子の形状の一遺伝子雑種交雑は5474：1850＝2.96：1という比率になった。親世代の形質を逆にした交雑でもF_2では近い結果になり、まさにケールロイターが示したように、どちらの親の花粉が寄与したかは重要でなかった。

融合説の棄却　メンデルの一遺伝子雑種交雑実験は、遺伝的形質が融合した現象の結果ではありえないことを示した。融合説によれば、メンデルのF_1世代の種子には2つの親の中間的な遺伝的形質が現れるはずである。言い換えれば、種子は少しだけしわが寄ることになる。さらに、融合説では、しわの寄った形質がF_1世代の種子では見られなかったのに、F_2世代の種子で再度現れたことに対する説明ができない。

粒子説の支持　融合は行われず、一遺伝子雑種交雑実験のF_2世代にしわの寄った種子の形質が再度現れたことから、メンデルは、「特定の形質の遺伝を担う単位として、“分離する粒子”というものが存在する。この粒子は対で存在しているが、配偶子を形成するあいだに互いに分離する」と提唱した。彼の**粒子説**によれば、ある遺伝形質を構成する単位は、他の遺伝形質が存在しても独立性を維持している。個体がそれぞれ持つ遺伝形質について、1つは父親、もう1つは母親に由来する2個の構成単位（遺伝粒子）が存在するとした。そして、個体から配偶子（精子あるいは卵）が形成される際に、この対となっている2個の遺伝粒子のうちのどちらか1個だけが配偶子に渡される、とメンデルは結論づけた。１個の遺伝粒子のみを持った配偶子が２つ合わさってできる接合子（受精卵）は、親と同じ２個で１対の遺伝粒子を持つことになる。この結論がメンデル遺伝学の基本骨格である。メンデルが唱えたこの遺伝粒子が、現在の**遺伝子**と呼ばれるものであり、ある個体の遺伝子すべてを**ゲノム**という。

メンデルはこの実験をもって、２つの純粋種の親植物は種子の形状を決定する異なる遺伝子の型を持つ、と論じた（彼は「遺伝子」という用語を使っていなかったが)。純粋種の球形の種子の親植物は同じ型の遺伝子（*S*と表記する）を２個持ち、しわの寄った種子の親植物はこれに代わる別の遺伝子（*s*と表記する）を２個持つ。*SS*親は１個の*S*遺伝子を持つ配偶子を産生し、*ss*親は１個の*s*遺伝子を持つ配偶子を産生する。F_1世代を生み出す交雑では、一方の親からきた*S*と別の親からきた*s*が、それぞれの種子に含まれることになる。F_1はこうして*Ss*となる。*S*と*s*両方の遺伝子があるときに*s*によって示される形質が明白でない——つまり表現されない——ので、*S*は*s*に対して優性であるという。

対立遺伝子は遺伝子の異なった型である

遺伝子の異なった型を**対立遺伝子**と呼ぶ（この場合*S*と*s*)。ある形質において純粋種である個体は、対立遺伝子のうち同一のもののコピーを２個持つ。例えば、しわの寄った種子の純粋種であるエンドウの個体はすべて、*ss*という遺伝子対を持つはずだ。もし、優性な対立遺伝子*S*があるなら、その植物は球形の種子を産生しなくてはならない。

しわの寄った種子を産生する個体は、対立遺伝子*s*に対して**同型接合性（ホモ接合性）**であるといい、同じ対立遺伝子の２

個のコピー（ss）を持っていることを意味する。球形の種子のエンドウ──遺伝子型SSを持つエンドウ──もまた同型接合性となる。しかしながら、すべての球形の種子が遺伝子型SSを持つわけではない。メンデルの実験のF_1のような球形種子は、**異型接合性（ヘテロ接合性）**であり、異なる2個の対立遺伝子を持つ（この場合はSs）。ある特徴に関して同型接合性である個体は同型接合体と呼ばれ、異型接合性を持つ個体は異型接合体という。

もう少し複雑な遺伝的形質の例として、3対の遺伝子を考えてみる。対立遺伝子$AABbcc$を有する個体は対立遺伝子Aを2個、cを2個持っているので、AとC遺伝子について同型接合性であるが、対立遺伝子Bとbを持っているので、B遺伝子について異型接合性である。

生物の外見に表れる形質を**表現型**という。メンデルは、表現型はその表現型を示している生物の**遺伝子型**、つまり遺伝子の構成の結果であると正しく推測した。球形の種子としわの寄った種子は2つの表現型であり、これは3つの遺伝子型によるものである。しわの寄った種子の表現型は遺伝子型ssによって生じるのに対し、球形の種子の表現型はSSまたはSsの2つの遺伝子型で生じる。

新種の発見者に命名権があるように、ある遺伝子を発見した研究者は後世にその名前が残るために気合いを入れて命名する。そのため部外者には（研究者であっても非専門領域だと）わかりにくいが蘊蓄のある名前が増えている。エンドウの「tall：背が高い」「short：背が低い」「spherical：球状」「wrinkled：しわが寄った」は直感的であるが、ショウジョウバエの遺伝学研究者が遺伝的変異あるいはその原因遺伝子に付けた名前となるとどうだろうか？　学習能力が低下する変異は「dunce：お馬鹿さん」となる。心臓形成が異常となる変異は「tinman：オズの魔法使いのブリキの木こり」だ。この木こりに心臓がないことから命名された。顔面に剛毛が出現する変異は「groucho：グルーチョ（口ひげがトレードマークの米国喜劇俳優のマルクスブラザーズの一人の名前)」だ。外性器がないハエは「ken and barbie：バービー人形とそのボーイフレンド」となる（訳注：日本人が名付けたものには「musashi：剛毛が２本に増える。宮本武蔵の二刀流から」などがある)。

メンデルの第一法則：分離の法則

メンデルの遺伝モデルは、F_1とF_2世代の形質の比率をどのように説明するのか？　まず、すべての種子が球形の表現型を持つF_1を考えよう。メンデルのモデルによれば、個体が配偶子を産生するとき、対になった遺伝子は分離し、それぞれの配偶子はそのうち１個だけ受け取る。これが、メンデルの第一法則、**分離の法則**である。こうしてF_1のどの個体も、P世代のそれぞれの親から１個ずつ遺伝子を受け取り、遺伝子型は*Ss*となる（**図7-6**）。

次に、F_2世代の構成を考えてみる。F_1世代によって産生された配偶子の半分は対立遺伝子*S*を、あとの半分は*s*を持っている。*SS*と*Ss*はどちらも球形の種子を産生し、*ss*はしわの寄った種子を産生するので、F_2世代では球形の種子の植物を得られる組み合わせは３つ存在するが、しわの寄った種子を得る組み合わせはたった１つだけ（両方の親から*s*を１つずつ）である（**図7-6**のF_2世代参照)。予想される比率 3：1 は、メンデルが比較した７組の形質すべてに対して実験的に得た値と非常に近い（**表7-1**参照)。

交配に起因する対立遺伝子の組み合わせは、**パネットの方形**を用いることで予想できる。これは1905年にイギリス人遺伝学者レジナルド・クランドール・パネット（Reginald Crundall Punnett）によって考案された方法である。

予想される遺伝子型の出現率を考えるとき、この方法を用いれば可能な配偶子の組み合わせをすべて考慮に入れることができる。パネットの方形はこのような形である。

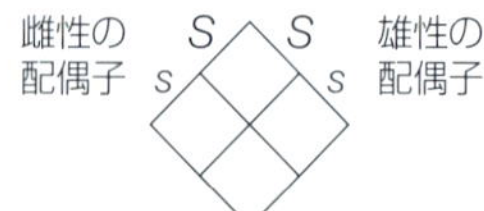

パネットの方形は、すべての可能な雄性の配偶子（半数体である精子）の遺伝子型を一辺に、そしてすべての可能な雌性の配偶子（半数体である卵）の遺伝子型を別の一辺に配した単純な格子である。格子のそれぞれの四角に配偶子のそれぞれの組み合わせでできた二倍体遺伝子型を入れることによって格子は完成する（**図7-6**参照）。上の例では、たとえば一番右端の四角に、卵（雌性配偶子）からの*S*と花粉（雄性配偶子）からの*s*を入れると、*Ss*となる。

メンデルは、自分の学説が染色体やDNAの発見と同じような素晴らしい自然科学の発見として認識されることを目にすることなく亡くなった。遺伝子は今、染色体のDNA分子のある領域であることが知られている。より明確に言うと、1個の遺伝子は**遺伝子座**と呼ばれる染色体上の特定の部位に存在するDNAの配列であり、特定の性質をコードしている。遺伝子はたいてい酵素のような特定の機能を持つタンパク質として表現型となる。そのため、優性な遺伝子は機能的な酵素として発現しているDNAの領域と考えられ、一方、劣性な遺伝子は非機能的な酵素を発現しているDNAの領域と考えられる。メンデルは、染色体や減数分裂の知識なしに分離の法則に行き着いたが、今日では、第一減数分裂で染色体が分裂するとき、分離する遺伝子の種々の対立遺伝子が明らかになっている（**図7-7**）。

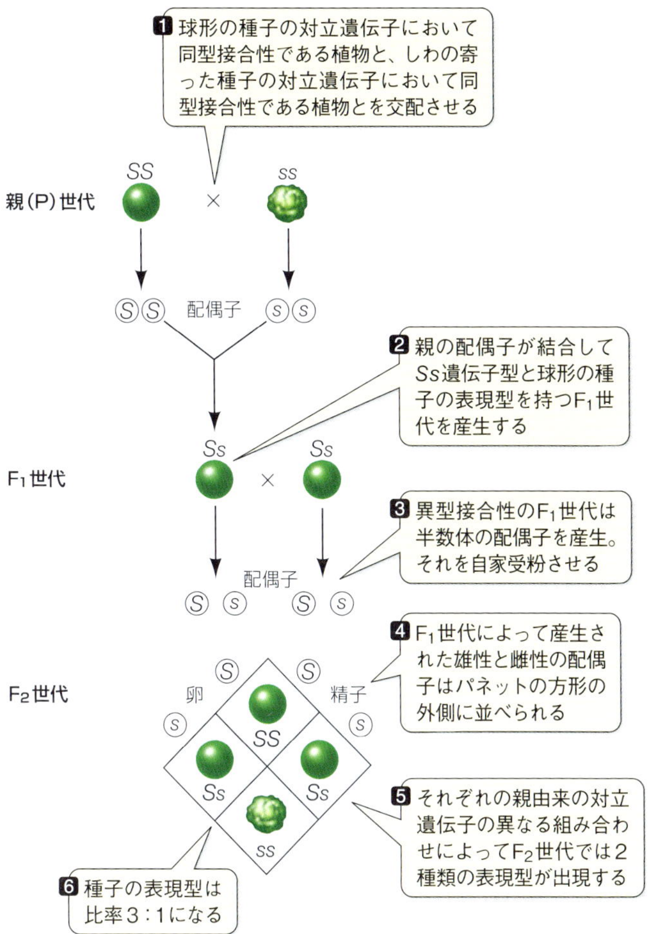

図7-6　メンデルの遺伝モデル

メンデルは、遺伝は「融合」されることのない分離した因子が、親から子へ伝達されることによって行われると考えた。

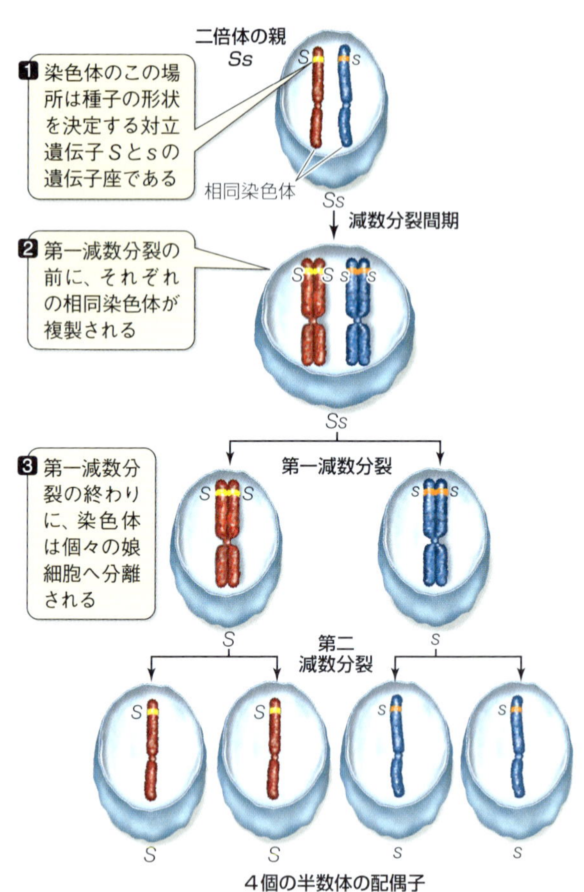

図7-7　減数分裂は対立遺伝子の分離を説明する

メンデルは染色体や減数分裂の知識を持っていなかったが、現在は対立遺伝子対が相同染色体に存在し、減数分裂によって対立遺伝子は分離することが知られている。

メンデルは検定交雑を実行することによって仮説を検証した

メンデルは、F_1世代の球形の種子には2つの対立遺伝子の組み合わせ（*SS*と*Ss*）が存在しうる、という仮説を検証し始めた。彼は、優性形質を示す個体が同型接合性か異型接合性かを発見する方法として**検定交雑**を行うことにした。検定交雑では、問題となっている個体を、劣性形質の同型接合性であることがすでにわかっている個体と交雑させる。劣性形質の同型接合性の個体が同定しやすいのは、劣性な表現型を持つのは劣性形質の同型接合体のみだからである。

種子の形状の遺伝子の場合、検定交雑における劣性な同型接合体は*ss*である。テストする個体の第二の対立遺伝子の正体（*S*か*s*）はまだわからないので、最初のうちは*S_*と表記する。予測される結果は以下の2つであろう。

- 検定される個体が同型接合性の優性遺伝子（*SS*）であれば、検定交雑のすべての子は*Ss*であり、すべて優性形質（球形の種子）を示すだろう（**図7-8**左）。
- 検定される個体が異型接合性（*Ss*）であるならば、検定交雑の子の約半分は異型接合性であり、優性形質（*Ss*）を示すが、あとの半分は同型接合性で劣性形質（*ss*）を示すだろう（**図7-8**右）。

2番目の予測はメンデルが得た結果に合っている。つまり、メンデルによる仮説は的確に検定交雑の結果を予測していた。

最初の仮説が検証されると、メンデルはさらに続けて次の問題にとりかかった。遺伝子の異なる対は交雑で全体的にどのように振る舞うのか？

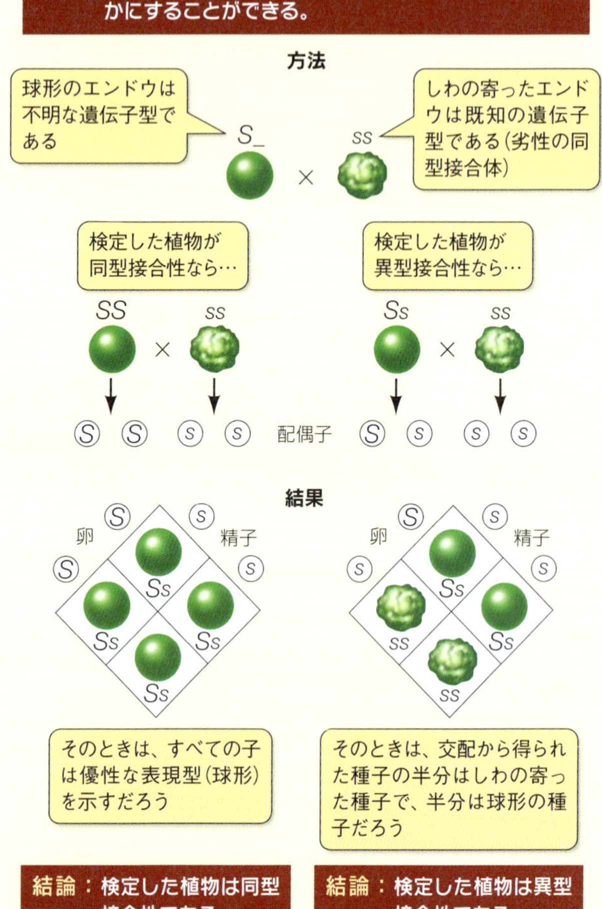
実験
仮説：検定交雑によって同型接合性か異型接合性かを明らかにすることができる。
方法
球形のエンドウは不明な遺伝子型である
S_
ss
しわの寄ったエンドウは既知の遺伝子型である（劣性の同型接合体）
検定した植物が同型接合性なら…
検定した植物が異型接合性なら…
SS
ss
Ss
ss
配偶子
結果
卵
精子
Ss
ss
そのときは、すべての子は優性な表現型（球形）を示すだろう
そのときは、交配から得られた種子の半分はしわの寄った種子で、半分は球形の種子だろう
結論：検定した植物は同型接合性である。
結論：検定した植物は異型接合性である。

メンデルの第二法則：独立の法則

SとYの対立遺伝子を母親から受け取り、sとyの対立遺伝子を父親から受け取るような、２種類の遺伝子（$SsYy$）が異型接合性である生物を考えてみる。この生物が配偶子を産生するとき、母方由来の対立遺伝子（SとY）は一緒に１つの配偶子に行き、父方由来の対立遺伝子（sとy）は別の配偶子に行くのだろうか？　それとも、１つの配偶子がSとy、またはsとYというような形で、母方と父方から１つずつ対立遺伝子を受け取ることができるのだろうか？

これらの疑問を解くために、メンデルは別の一連の実験を行った。彼は２つの点（形状と色）で特徴が異なるエンドウを用いて開始した。１つの親系は球形で黄色の種子のみを産生し（$SSYY$）、もう１つの親系はしわの寄った緑色の種子のみを産生する（$ssyy$）。これら２系統の交配からは、すべて$SsYy$であるF_1世代が産生される。対立遺伝子SとYが優性であるため、F_1世代の種子はすべて球形で黄色であった。

メンデルは、この実験を続けてF_1植物の**二遺伝子雑種交雑**（２つの独立した遺伝形質に着目した交雑実験のこと）によってF_2世代を産生した（この場合も、F_1植物の自家受粉を行うことである）。２つの独立した遺伝形質に着目した場合、その配偶子にはメンデルが予想したような２種類の可能性がある

図7-8　同型接合性か、異型接合性か？
優性な表現型を持つ個体は同型接合性かもしれないし、異型接合性かもしれない。その遺伝子型は劣性の同型接合体である個体との交雑で産生された子の観察によって決定できる。この手順は検定交雑として知られている。
発展研究：検定に使う植物がしわの寄った種子ではなく球形の同型接合性であるとき、結果はどうなるだろう？

（彼は染色体や減数分裂をまったく知らないということを覚えておこう）。

①**対立遺伝子は親世代で有していた関連性が持続しているかもしれない**（つまり、対立遺伝子は連鎖〈連結して１個の遺伝子のように振る舞うこと〉しているかもしれない）

この場合には、２つの遺伝子が連鎖している。親*SSYY*はじつは*SY*–*SY*、親*ssyy*は*sy*–*sy*であり、F_1は*SY*–*sy*となるため、F_1の配偶子は*SY*もしくは*sy*のみとなる。このF_1から自家受粉で得られたF_2では、*SY*–*SY*：*SY*–*sy*：*sy*–*sy*が１：２：１となり、*S*と*Y*がそれぞれ優性であるから、「球形／黄色」：「しわの寄った／緑色」は３：１で出現することになる。もし、このような結果が得られたのであれば、球形なら常に黄色、しわの寄った種子なら常に緑色となり、種子の形と色が独立した２つの遺伝子によって決定されるとは考えられないことになる。

②***s*と*S*の分離は*y*と*Y*の分離と独立しているかもしれない**（つまり、２個の遺伝子は連鎖していないかもしれない）

この場合、F_1によって４種類の配偶子*SY*、*Sy*、*sY*、*sy*が等しい数だけ産生されるはずである。これらの配偶子が無作為に組み合わせられるとき、異なる９つの遺伝子型を持つF_2が産生されることになる（**図7-9**）。F_2世代は、形状に関して３つの可能な遺伝子型（*SS*、*Ss*、*ss*）のどれかと、色に関して３つの可能な遺伝子型（*YY*、*Yy*、*yy*）のどれかを持つだろう。組み合わせられた９つの遺伝子型からは４つの表現型（球形黄色、球形緑色、しわの寄った黄色、しわの寄った緑色）が産生される。パネットの方形にこれらの結果を入れると、これらの４つの表現型は、９：３：３：１の比率で出現すると予想できる。

メンデルの二遺伝子雑種交雑によって、２つ目の予想が裏付けられた。F_2では４つの表現型が約９：３：３：１という比率で

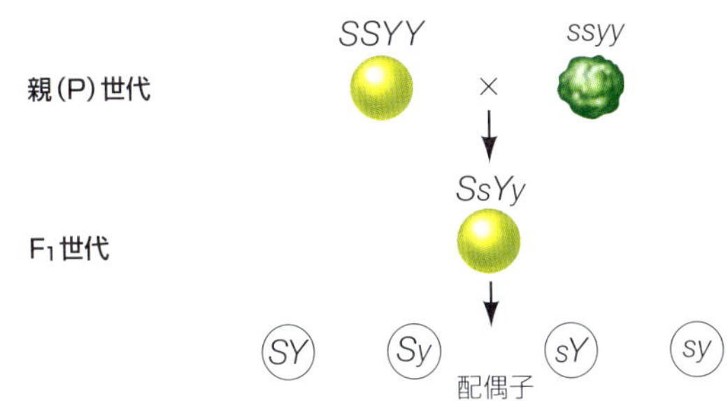

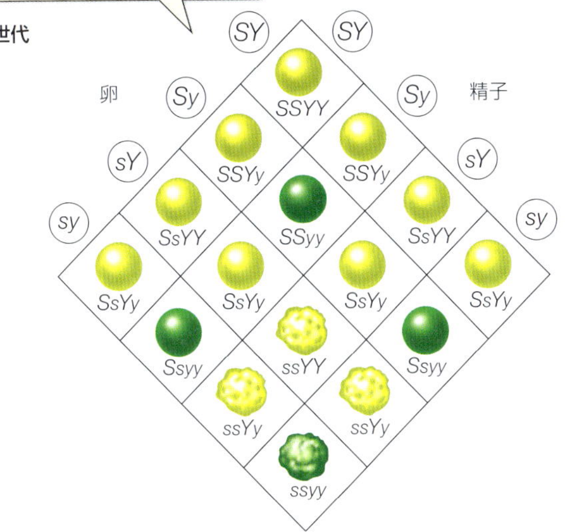

図7-9　独立した分離

この二遺伝子雑種交雑の配偶子の16種類の可能な組み合わせによって、９つの異なる遺伝子型が生じる。*S*と*Y*はそれぞれ*s*と*y*に対して優性なので、９つの遺伝子型は比率９：３：３：１で４つの表現型になる。これらの結果は２つの遺伝子が独立して分離することを示している。

現れ、親世代の形質は新しい組み合わせ（球形緑色としわの寄った黄色）としていくつかの子孫に現れる。このような新しい組み合わせは**組換え表現型**と呼ばれる。

これらの結果から、メンデルは現在「メンデルの第二法則」として知られる法則を導いた。異なる遺伝子からの対立遺伝子は、お互いに独立して分離される。すなわち、遺伝子Ａの対立遺伝子の分離は、遺伝子Ｂのそれと独立している。これを**独立の法則**という。この独立の法則は、分離の法則ほど普遍的でないことが今日ではわかっている。この法則はそれぞれの遺伝子がそれぞれ別の染色体に存在する場合には成立するが、同じ染色体に存在している場合には7.4節で説明するように必ずしも当てはまらないのである。しかしながら、染色体は配偶子の形成中に独立して分離するということは正しく、別々の相同染色体対上の２つの遺伝子についても同様である（**図7-10**）。

遺伝学へのメンデルの功績の一つは、何百回という交配実験によって得られた何千もの子孫の大量のデータを解析するために、統計学と確率論を応用したことである。この数学的解析により、膨大なデータから明快なパターンを抽出して仮説を構築することができたのであった。メンデル以来ずっと、遺伝学では彼が行ったのと同じ方法の基本的な数学が用いられてきている。

パネットの方形と確率計算：方法の選択

パネットの方形は遺伝学上の問題を解決する１つの方法を与えてくれるが、確率計算によってもう１つの方法がもたらされる。確率論はそれほど難しくない。直感的で親しみやすい事例を示そう。例えば、硬貨を投げたとき、確率の法則では「表」または「裏」が出る確率は等しいとしている。不正な硬貨でな

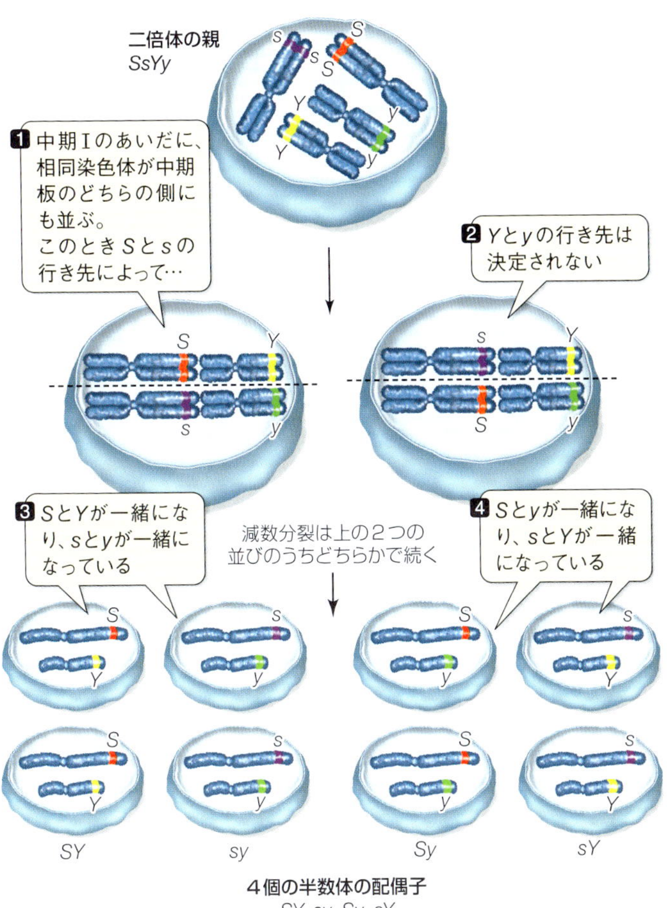

図7-10　減数分裂における対立遺伝子の独立した分離
減数分裂の中期Ⅰのあいだに、異なる染色体上の遺伝子のコピーが独立して分離されることは学んだ。こうして、親の遺伝子型SsYyは異なる４つの遺伝子型の配偶子を形成できる。

ければ、いかなるコイントスも表が出る確率はそれ以前の結果から独立している。表が10回続いたからといって、その次のトスが「平均の法則」で裏の確率が増したり、「勢い」で表の可能性が増したりすることはない。11回目のコイントスで、表が出る可能性は五分五分のままである。

確率の基礎となる前提は単純である。

- 事象が起こるのが絶対に確実であるなら、確率は１である。
- 事象が起こり得ないなら、確率は０である。
- 他のすべての事象の確率は、０から１のあいだである。

コイントスは約半分が表になり、表が出る確率は２分の１である。裏の場合も同様である。

確率の掛け算　同時に起きる独立した２つの事象の確率をどのように決定できるのか？　２枚の硬貨（例えば１セント硬貨と10セント硬貨）を投げた場合、それぞれの動きは互いに独立している。両方の硬貨が表になる確率はどれくらいか？　１セント硬貨が表になるのは半分であり、10セント硬貨もまた表になるのは半分である。それゆえ、両方の硬貨が表になる同時確率は２分の１の半分、つまり$1/2 \times 1/2 = 1/4$である。独立した事象の同時確率を求めるには、個々の事象の確率の掛け算をする（**図7-11**）。どのようにしてこの方法を遺伝学に応用するのだろうか？

遺伝学上の問題における同時確率の計算方法を見るために、一遺伝子雑種交雑を考えてみる。この場合、配偶子の形成とランダムな受精という２つの事象の確率を考える。

配偶子形成に関わる確率について計算することは簡単である。同型接合体は１つの型の配偶子しか産生しないので、例え

図7-11　遺伝学における確率の計算の利用
コイントスの結果のように、交配の子孫に現れる精子と卵からの対立遺伝子の一定の組み合わせの確率はそれぞれの事象の確率の掛け算によって得られる。異型接合体は2種類形成できるから、その確率は両方の確率を足したものである。

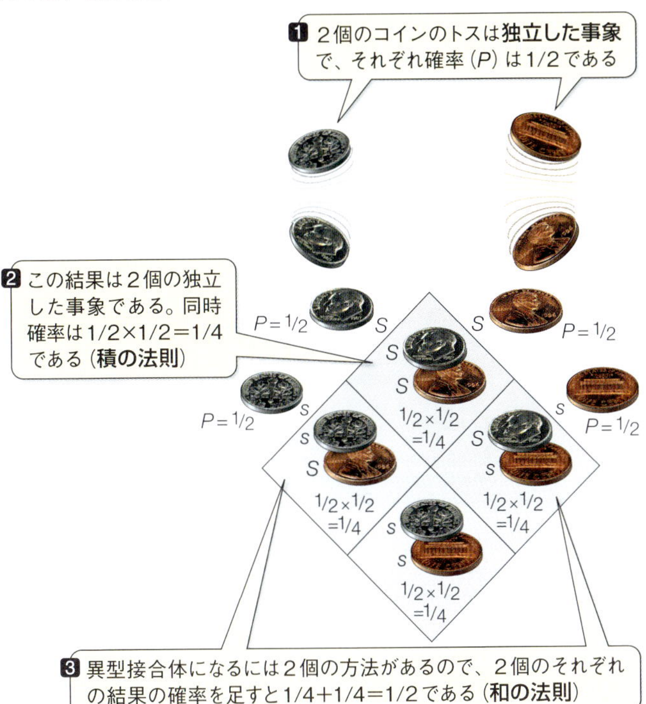

ば、個体*SS*が遺伝子型*S*の配偶子を産生する確率は1である。異型接合体*Ss*は2分の1の確率で配偶子*S*を産生し、2分の1の確率で配偶子*s*を産生する。

それでは、確率の規則によって**図7-6**の交配におけるF_2世代の比率をどのように予想できそうか見ていく。これらの植物は、遺伝子型*Ss*のF_1植物の自家受粉によって得られた。精子が遺伝子型*S*を持つ可能性は五分五分であり、卵が遺伝子型*S*を持つ可能性も独立して五分五分であるから、F_2植物が遺伝子型*SS*を持つ確率は$1/2 \times 1/2 = 1/4$である。同様に、*ss*子孫の確率も$1/2 \times 1/2 = 1/4$である。

確率の足し算　ひとつの事象がいろいろな方法で起きたとき、確率はどのように計算されるのか？　F_2植物が精子から対立遺伝子*S*を、卵から対立遺伝子*s*をもらう確率は４分の１であるが、これと同じ遺伝子型*Ss*は精子から*s*、卵から*S*でもやはり４分の１の確率で生じることを忘れないように注意したい。２つ以上の違った方法で起きる１つの事象の確率は、これらの方法の個々の確率の総和である。このように、F_2植物が異型接合体である確率は、異型接合体を形成する２つの方法の確率の総和と等しく、$1/4 + 1/4 = 1/2$である（**図7-11**参照）。したがって、３種類の遺伝子型の予想出現率（*SS*：*Ss*：*ss*）は1/4：1/2：1/4、すなわち**図7-6**のように遺伝子型が１：２：１、表現型が３：１となる。

確率と二遺伝子雑種交雑　独立した２つの特徴を持つ異型接合性のF_1植物が自家受粉する場合、F_2植物には４つの異なる表現型が現れる。これらの表現型の出現比率は確率計算によって容易に決定できる。**図7-9**で示した実験で考えてみよう。

前述した原則を用いて、F_2種子が球形となる確率は４分の３であると計算できるだろう。なぜなら、異型接合体*Ss*の確率（1/2）と同型接合体*SS*の確率（1/4）の和は、3/4である。同じ理由から、種子が黄色である確率もまた3/4である。この２

つの特徴は別の遺伝子によって決定され互いに独立しているので、種子が球形かつ黄色になる同時確率は3/4×3/4＝9/16である。そして、種子がしわの寄った黄色になる同時確率は1/4×3/4＝3/16である。同様の理由から、球形かつ緑色のF_2種子も同じ確率があてはまる。最後に、しわの寄った緑色のF_2種子である確率は1/4×1/4＝1/16である。これらすべての表現型を見ると、予想される比率９：３：３：１になっている。

確率計算とパネットの方形からは同じ結果が導き出される。どちらの方法を使っても構わない。

メンデルの法則はヒトの家系図で観測できる

メンデルの遺伝法則はヒトにどのように適用されるのか？メンデルは、沢山の計画的な交配と数多くの子孫を一つ一つ数えることによって法則を考え出した。これらの研究方法はいずれもヒトに適用することはできないので、ヒトの遺伝学者は**系図**、つまり数世代の血縁個体の中の表現型（と対立遺伝子）を示している家系図を頼りにする。

ヒトは多くの子を持つわけではないので、家系図はメンデルがエンドウの実験で観察したような明瞭な子の表現型の比率を示さない。例えば、２人とも劣性な対立遺伝子の異型接合性である男女（*Aa*）が子供を持つとき、それぞれの子供は25％の確率で劣性な同型接合体（*aa*）である。したがって、もしこの２人が12人の子供を持つとすれば、子供の４分の１は劣性な同型接合体（*aa*）だろう。しかし、１組の男女の子供は少なすぎて正確に４分の１という割合になりそうもない。例えば、２人しか子供がいない家族では、どちらも*aa*（もしくはどちらも*Aa*やどちらも*AA*）ということはざらにある。

劣性対立遺伝子を母親と父親の両方が持っているかどうかを

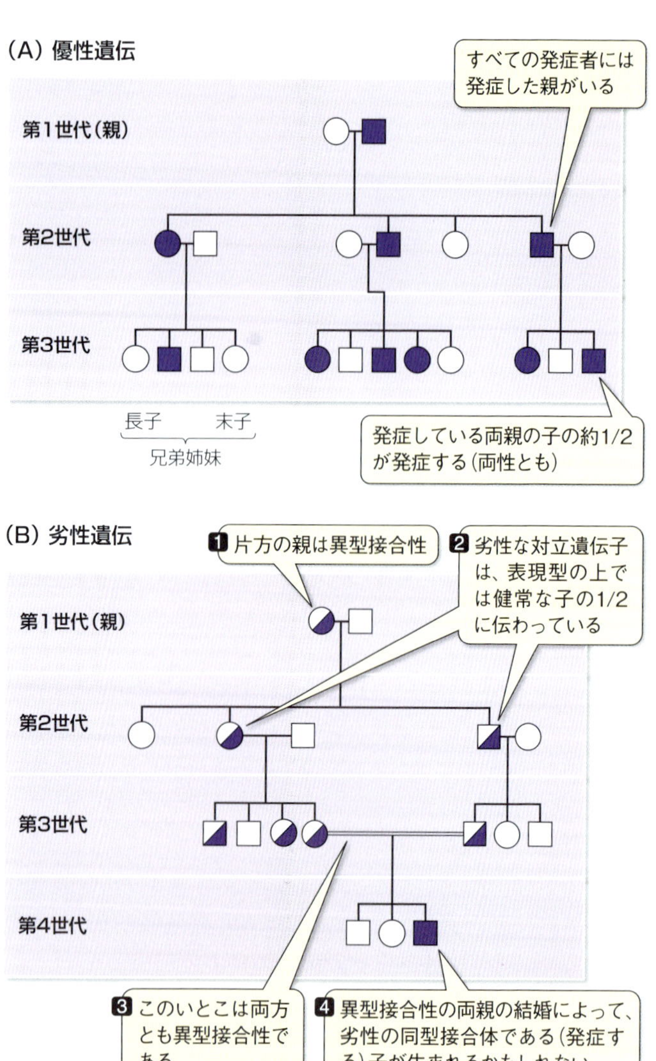

(A) 優性遺伝
すべての発症者には発症した親がいる
第1世代(親)
第2世代
第3世代
長子
末子
兄弟姉妹
発症している両親の子の約1/2が発症する(両性とも)
(B) 劣性遺伝
1 片方の親は異型接合性
2 劣性な対立遺伝子は、表現型の上では健常な子の1/2に伝わっている
第1世代(親)
第2世代
第3世代
第4世代
3 このいとこは両方とも異型接合性である
4 異型接合性の両親の結婚によって、劣性の同型接合体である(発症する)子が生まれるかもしれない

左図(A)(B)のマークの説明

	非発症	発症	異型接合性（非発症の表現型）
女性	○	●	◐
男性	□	■	◪
結婚	○—□		
いとこ同士の結婚	○=□		

図7-12　家系分析と遺伝
（A）この家系図はまれな優性対立遺伝子に起因するハンチントン病を発症した家族を表している。この対立遺伝子を親から受け継いだ子は必ず発症する。（B）この家系図の家族は劣性な形質を示すアルビノの対立遺伝子を持っている。形質が劣性であるから、異型接合体はアルビノの表現型を示さないが、対立遺伝子を子へ伝えうる。発症者は２人の異型接合性の親からか、（めったにないが）１人は同型接合性の親、もう１人は異型接合性の親から、対立遺伝子を受け取っているはずである。この家族の場合、異型接合性の両親がいとこだが、両親が親族ではなくても異型接合性だった場合には同じ結果が起きるかもしれない。

知りたい場合、どうするのだろうか？　ヒトの遺伝学者は、異常な表現型（遺伝病など）を引き起こす対立遺伝子はどれも、ヒト個体群の中ではまれである、と仮定している。このことは、もしある特定の家族の数人がまれな対立遺伝子を持つ場合、その家族と結婚した外部の人間が同じまれな対立遺伝子を持っている可能性はかなり低いということを意味する。

ヒトの遺伝学者は、異常な表現型を引き起こす特定のまれな対立遺伝子が優性か劣性か、知る必要がある。**図7-12A**は、優性対立遺伝子の遺伝パターンを示している家系図である。以下は、このような家系図を見る上での重要な特徴である。

- 患者の両親のどちらかが発症している。

■患者の子供の半数程度が発症する。
■発症率に男女差はない。

この優性対立遺伝子の遺伝パターンを、**図7-12B**に示した劣性対立遺伝子の遺伝パターンと比較してみよう。
■患者の両親も発症していることはまれである。
■患者の兄弟姉妹は４人に１人程度の率で発症している。
■発症率に男女差はない。

劣性な表現型の遺伝が見られる系図では、近親婚がしばしば見出される。これは、異常な表現型を生じさせる劣性対立遺伝子の頻度が低いためである。表現型の正常な２人の親が発症した子供（*aa*）を持つならば、親は両方とも異型接合性（*Aa*）でなければならない。もし、特定の劣性対立遺伝子が一般的な母集団の中でまれならば、その遺伝子を持っている２人が結婚する機会はきわめて少ない。もし、その遺伝子が家族内に存在すれば、近親婚の両親はこの劣性対立遺伝子を２人とも持つかもしれない（**図7-12B**参照）。このような理由から、文化的に隔離された母集団（宗教など、例えば米国のアーミッシュ派）や、地理的に隔離された母集団（島など）を研究することはヒトの遺伝学には有用である。こうした集団の人々は傾向として、大家族だったり、集団内で結婚したり、その両方だったりする。

家系分析の主用途は、遺伝的疾患を持つ患者に対する臨床評価とカウンセリングなので、通常は１組の対立遺伝子を追跡する。しかしながら、家系分析によって対立遺伝子の分離（つまり分離の法則）が示されるように、２つの異なった対立遺伝子対に注目した場合には、独立組合せ（独立の法則）も示すことができる。

7.2 対立遺伝子座はどのように相互作用するか？

メンデルによって明確に表された遺伝の法則は、今日でも依然として有効である。彼の発見は遺伝学のすべての未来の研究における土台を築いた。しかし、必然的なことだが、より複雑なことがいくつか明らかになってきている。これから、そうした複雑な事象を考えていこう。まずは、遺伝子座における対立遺伝子の相互作用から始める。

多くの場合、対立遺伝子は記述してきたような単純な優性と劣性の関係を示さない。既存の対立遺伝子は突然変異を起こして、新しい対立遺伝子を生じさせることがある。そのため、１つの特徴を持つ多くの対立遺伝子が存在することになる。さらに、１つの対立遺伝子は多様な表現型を有することもある。

新しい対立遺伝子は突然変異によって生じる

異なる対立遺伝子が存在しているのは、遺伝子が**突然変異**を起こすことがあるためである。突然変異とは、遺伝物質にまれに生じるが安定して継続しうる変化のことである。言い換えれば、１つの対立遺伝子は異なる対立遺伝子になるように変異しうる。詳細は9.6節で説明するが、突然変異の過程はランダムであるため、同じ対立遺伝子から異なる変異によって互いに異なる種々の対立遺伝子が生じ得る。

通常、遺伝学者は各遺伝子における１つの特定の対立遺伝子を**野生型**と定義している。野生型の対立遺伝子は、自然界（野生）の大多数の個体に存在し、予想される形質や表現型をもたらす。同じ遺伝子の他の対立遺伝子は、しばしば変異対立遺伝子と呼ばれ、異なる表現型をもたらすことがある。野生型の対立遺伝子と変異対立遺伝子は同じ遺伝子座に存在し、メンデルによって示された法則に従って受け継がれる。1つの遺伝子座に複数の対立遺伝子が存在することを**多型**と言う。

多くの遺伝子は複対立遺伝子を持つ

ランダムな突然変異のため、ある個体群において、ある特定の遺伝子に3つ以上の対立遺伝子が存在することもある（個体それぞれはどれも2つしか対立遺伝子を持たず、1つは母から1つは父からである）。実際に、そのような複対立遺伝子（同じ遺伝子座にあって異なる形質を現す3つ以上の対立遺伝子が存在するもの）の例は、とても多い。

例えば、ウサギの毛色は4種類の対立遺伝子が存在する1個の遺伝子によって決定される。対立遺伝子*C*を持つウサギは（4種類のどの対立遺伝子と対になっても）濃い灰色で、対立遺伝子*cc*のウサギはアルビノである。中間色は**図7-13**に見られる異なる対立遺伝子の組み合わせに起因する。

複対立遺伝子によって起こり得る表現型の数は増加する。メンデルの一遺伝子雑種交雑の場合、対立遺伝子は1組（*Ss*）で、起こり得る表現型は2つ（*SS*または*Ss*、*ss*）だけであった。ウサギの毛色の遺伝子における4種類の対立遺伝子からは、5種類の異なる表現型がもたらされる。

優性はいつも完全というわけではない

メンデルが研究した対立遺伝子1組の場合、個体が異型接合性であれば優性は“徹底”される。すなわち、個体*Ss*はいつも表現型*S*を現していた。しかしながら多くの遺伝子は、互いに優性でも劣性でもない対立遺伝子を持つ。それどころか、かつての融合説に基づいた予測のように、異型接合体からは中間

起こり得る遺伝子型	CC, Cc^{ch}, Cc^{h}, Cc	$c^{ch}c^{ch}$
表現型	濃い灰色	チンチラ

$c^{ch}c^{h}$, $c^{ch}c$	$c^{h}c^{h}$, $c^{h}c$	cc
薄い灰色	先端限定的な着色	アルビノ

図7-13　ウサギにおける毛色の遺伝形式
ネザーランドドワーフラビットの毛色に関する遺伝子には、4種類の対立遺伝子がある。2つの対立遺伝子の異なる組み合わせによって異なる毛色になる。優性の順位は$C > c^{ch} > c^{h} > c$である。

の表現型が出現するのである。例えば、純粋種の赤いキンギョソウを純粋種の白いキンギョソウと交雑させた場合、F_1はすべてピンクである（**図7-14**）。この現象は融合説よりも、むしろメンデルの遺伝学の観点から説明できるということが、さらなる交雑によって簡単に実証された。

融合説では、ピンク色のF_1キンギョソウと純粋種の白いキンギョソウとを交雑した場合、すべての子はより明るいピンク色になると予想される。実際は、子の約半分は白色で、半分はF_1世代の親と同じ色合いのピンク色である。ピンク色キンギョソウF_1が自家受粉するとき、結果としてF_2世代は赤色：ピンク色：白色が1：2：1の比率となる（**図7-14**参照）。遺伝性の粒子――つまり遺伝子――は明らかに融合していない。F_2世代の遺伝子は簡単に選り分けられる。

メンデルの遺伝の法則の観点からこれらの結果を理解でき

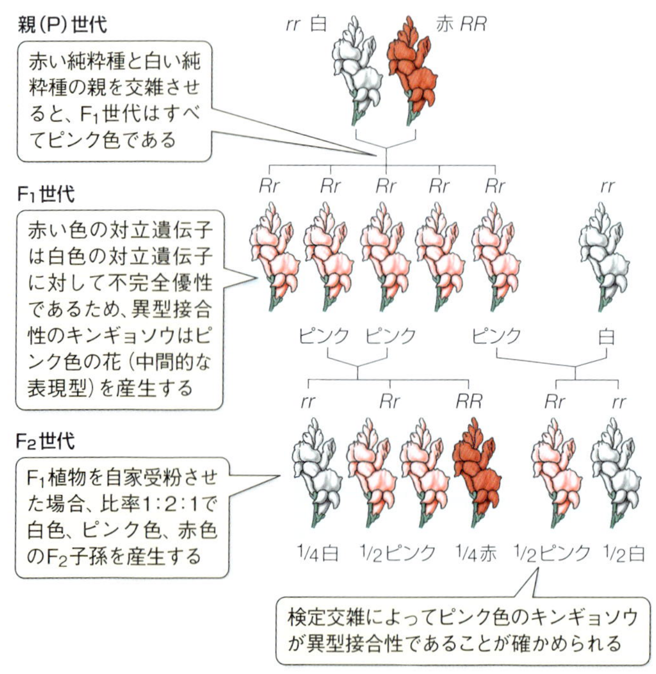

図7-14　不完全優性はメンデルの法則に従う
どちらの対立遺伝子も優性でないとき、異型接合体に中間的な表現型が生じることがある。異型接合性の表現型（ここではピンク色の花）は融合した形質に見えるかもしれないが、メンデルの遺伝の法則によって予想されるように、親世代の形質はそのままの形で後世で再び現れる。

る。異型接合体が、２つの同型接合体の中間的な表現型を示す場合、遺伝子は**不完全優性**によって制御されるという。言い換えれば、２つの対立遺伝子はどちらも優性ではない。不完全優性は自然界では一般的である。ちなみに、７種類のエンドウの形質に関するメンデルの研究は、７種類の形質すべてが偶然に完全優性によって特徴付けられているという点で、例外的である。

共優性では両方の対立遺伝子の形質が発現される

時として、１つの遺伝子座にある２つの異なった対立遺伝子から、それぞれの表現型が両方発現する異型接合体が生まれることがある。この現象を**共優性**という。共優性の良い例がヒトのABO式血液型で見られる。

輸血を試み始めた頃は、頻繁に患者が死亡していた。1900年頃、オーストリア人科学者カール・ラントシュタイナー（Karl Landsteiner）は、異なった個体から得た血球と血清（血液から細胞が取り除かれたもの）を混合した。彼は、ある血液の組み合わせだけが異常を生じないことを発見した。他の組み合わせでは、ある個人からの赤血球は、他の個人からの血清が存在すると凝集したのである。この発見によって、レシピエント（受血者）が死なずに済む、血液が凝集しない輸血を施すことが可能となった。

不適合輸血によって凝集体が形成されるのは、「抗体」と呼ばれる血清中の特別なタンパク質が、異質な細胞、つまり「非自己」細胞と反応するためである。抗体は、非自己細胞の表面にある「抗原」と呼ばれるタンパク質と反応する（抗体と抗原の機能については第15章〈第３巻〉でさらに学ぶ）。血液適合性は１つの遺伝子座にある３つの対立遺伝子（I^A、I^B、i^O）のセットによって決定される。この3つの対立遺伝子が赤血球の表面の抗原を決定している（訳注：これらの抗原は赤血球以外の細胞表面にも発現している）。人々のあいだで、この3つの対立遺伝子によるさまざまな組み合わせが起きることで、血液型、つまり表現型が4種類（A、B、AB、O）生じる（**図7-15**）。遺伝子型I^AI^Bを持つ個人に見られる表現型ABは、共優性の例である。この場合、AとB両方の型の細胞表面抗原が生み出される。

抗体と反応しない赤血球は均一に広がっている

赤血球の血液型	遺伝子型	血液中の抗体	加えた抗体への反応	
			抗A	抗B
A	I^AI^A もしくは I^Ai^O	抗B		
B	I^BI^B もしくは I^Bi^O	抗A		
AB	I^AI^B	なし		
O	i^Oi^O	抗Aと抗B		

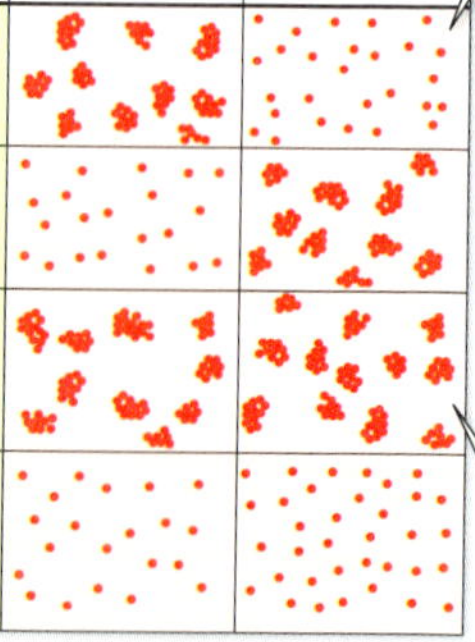

抗体と反応する赤血球は凝集する（たくさんの斑点が見られる）

図7-15　輸血において重要なABO式血液型

この図は血液型A、B、AB、Oの赤血球と、抗A抗体または抗B抗体が含まれる血清を混合した結果を表している。赤血球を抗A抗体と抗B抗体とそれぞれ別々に混合したとき、血液型特有の結果が得られる。これが血液型を決める基礎的な方法である。O型の人は、O細胞が抗A抗体または抗B抗体のどちらとも反応しないので、万能血液提供者（ドナー）である。AB型の人は、どちらの抗体もつくらないので、万能受血者（レシピエント）である。

１つの遺伝子が多面的な表現型をもたらすことがある

メンデルの遺伝の法則はさらに拡張され、１つの遺伝子が２つ以上の表現型をもたらすことも説明される。単一の遺伝子座が２種類以上の独立した表現型をもたらすことを、その遺伝子座は**多面的**であるという。多面作用のわかりやすい例として、シャム猫の着色様式（明るい色の体、暗い色の四肢）の原因となる対立遺伝子がある。その対立遺伝子はシャム猫の特徴ある内斜視の原因にもなっているのである。これらは無関係に見えるが、いずれの特徴も、その対立遺伝子が産生する同じタンパク質の作用に基づいている。

7.3 遺伝子はどのように相互作用するのか？

ここまで扱ってきた生物の表現型は、ある特徴について、単一の遺伝子の対立遺伝子がもたらす単純な結果によるものである。しかしながら、多くの場合、いくつかの遺伝子が相互作用して、表現型を決定する。さらに複雑なものとして、物理的環境が、表現型の決定において個人の遺伝子構成と相互作用することもある。

１つの遺伝子による表現型の発現が別の遺伝子によって影響を受けるとき、**エピスタシス（遺伝子間相互作用）**が生じる。例えば、以下の２つの遺伝子がラブラドール・レトリーバーの毛色を決定する。

- 対立遺伝子B（黒色色素）はb（茶色色素）に対して優性である。
- 対立遺伝子E（毛の色素沈着）はe（沈着がなく、毛が黄色）に対して優性である。

*BB*または*Bb*を持つ犬は黒い。*bb*を持つ犬は茶色である。そして、*ee*を持つ犬は対立遺伝子*B/b*にかかわらず黄色である。明らかに、遺伝子*E*は*B/b*の発現より優性である（**図7-16**）。*BbEe*の２匹の犬が交配した場合、子犬間での表現型の割合は黒9/16、茶3/16、黄4/16である。なぜだかわかるだろうか？

(A) ブラックラブラドール
(B_E_)

(B) チョコレートラブラドール
(bbE_)

(C) イエローラブラドール
(__ee)

図7-16
遺伝子は相互作用することもある
１つの遺伝子が他の遺伝子の表現型上の影響を変化させるとき、エピスタシスが生じる。ラブラドール・レトリーバーでは*E/e*遺伝子が*B/b*遺伝子の発現を決定する。

スティーヴン・フォスター（Stephen Foster）作詞作曲の『草競馬』は「鹿毛（かげ）に賭ける者もいる」と歌う。鹿毛は茶褐色である。パロミノはブロンド、栗毛は赤茶色など、こうした馬の多様な色や模様は、少なくとも7つの遺伝子の複対立遺伝子がかかわるエピスタシスの結果である。ヒトの皮膚色も同様に、複対立遺伝子と遺伝子によって決定される。

雑種強勢は新しい遺伝子の組み合わせと相互作用による

20世紀初期、G・H・シャル（G. H. Shull）が記した「トウモロコシ畑の構成」と呼ばれる論文は、応用遺伝学の分野に長く影響を与えた。農業従事者たちは、何世紀ものあいだ、血縁関係同士の交配（**同系交配、近親交配**として知られる）は非血縁個体間の交配よりも生産量が低くなるということを知っていた。7.1節のヒト家系図で説明したように、同系交配だと、一般的にはまれな劣性対立変異遺伝子が同型接合体となり（両親からそれぞれ同じ劣性遺伝子が遺伝される）、それが遺伝的疾患を引き起こしかねない問題がある。ちなみに、異なる2つの純粋種、つまり異なる2つの同型接合体の遺伝系統を持つ植物や動物を交配させた場合、子は表現型の上でどちらの親よりも強くて大きくなり、概して“強勢”となることが古くから知られている（**図7-17**）。

シャルは、何千種もある既存のトウモロコシから2つを選び実験を始めた。そのいずれの種も、1エーカー（約4047m^2）当たり約20ブッシェル（1ブッシェル＝約25.4kg）のトウモロコシを産生するものだった。しかし、これらを交配させると、子孫の収穫量は驚くべきことに1エーカー当たり80ブッシェルになったのである。この現象は**雑種強勢**として知られている。雑種トウモロコシの栽培は米国や世界中で急速に広がり、穀物生産高は4倍になった。この雑種形成は、農業で使用される多くの他の作物や動物に対しても広く行われてきている。例えば、異種交配した肉牛は、元の遺伝的系統で養育した肉牛よりも大きくて長生きをする。

雑種強勢が機能するメカニズムは知られていない。広く受け入れられている仮説は「超優性」で、これは、ある重要な遺伝子の異型接合体の状態が同型接合体よりも優れている、というものである。もう１つの仮説は、同型接合体は成長を抑える対立遺伝子を持っていて、異型接合体になるとこれらが不活発になったり、またはなくなったりする、というものである。

図7-17　トウモロコシの雑種強勢
異型接合性F_1子孫は同型接合性の親のどちらよりも大きく、強勢となる。

環境は遺伝子機能に影響する

個体の表現型は遺伝子型だけから生じるのではない。遺伝子型と環境が相互作用して、生物の表現型を決定するのである。光や温度、栄養のような環境因子は、表現型としての遺伝子型の表現に影響し得る。

こうした現象のよく知られた例のひとつに、シャム猫やある種のウサギに見られる“先端限定的”な獣毛模様がある（**図7-18**）。これらの動物は体中が黒い毛になる遺伝子型を持っている。しかしながら、黒い毛を産生する酵素は、ある温度（たいてい35℃前後）以上で不活性となる突然変異を持つ。動物は体温をこの温度以上に維持するため、体毛のほとんどは明るい。しかしながら、末端となる脚、耳、鼻、尾などの温度は25℃あたりなので、これらの部位の毛は黒くなる。

簡単な実験によって黒い毛は温度に依存していることがわかる。白いウサギの背中の一部分だけ毛を剃って、その皮膚の上

図7-18　環境は遺伝子機能発現に影響を与える
このウサギは「チョコレート・ポイント」として知られる毛色模様を発現する。この遺伝子型は黒い毛皮をもたらすが、黒い毛皮を作り出す酵素は平常体温だと不活性である。ウサギの末端 ── 最も体温が低い部位 ── だけにこの表現型が現れる。

に氷嚢（ひょうのう）を置いた場合、生え替わった毛は黒くなるだろう。このことは、黒い毛の遺伝子が最初からあったことを示唆しており、活性（機能）発現を阻害したのは環境である。

表現型に与える遺伝子と環境の影響は、以下の2つによって説明される。

- **浸透度**とは、ある遺伝子型を持つ母集団の中で、予想される表現型を実際に示す個体の割合である。
- **表現度**とは、遺伝子型が個体で発現される程度のことである。

環境が表現度に与える影響の例として、屋内、もしくは屋外のさまざまな気候条件下で飼われたシャム猫が、どのような外見になるのか考えてみてほしい。

ほとんどの複雑な表現型は多数の遺伝子と環境によって決定される

メンデルがエンドウで研究したような単純な特徴における個体間の違いは不連続であり、**質的**である。例えば、エンドウは茎が長いか短いかのいずれかである。しかしながら、ヒトの身長のようなほとんどの複雑な表現型では、表現型はほぼ連続して変化する。背が低い人もいれば高い人もいるが、多くの人の身長は極端な高低の中間となる。母集団内のこのような多様性は**量的**（連続的）多様性と呼ばれる（**図7-19**）。

時として、この多様性は概して遺伝的である。例えば、ヒトの目の色の場合、多くの遺伝子がメラニン色素の合成と分配を制御した結果であることが多い。黒い瞳はメラニン色素を多く有し、茶色の瞳はより少なく、緑色や灰色、青色ではさらに少ない。メラニン色素が少ない場合、瞳の中の他の色素の分布によって光の反射や色が決まる。

図7-19　量的多様性
量的多様性は遺伝子と環境の相互作用によって生み出される。学生たち（左側の白い服が女性、右側の青い服が男性）は、多くの対立遺伝子と環境のあいだの相互作用の結果である身長の連続的な多様性を見せている。

また一方で、ほとんどの場合、量的多様性は遺伝子と環境の両方に起因する。ヒトの背丈は確かにこの量的多様性の範疇に分類される。家族内では、しばしば親と子すべて背が高かったり、低かったりする傾向が見られるだろう。しかしながら、栄養も背丈に関して役割を果たす。今日の18歳の米国民は、彼らの曾祖父母が18歳のときよりも約20％背が高いが、その違いは遺伝的なものではない。

遺伝学者は、このような複雑な特徴を共に決定する遺伝子を**量的形質遺伝子座**と呼ぶ。これらの遺伝子座を同定することは大きな、そして重要な挑戦である。例えば、生育期のコメの品種が産生する総量は、多くの遺伝的因子によって決定される。農作物栽培者は、収穫量の多いコメの品種を育てるために、必死でこれらの因子を分析してきた。同様に、病気のかかりやすさや行動など、ヒトの特徴は量的形質遺伝子座によって左右される。

7.4 遺伝子と染色体の関係は何か？

遺伝子が染色体のある特定の部位に存在することが発見されたおかげで、メンデル以降の研究者は、メンデルの遺伝の法則を分子レベルで説明できるようになっただけでなく、メンデルの第二法則が当てはまらない事例も解明可能となった。この節ではその経緯について見てみよう。

同じ染色体上に位置する遺伝子がいつもメンデルの独立の法則に従うわけではないという観察は、新たな展開の糸口となった。そのような遺伝メカニズムはどのようなものなのか、また遺伝子の染色体上の位置と遺伝子間の距離はどのように決められるのか、といった疑問である。

上述の疑問や多くの遺伝学の問題への回答はキイロショウジョウバエの研究で解決された。キイロショウジョウバエは小型で、飼育が容易で、世代時間が短くて、魅力的な実験対象であった。1909年の初め、トーマス・ハント・モーガン（Thomas Hunt Morgan）と学生は「ハエ部屋」として有名なコロンビア大学において、他に先駆けてショウジョウバエの研究を行い、この節で説明する現象を発見した。ショウジョウバエは染色体構造、集団遺伝学、発生遺伝学、行動遺伝学の研究で極めて重要である。

同じ染色体上の遺伝子はつながっている

モーガンが行ったショウジョウバエの交配の結果は、メンデルの独立の法則によって予想される表現型の比率と一致しないものもあった。モーガンは2つの知られている遺伝子型 *BbVgvg* × *bbvgvg* のショウジョウバエを交雑した。この遺伝子型は2つの異なる特徴である体色と羽の形状に関わるものである。

- *B*（野生型で体色は灰色）は*b*（体色は黒色）より優性である。
- *Vg*（野生型の羽）は*vg*（退化した非常に小さい羽）より優性である。

モーガンは4つの表現型が1：1：1：1の比率であると予想したが、観察結果は違っていた。体色遺伝子と羽の大きさ遺伝子は独立には分離されなかった。もっと正確に言えば、その大半が一緒に遺伝していた（**図7-20**）。

モーガンがこれらの結果を理解できるようになったのは、2つの遺伝子座が同じ染色体上にある、つまり、遺伝子座はつながっているという可能性を思いついてからであった。細胞内の遺伝子数は染色体数をはるかに超えているので、結局、それぞれの染色体は多くの遺伝子を保有しなければならない。これを現在では、「ある染色体上にある遺伝子座一式が**連鎖群**を構成する」と表現する。種における連鎖群の数は相同染色体対の数と等しい。

では実際に、*Bb*と*Vgvg*の遺伝子座が同じ染色体上にあるとしよう。それでは、モーガンが実験したF_1のハエのすべてが親の表現型を持たなかったのはなぜなのか？　言い換えれば、なぜこの交雑によって、親の表現型である正常の羽（野生型）を持つ灰色ハエや、退化した羽を持つ黒色ハエとは違うハエも現れたのだろうか？　連鎖が完全ならば、つまり染色体に変化がないとすれば、子には親と同じ2種類しか出現しないはずである。しかしそうではない。

遺伝子は染色分体間で交換できる

完全な連鎖は非常にまれである。もし、連鎖が完全であるならば、メンデルの独立の法則は異なる染色体上にある遺伝子座

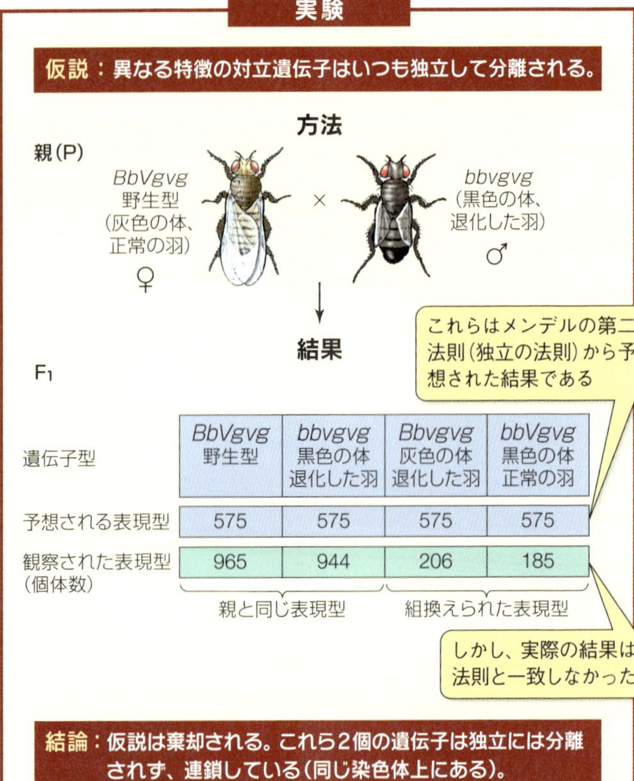

図7-20　遺伝子は独立せず、他の遺伝子と連鎖している場合もある

モーガンの研究により、ショウジョウバエの体色と羽の大きさは連鎖しており、独立しては遺伝されない（分離していない）ことが見出された。連鎖によって、メンデルの独立の法則から予想される出現率とモーガンの実験結果との乖離を説明することができる。

発展研究：２つの遺伝形質に注目したメンデルの実験（図7-9）を復習してみよう。種子の形と色の遺伝子が連鎖していた場合は、どのような結果になるだろうか？

にしか適用できないだろう。実際に起きていることはより複雑で、それゆえより興味深い。染色体がちぎれることで、遺伝子の組換えも可能となる。言い換えると、同じ染色体上の異なる遺伝子座にある遺伝子は、減数分裂において時おり分離するのである。

減数分裂の前期Ⅰにおいて、２本の相同染色体が対応する部位を取り換えることによって（これを「乗換え」という）、遺伝子の組換えが起こる（**図7-21**；**図6-20**も参照）。6.5節で説明したようにS期でDNAが複製されるが、前期Ⅰではそれぞれ２本の染色分体からなる相同染色体が２つ並列した四分子が形成される。染色体の組換えは、この四分子のうち、片方の相同染色体にあるどちらか１本の染色分体と、相手の相同染色体のどちらか１本の染色分体のあいだでだけ行われる。交換は相互均等に行われ、両親の染色体が組み合わさった染色分体が作られる（訳注：染色体の長さ、染色体の全遺伝子数は維持される。しかし時として、どちらかの染色体が短く、逆に相手方が長くなることもある。これは染色体異常の要因の１つである）。多くの場合、相同染色体の何ヵ所かで部分的な交換が行われる。

乗換えが２個の連鎖している遺伝子間で起きると、親の表現型とは異なった子も生まれることになる。モーガンの交配で現れたように、組換え型の子も現れる。これらは**組換え頻度**と呼ばれる割合で出現し、組換え体の数を子の総数で割ることによって計算される（**図7-22**）。組換え頻度は、染色体上の遺伝子座が近くにあるより遠くにある方が高くなる。なぜなら、近くよりも遠くの遺伝子同士の方が、組換えが起こりやすいからである。

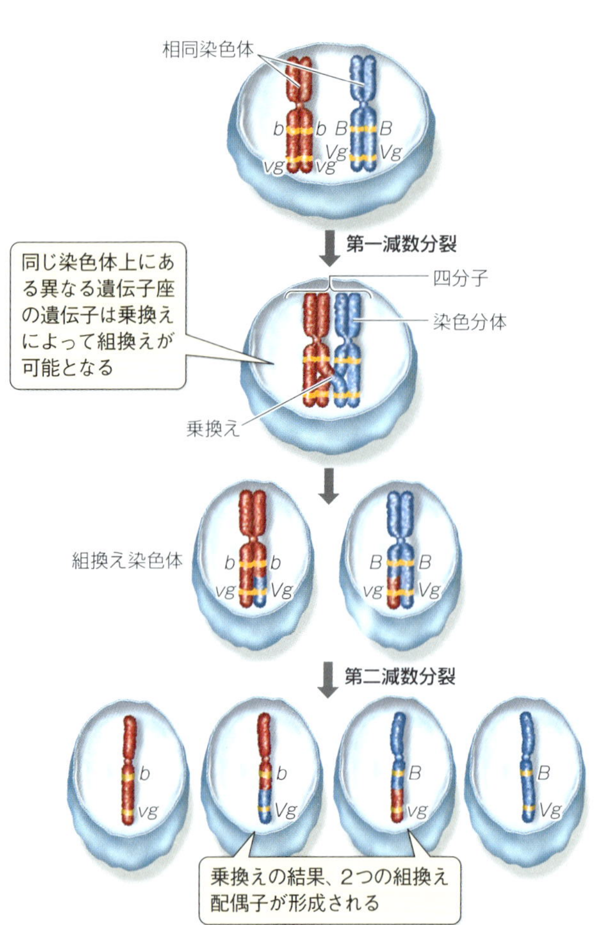

図7-21　乗換えは遺伝的組換えとなる
同じ染色体上にある異なる遺伝子座の遺伝子は、乗換えによって組換えることができる。このような組換えは減数分裂の前期Ⅰのあいだに起こる。

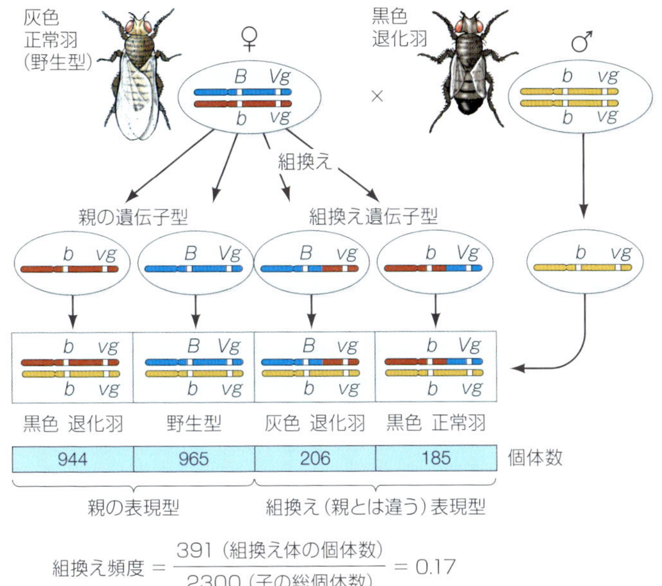

図7-22　組換え頻度
親とは異なる表現型を持つ子の組換え頻度は計算することができる。

遺伝学者は染色体の地図をつくることができる

染色体上で2個の遺伝子座がとても近くにある場合、それらの間における乗換えの確率は低い。逆に、遺伝子座が離れている場合、乗換えは多くの場所で起こるだろう。これは乗換えの仕組みからきている。2個の遺伝子が遠ければ遠いほど、染色体の中に染色分体の分断や再結合が起きるための場所が、より多くある。減数分裂中の細胞の母集団の中で、かなりの割合の細胞において近い距離の2つの遺伝子座同士より遠い距離の遺

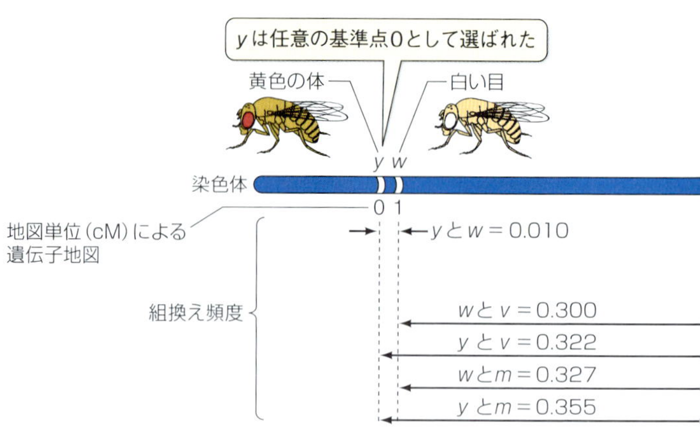

伝子座同士のあいだで組換えが起きているだろう。1911年、当時T・H・モーガンの「ハエ部屋」で学部学生だったアルフレッド・スターテヴァント（Alfred Sturtevant）は、染色体における遺伝子の位置関係を示すために、上記の考え方を利用する方法を思いついた。

モーガンのグループはすでに、連鎖しているショウジョウバエの遺伝子について多くの対の組換え頻度を決定していた。スターテヴァントは染色体に沿って遺伝子の配置を示す**遺伝子地図**を作るためにこれらの組換え頻度を使用した（**図7-23**）。スターテヴァントがこの方法を実践して以来、遺伝学者たち

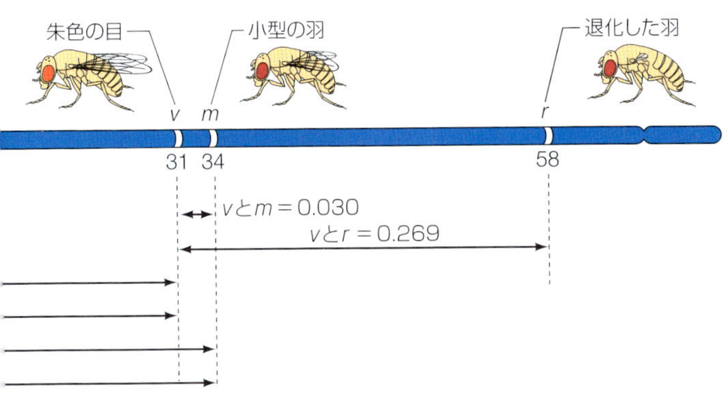

図7-23　遺伝子地図への歩み
組換え遺伝子型が現れる可能性は、染色体上にある2つの遺伝子座の距離と共に上昇する。5つの劣性形質の組換え頻度に関するモーガンのグループのデータから、スターテヴァントはショウジョウバエの染色体の部分的な地図を得ることができた。彼は距離の任意の単位として0.01の組換え頻度と同等である地図単位、つまりセンチモルガン（cM）を使用した。

は、遺伝子間の距離を**地図単位**に割り当てることで、真核生物、原核生物、そしてウイルスの染色体の地図を作製してきた。地図単位は0.01の組換え頻度に対応していて、「ハエ部屋」の創設者に敬意を表し**センチモルガン（cM）**と呼ばれる。図7-24のように、我々も遺伝子地図を作ることができる。

1 最初、遺伝子間の個々の距離は不明で、いくつかの可能な配列がある（*a*–*b*–*c*、*a*–*c*–*b*、*b*–*a*–*c*）。

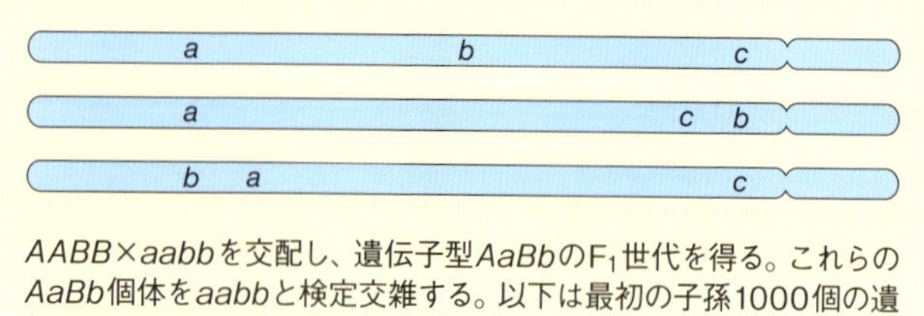

AABB×*aabb* を交配し、遺伝子型 *AaBb* のF_1世代を得る。これらの *AaBb* 個体を *aabb* と検定交雑する。以下は最初の子孫1000個の遺伝子型である。

450 *AaBb*、450 *aabb*、50 *Aabb*、50 *aaBb*
（親型）　　　　（組換え型）

2 ***a*遺伝子と*b*遺伝子はどれくらい離れているか？**

組換え頻度はどれくらいか？　どちらが組換え型で、どちらが親型か？

組換え頻度（*a*から*b*へ）＝（50＋50）/1000＝0.1
であるから距離（cM）は

距離＝100×組換え頻度＝100×0.1＝10cM

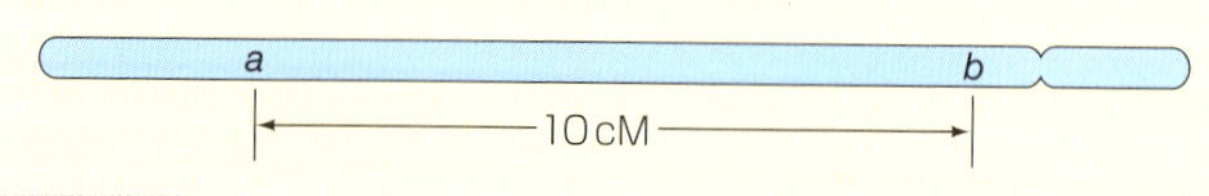

図7-24　遺伝子の地図を描く
この課題の目的は、染色体上にある3個の遺伝子座（*a*、*b*、*c*）の順序と、互いの地図上での距離（単位はcM）を決めることである。

3 *a*遺伝子と*c*遺伝子はどれくらい離れているか？

次に、*AACC*×*aacc*を交配し、遺伝子型*AaCc*のF_1世代を得て*aacc*と検定交雑する。その結果は

460*AaCc*、460*aacc*、40*Aacc*、40*aaCc*

組換え頻度（*a*から*c*へ）＝(40＋40)／1000＝0.08

距離＝100×組換え頻度＝100×0.08＝8cM

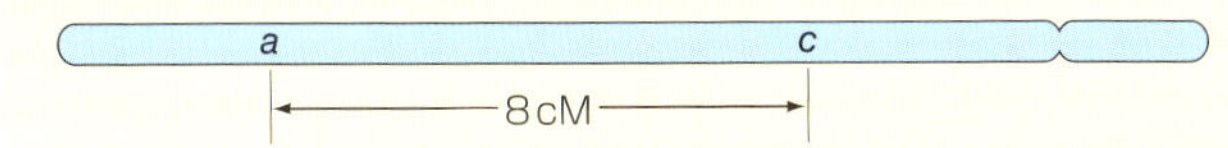

4 *b*遺伝子と*c*遺伝子はどれくらい離れているか？

BBCC×*bbcc*を交配し、遺伝子型*BbCc*のF_1世代を得て*bbcc*と検定交雑する。その結果は

490*BbCc*、490*bbcc*、10*Bbcc*、10*bbCc*

組換え頻度（*b*から*c*へ）＝(10＋10)／1000＝0.02

距離＝100×組換え頻度＝100×0.02＝2cM

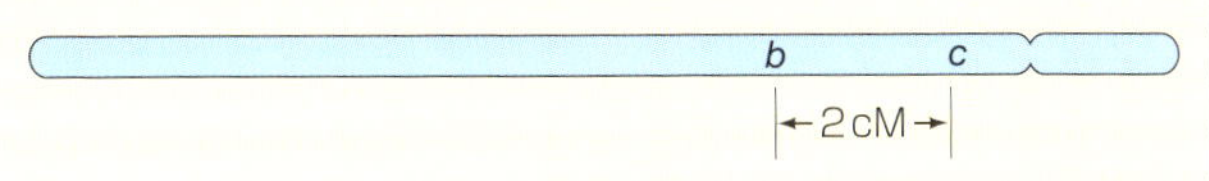

5 3つの遺伝子のうち、どれが他の2つの遺伝子のあいだにあるか？

*a*遺伝子と*b*遺伝子が最も離れているので、*c*遺伝子はこれらのあいだになければならない。

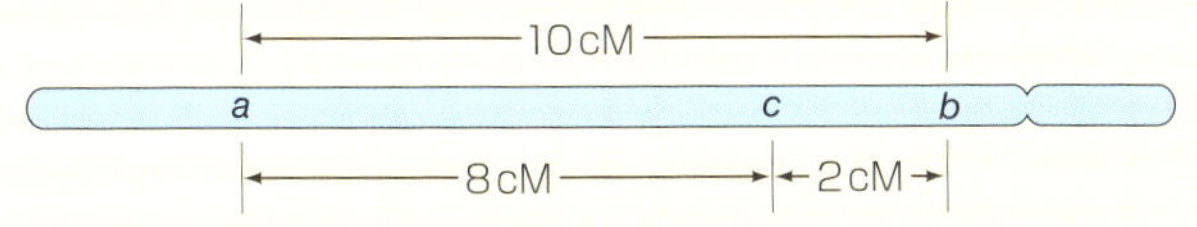

これらの数値では完全に計算が合う。実際には、ほとんどの場合、多重乗換えが起こるため数値が完全には一致しない。

連鎖は性染色体の研究によって明らかにされる

メンデルの研究では、相反交雑はいつも同じ結果になった。一般に、優性対立遺伝子が母親からのものか父親からのものかは重要でなかった。しかし、いくつかの事例では、染色体がどちらの親由来であるかが重要となる。例えば、ヒトの男性は血友病と呼ばれる出血性疾患を父親からではなく母親から受け継ぐ。対立遺伝子がどちらの親由来であるかが重要な遺伝形式を理解するためには、それぞれ種ごとに性を決める方法を考えなければならない。

染色体による性の決定　トウモロコシでは、二倍体の成体は雄性と雌性の両方の生殖構造を持っている。雄性の生殖構造の組織と雌性の生殖構造の組織は、根と葉が遺伝的に同一であるように、遺伝的に同一である。同じ個体から雄性と雌性の配偶子を産生するトウモロコシのような植物は、雌雄同株（*monoecious*＝ギリシア語で「1軒の家」の意）と言われる。ナツメヤシのような他の植物、またほとんどの動物は雌雄異株（*dioecious*＝「2軒の家」）で、いくつかの個体は雄性の配偶子のみを産生することができ、残りの個体は雌性の配偶子のみを産生することができる。言い換えれば、雌雄異株の生物には2つの性がある。

ほとんどの雌雄異株の生物において、性は染色体の違いによって決定されるが、その決定様式は生物種によってさまざまである。例えば、ヒトを含めた多くの動物では、性は1本、または1対の**性染色体**によって決定される。男性も女性も性染色体以外は共通な**常染色体**を2本ずつ持つ。

雌性の哺乳類の性染色体は1組のX染色体から成る。一方、雄性の哺乳動物は1本のX染色体と雌性では見られない性染色体であるY染色体を持っている。次のイラストのように雌性はXX、雄性はXYと表すことができる。

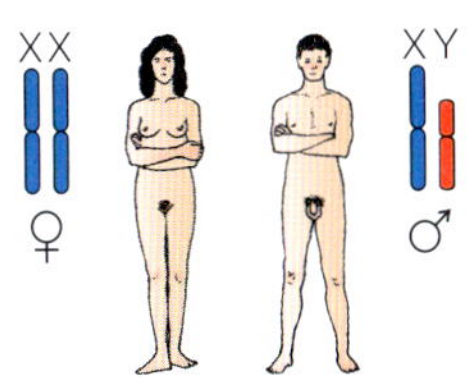

雄性の哺乳動物は2種類の配偶子を産生する。いずれの配偶子も常染色体の完全な一式を持つが、配偶子の半分はX染色体を、残りの半分はY染色体を持つ。X染色体を持つ精子が卵と受精すれば、生じるXXの受精卵は雌性になり、Y染色体を持つ精子が卵と受精すれば、生じるXYの受精卵は雄性になる。

この状況が鳥では異なっていて、雄性がXXで、雌性がXYである（混乱を避けるために、これらの染色体はZZとZWと呼ばれる）。

これらの生物では、雌性がZ、またはW染色体を持つ2種類の配偶子を産生する。精子がXかYを運んで性を決定するヒトやハエとは対照的に、卵がZかWかで子の性が決まる。

性染色体異常が性を決定する遺伝子を明らかにした　性を決める遺伝子は、Y（またはW）染色体上にあるに違いない（雄性遺伝子はY上に、雌性遺伝子はW上に）。しかし、どのように確かめることができるのか？　原因（哺乳動物細胞の場合、Y染色体の遺伝子）と結果（この場合、男性）を決定する1つの方法は、予期せぬ現象をもたらす生物学的なエラーに注目することである。

減数分裂での不分離に起因する異常な性染色体の構成（6.5節参照）は、X染色体とY染色体の機能について教えてくれる。前述したように、不分離は相同染色体（第一減数分裂時）、または染色分体（第二減数分裂時）の対が分離に失敗するときに起こる。結果として、配偶子は1本少ない、または1本多い染色体を持つことになる。完全な半数体である染色体を持つ別の配偶子と受精すると仮定すれば、生じる子は正常よりも少ない、あるいは多い染色体を持つ異数性となる。

ヒトの場合、XO個体が時々現れる（Oは染色体が消失していることを意味し、XOである個体は1つの性染色体しか持っていない）。ヒトのXO個体はターナー症候群と呼ばれ、肉体的に軽度の異常が見られるが、精神発達は正常な女性である。通常は不妊となることが多い。染色体対（この場合XY）のうち1本だけで生存できることがわかっているのはこのケースだけである。実際には、ほとんどのXOの胎児は初期発生段階で亡くなることが多い。また、XXY個体も現れることがある。この個体は男性となり、クラインフェルター症候群と呼ばれて長い手足や不妊が生じる。

こうした所見は、男性を決定する遺伝子はY染色体上に位置していることを示唆した。さらに研究者たちは、以下のような別の遺伝子異常のパターンを持つ人々を観察することで、遺伝子の位置を特定することができた。

- 表現型の上では女性で、Y染色体の一部を少し欠いているXY個体がいる。

■遺伝学的にはXXで、別の染色体に付着したY染色体の小さな断片を持つ男性がいる。

この2つのケースでそれぞれ欠けていたり、存在していたりするY染色体の断片が、男性を決定する遺伝子を保有していることは明らかで、この遺伝子は*SRY*遺伝子と命名された(sex-determining region on the Y chromosome = Y染色体上の性決定領域の略)。

*SRY*遺伝子は**一次性決定**に関わるタンパク質をコードしている。一次性決定とは、ある個体が産生する配偶子の種類と配偶子を産生する器官の種類の決定のことである。機能的なSRYタンパク質の存在下で、胚は精子をつくる睾丸を発生する（イタリック体は遺伝子の名前で用いられ、ローマン体はタンパク質の名前で用いられる)。胚がY染色体を持っていない場合は*SRY*遺伝子が存在せず、そのためSRYタンパク質が作られない。SRYタンパク質がないと、胚は卵をつくる卵巣を発生させる。この場合、X染色体上の*DAX1*という遺伝子が抗睾丸因子を産生する。つまり、雄性における*SRY*の役割は、*DAX1*によってコードされた男性阻害物を阻害することである。SRYタンパク質は雄性細胞でこの役割を担うが、女性には存在しないので、*DAX1*は男性らしさを阻害するように作用できる。

一次性決定は**二次性決定**と同じではない。二次性決定は、男らしさと女らしさの外見的な特徴（例えば体型、乳房の発達、体毛や声などである）をもたらす。これらの外見的な特徴はY染色体の有無によって直接は決定されない。そうではなくて、こうした特徴は、常染色体とX染色体に散在していて、テストステロンやエストロゲンといったホルモンの作用を制御する遺伝子によって決定される。

一見、キイロショウジョウバエは雌性がXXで雄性がXYであるという、哺乳動物で見られた同じ性決定パターンに従う。しかしながら、XOのショウジョウバエは雄性であり（哺乳動物では雌性)、不妊であることを除いては、ほとんど正常のXYの雄性と区別がつかない。XXYの個体は正常で、生殖能力のある雌性となる。このように、ショウジョウバエでは性はX染色体と常染色体の比率によって決定される。1組の常染色体に対してそれぞれ1本のX染色体があれば個体は雌性であり、もし2組の常染色体に対して1本のX染色体しかなければ個体は雄性である。ショウジョウバエではY染色体は性決定には役目を果たさないが、雄の妊性には必要である。

性染色体上の遺伝子は特別な方法で受け継がれる

性染色体にある遺伝子の遺伝は、メンデルの遺伝の法則に合致しないことがしばしば見受けられる。ショウジョウバエとヒトのY染色体に見出されている遺伝子は非常に少数であり、X染色体にはさまざまな重要な形質を決定する遺伝子が多数見出されている。このような重要な遺伝子はXXの女性には2コピー存在するが（1個が障害されてもバックアップがある)、男性には1コピーしか存在しない（つまりX染色体の異常はただちに何らかの影響を及ぼし得る)。これを**半接合性**という。性染色体の遺伝子についての相反交雑は複雑になり、遺伝頻度は常染色体上の遺伝子で観察されるようなメンデル率には合致しない。

性染色体にある遺伝子座によって支配される遺伝（**伴性**遺伝）の特徴を示した最初の実例はショウジョウバエの目の色である（いまだに最良の例の1つである)。これらのハエの野生型の目の色は赤い。1910年、モーガンは白目を生じる突然変異体を発見した。彼は野生型と突然変異表現型のハエの交雑実験を行った。その結果、目の色の遺伝子座がX染色体上にあることが実証された。

- 同型接合性の赤目の雌性が半接合性の白目の雄性と交雑したとき、赤目が白目に対して優性であり、すべての子は母親から野生型のX染色体を受け継いだので、子は雄性も雌性もすべて赤目だった（**図7-25A**）。
- 白目の雌性と赤目の雄性との相反交雑では、すべての雄性の子が白目で、すべての雌性の子が赤目だった（**図7-25B**）。

相反交雑で生まれた雄性は、白目の母からX染色体のみを受け継いだ。父から受け継いだY染色体は目の色の遺伝子座を持たない。一方、雌性は母由来の白い遺伝子座を有するX染色体と父由来の赤い遺伝子座を有するX染色体を得るので、赤目の異型接合体となった。

- 異型接合性の雌性が赤目の雄性と交雑した場合、雄性の子の半分は白目だったが、雌性の子はすべて赤目だった。

これらの3つの結果が、目の色の遺伝子座がY染色体ではなくX染色体上にあることを示した。

ヒトには数多くの伴性形質が見出されている

ヒトのX染色体には約2000の既知遺伝子がある。これらの遺伝子座にある対立遺伝子は、ショウジョウバエの白い目の対立遺伝子と同じ遺伝パターンに従う。例えば、ヒトのX染色体の上のある遺伝子には、本章のはじめで説明したような遺伝性の赤緑色覚障害の原因となる突然変異の劣性対立遺伝子があ

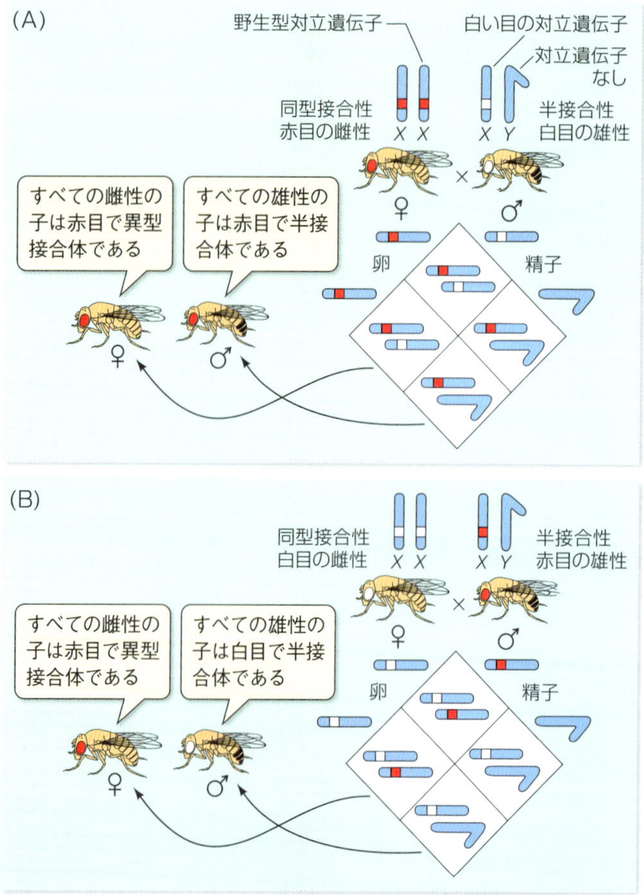

(A)

野生型対立遺伝子

白い目の対立遺伝子

対立遺伝子
なし

同型接合性
赤目の雌性

X X

X Y

半接合性
白目の雄性

×

♀

♂

卵

精子

すべての雌性の子は赤目で異型接合体である

すべての雄性の子は赤目で半接合体である

♀

♂

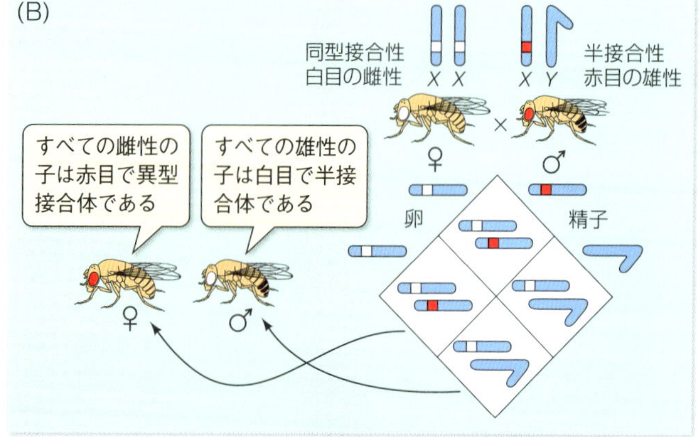

図7-25　ショウジョウバエにおいて目の色は伴性形質である
モーガンはショウジョウバエの場合、白色の目となる突然変異の対立遺伝子はX染色体上にあることを実証した。この場合、相反交雑は同じ結果にはならないことに注意。

る。赤緑色覚障害は劣性変異対立遺伝子の同型接合性、または半接合性の個人に現れる。

X連鎖劣性表現型の家系分析によって、以下のような4つのパターンが示される（**図7-26**）。

- この表現型は女性よりも男性に多く現れる。発現に必要となるまれな対立遺伝子（突然変異を有する遺伝子）は、男性では1個だけで十分であるのに対し、女性では2個なければならないからである。
- 突然変異を有する男性はその遺伝子を娘だけに伝えることができる。息子すべてが父親のY染色体を受け継ぐ。
- 1個の突然変異のX染色体を受け継いだ娘は異型接合性の**保因者**である。この娘は表現型の上では正常であるが、突然変異のX染色体を、息子と娘両方に渡すことができる（実際の可能性は、X染色体のもう1本が正常な対立遺伝子を持つので、平均して半分ぐらいとなる）。
- 突然変異が男性からその娘（表現型は正常）に渡り、さらに彼女の息子に渡った場合、突然変異の表現型は世代を飛び越えることがある。

赤緑色覚障害（**図7-2**参照）は、いくつかの重要なヒトの疾患同様、X連鎖の劣性な表現型である。X連鎖の優性表現型として遺伝するヒトの突然変異は、X連鎖の劣性表現型よりまれである。なぜなら、優性な表現型はどの世代であっても現れ、そのなかで有害な突然変異の場合、たとえ異型接合体であっても長生きや繁殖ができないことが多いからである（前述した4つのパターンの場合で、突然変異が優性ならば何が起きるか検証してみよう）。

ヒトの小さいY染色体には数十の遺伝子がある。それらの中に、雄性を決定する*SRY*遺伝子がある。興味深いことに、Y染色体上のいくつかの遺伝子と同様の（同一ではない）遺伝子がX染色体上に存在する。例えば、リボソームを形成するタンパク質の1つは、雄性の細胞でしか発現しないY染色体上の遺伝子によってコードされているが、一方、これに対応するX連鎖の遺伝子は両方の性に発現する。これは「雄性」と「雌性」のリボソームがあることを意味しているが、この現象の重要性についてはまだ不明である。Y連鎖対立遺伝子は、父

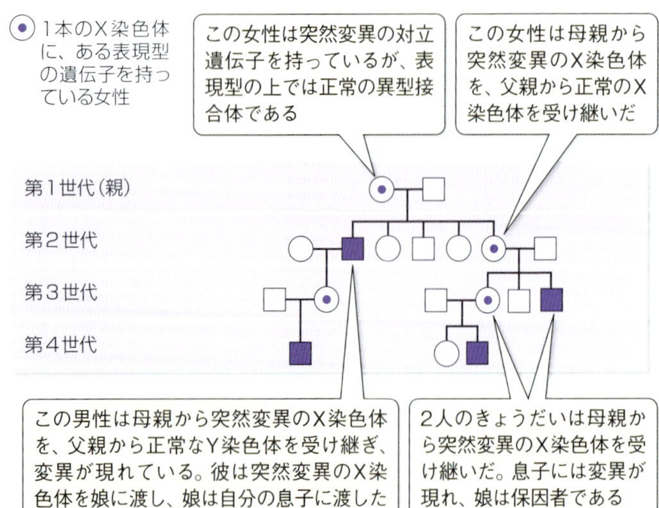

図7-26　人間において赤緑色覚障害は伴性形質である
赤緑色覚障害の突然変異の対立遺伝子はX連鎖劣性として遺伝する。

から息子にしか受け継がれない（これはパネットの方形で検証できる）。

7.5 核外にある遺伝子の影響は何か？

本章でここまで述べてきた遺伝子は、すべて細胞核にある。しかし、ミトコンドリアやプラスチドといった他の小器官もまた遺伝子を持っている。それは何をしており、どのように受け継がれるのか？

真核細胞内で遺伝物質を持つ小器官は、核だけではない。1.3節（第1巻）で説明しているように、真核細胞に寄生した原核生物から生じたかもしれないミトコンドリアとプラスチドは、少量の遺伝子を含んでいる。例えば、ヒトにおいては、核のゲノムの中に約2万4000個の遺伝子があり、ミトコンドリアのゲノムの中には37個の遺伝子がある。プラスチドのゲノムはミトコンドリアのゲノムよりも約5倍大きい。どのような場合でも、細胞質小器官のいくつかの遺伝子は、小器官の構築や機能にとって重要であり、これらの遺伝子の突然変異が生物に甚大な影響を持つということは驚くことではない。

小器官の遺伝子による遺伝はいくつかの理由で核の遺伝子と異なっている。

- ほとんどの生物において、ミトコンドリアとプラスチドは母親からのみ引き継がれる。卵は豊富な細胞質と小器官を含んでいるのに対して、半数体配偶子の接合のために生き抜く精子の器官は核だけである。そのため、ヒトは母親のミトコンドリアを（その遺伝子も共に）受け継いでいるが、父親のものは受け継いでいない。
- 1つの細胞に何百ものミトコンドリアやプラスチドがあることもある。つまり細胞は小器官遺伝子にとって二倍体ではない。むしろ、かなりの倍数体である。
- 小器官遺伝子は、核遺伝子よりはるかに速い比率で変異する傾向があるので、小器官遺伝子の複対立遺伝子がある。

小器官のDNAにおける変異の表現型は、その小器官の役割を反映する。例えば、植物や光合成を行ういくつかの原生生物では、プラスチドの遺伝子に起こるある突然変異が、クロロフィル分子を光化学系に集合させるタンパク質に作用し、表現型が基本的に緑色ではなく白色となる結果をもたらす。また、ミトコンドリア遺伝子の突然変異は、電子伝達鎖の複合体の1個に影響してATP産生低下を起こす。こうした突然変異は、神経系や筋肉、腎臓などの高いエネルギーを必要とする組織において特別で顕著な影響を及す。1995年、ツール・ド・フランスで3回優勝したプロ自転車選手、グレッグ・レモン（Greg LeMond）はミトコンドリアの突然変異による筋力低下が生じて引退を余儀なくされた。

チェックテスト（答えは1つ）

1. 単純なメンデルの一遺伝子雑種交雑において、丈が高い植物と低い植物を交雑させ、そのF_1植物を自家受粉させると、F_2世代で丈が高くかつ異型接合性なのはどれくらいの割合か？

ⓐ1/8
ⓑ1/4
ⓒ1/3
ⓓ2/3
ⓔ1/2

2. 個体の表現型について正しいのはどれか？

ⓐ少なくとも一部分は遺伝子型に左右される。
ⓑ同型接合性または異型接合性のどちらかである。
ⓒ遺伝子型を決定する。
ⓓ生物の遺伝子構成である。
ⓔ一遺伝子雑種または二遺伝子雑種のどちらかである。

3. ヒトのABO式血液型は、複対立遺伝子系によって決定される。I^AとI^Bは共優性で、i^Oに対して優性である。新生児がA型、その母親がO型であったとき、父親の可能な遺伝子型は何か？

ⓐA型かB型かAB型
ⓑA型かB型かO型
ⓒO型
ⓓA型かAB型
ⓔA型かO型

4. 対立遺伝子が同型接合性である個体に関する以下の記述のうち、正しくないのはどれか？

ⓐそれぞれの細胞はその対立遺伝子の2つのコピーを有する。
ⓑそれぞれの配偶子はその対立遺伝子の1つのコピーを含んでいる。
ⓒその対立遺伝子について純粋種である。
ⓓ両親は必ずその対立遺伝子の同型接合性である。
ⓔ子に対立遺伝子を渡すことができる。

5. 検定交雑に関する以下の記述のうち、正しくないのはどれか?

ⓐ未知の個体が同型接合性かそれとも異型接合性であるかを検定する。
ⓑ検定される個体は同型接合性の劣性個体と交雑される。
ⓒ検定される個体が異型接合性であるとき、子孫は比率1:1になるだろう。
ⓓ検定される個体が同型接合性であるとき、子孫は比率3:1になるだろう。
ⓔ検定交雑の結果はメンデルの遺伝のモデルと一致する。

6. 連鎖遺伝子について正しいのはどれか?

ⓐ染色体上で互いに隣接していなければならない。
ⓑ互いに独立して分離される対立遺伝子を持つ。
ⓒ決して乗換えが起こらない。
ⓓ同じ染色体上にある。
ⓔ常に複対立遺伝子を持つ。

7. 二遺伝子雑種交雑のF_2世代について正しいのはどれか?

ⓐもし遺伝子座がつながっていれば、
　4つの表現型が比率9:3:3:1で現れる。
ⓑもし遺伝子座がつながっていなければ、
　4つの表現型が比率9:3:3:1で現れる。
ⓒもし遺伝子座がつながっていなければ、
　2つの表現型が比率3:1で現れる。
ⓓもし遺伝子座がつながっていなければ、
　3つの表現型が比率1:2:1で現れる。
ⓔ遺伝子座がつながっているかいないかにかかわらず、
　2つの表現型が比率1:1で現れる。

8. ヒトの遺伝学的な性は何によって決定されるか?

ⓐ倍数性(男性は半数体)
ⓑY染色体
ⓒX染色体とY染色体(男性はXX)
ⓓX染色体の数(男性はXO)
ⓔZ染色体とW染色体(男性はZZ)

9. エピスタシスについて正しいのはどれか？

ⓐ代々、何も変化しない。
ⓑある遺伝子が別の遺伝子による影響を変化させる。
ⓒ染色体の一部が削除される。
ⓓ染色体の一部が逆さである。
ⓔ2つの遺伝子の振る舞いが完全に独立している。

10. ヒトの歯に出る斑点は、優性伴性遺伝子によって引き起こされる。斑点のある歯を持つ男性が、正常な歯の女性と結婚したら、その結果考えられるのは以下のうちどれか？

ⓐ娘は全員、正常な歯だろう。
ⓑ娘は全員、斑点のある歯だろう。
ⓒ子供は全員、斑点のある歯だろう。
ⓓ息子の半分は斑点のある歯だろう。
ⓔ息子は全員、斑点のある歯だろう。

テストの答え　1.ⓔ　2.ⓐ　3.ⓓ　4.ⓓ　5.ⓓ
6.ⓓ　7.ⓑ　8.ⓑ　9.ⓑ　10.ⓑ

第８章

DNAと遺伝におけるその役割

時代にかなった構造

マイケル・クライトン（Michael Crichton）の小説『ジュラシック・パーク』とその映画では、テーマパークに展示するためにバイオテクノロジーを用いて、生きている恐竜を産み出す架空の科学者が描かれている（**図8-1**）。この話の中では、科学者は恐竜のDNAをその血液を吸った化石昆虫から分離した。琥珀（化石化した木の樹脂）の中で完全な状態で保存された昆虫から、ティラノサウルス・レックスなどのような大昔に絶滅した生物を産み出すことができるDNAを得た。

クライトンの小説の前提は、昆虫の化石に爬虫類のDNA配列が示されていると主張した実際の学術論文に基づいていた。残念ながら、この論文は是認されなかった。「保存された」DNAは現代の生物からの混入物であると判明したのである。

図8-1　レックスを蘇らせる
100年以上ものあいだ、科学者と芸術家は動かない恐竜の復元物を創り出そうとしてきた。マイケル・クライトンの小説『ジュラシック・パーク』は、化石から回収したDNAからティラノサウルス・レックスのような生きた恐竜を産生するというフィクションの仮定に基づいている。

完全なDNAが何百万年も保存されることなどまずありそうもない、という事実にもかかわらず、『ジュラシック・パーク』の成功は遺伝物質としてのDNAの概念に何百万人もの読者と視聴者の注意を向けさせた。じつは、この小説と映画の以前から、DNAの二重らせんのイメージはなじみ深い世俗的なアイコンであった。

二重らせんは科学雑誌『ネイチャー』の短い論文の中でジェームズ・ワトソン（James Watson）とフランシス・クリック（Francis Crick）によって最初に提唱された。論文にはクリックの妻オディール（Odile）によって描かれた構造の図が添えられ、そのシンプルかつ優美な構造は科学者だけでなく、一般の人にもあっという間に広まった。ワトソンは後にこう表現している。

「この愛らしい構造は、存在すべくして存在した」

デオキシリボ核酸──DNA──と二重らせん構造は私たちの時代の科学の素晴らしいシンボルの1つになった。それは、ニュース雑誌の表紙を「生命の秘密」として飾るだけでなく、難解な専門語から大衆の言葉への移行であった。「顧客をビジネスのDNAへ」と誘う企業の広告が見られたり、「DNA」と名づけられた香水が「生命の源」として宣伝されたりしている。あるデジタルメディア・ソフトウェア・システムは「DNAサーバー」と呼ばれている。

このような強烈なシンボルが科学から出てきたのはこれが初めてではない。核爆発のキノコ雲や、電子が核の周りを駆け巡るボーアの原子模型がある。サルヴァドール・ダリ（Salvador Dali）は、風変わりな創作品の中でDNAの二重らせんを用いた最初の有名な芸術家である。ノーベル賞を受賞した遺伝学者ジョン・サルストン（John Sulston）の肖像は、サルストンの

図8-2
DNAをデザインしたアクセサリー
DNAの二重らせんは現代科学と文化の象徴となった。芸術家とデザイナーは広く認知された形状をさまざまに活用した。

DNAを含むとても小さい細菌のコロニーによってできている。ブラジル人の芸術家エドワルド・カック（Eduardo Kac）は、聖書の一節をDNAヌクレオチド塩基配列に翻訳し、このDNAを細菌に組み入れた。UV灯を点けるとDNA配列とそれが表す聖書の節が浮かび上がる。DNAを主題とした彫刻が多数作られ、二重らせんのモチーフで作られた装身具は「生命の鎖」コレクションと呼ばれる（**図8-2**）。

しかし、我々の社会をかき回すのはDNAの構造だけではない。その構造が象徴すること、つまり、急速に広がっている遺伝学の知識がもたらす希望と危機もしかりである。

この章では 最初に、遺伝物質がDNAであるという決定につながった主要な実験について説明する。次に、DNA分子の構造とこの構造がどのようにDNAの機能を決定するか説明していく。また、DNAが複製、修復、維持される過程について説明し、最後にDNA複製に関する知識から考えられた実用的な応用として、ポリメラーゼ連鎖反応とDNA塩基配列決定法という2つについて示す。

8.1 遺伝子がDNAであるという証拠は何か?

20世紀初頭には、遺伝学者は遺伝子の存在を染色体と関連づけていた。染色体中の遺伝物質の実体を化学的に特定することを目指す研究が開始された。

1920年代までには、科学者たちは染色体がDNAとタンパク質から構成されることを知っていた。この頃、DNAに特異的に結合して、細胞内のDNA量に比例して赤く染まる新しい染料が開発された。この技術によって、DNAが遺伝物質であるという情況証拠がもたらされた。

- **正しい位置にあった**　DNAは、遺伝子を伝えるとわかっていた核と染色体における重要な成分であることが確認された。
- **種間では異なっていた**　異なった種の細胞を染料で染めて色の強度を測定すると、それぞれの種で特定の核DNA量を有しているように見えた。
- **適正量が存在していた**　体細胞（生殖のために特殊化していない細胞）のDNA量は、生殖細胞（卵や精子）のDNA量の2倍であった——それぞれ二倍体や半数体であるから予想できることではあるが。

しかし、情況証拠は因果関係の科学的な実証にはならない。結局のところ、タンパク質も細胞の核内に存在している。科学は、実験によって仮説を検証している。DNAが遺伝物質であるという説得力のある証明は、細菌による実験とウイルスによる実験によって得られた。

ある型の細菌のDNAは別の型の細菌を遺伝的に転換する

生物学の歴史を見ると、元々問われていた疑問に解答を与えるかはともかくとして、ほとんど関係のない分野の研究が別の分野に大いに貢献するという出来事がかなりある。このようなセレンディピティ（思わぬ大当たり）は、イギリス人医師のフレデリック・グリフィス（Frederick Griffith）にもあてはまる。

1920年代に、グリフィスは肺炎連鎖球菌という細菌、つまり人間に肺炎を引き起こす病原体の１つである肺炎球菌を研究していた。彼はこの危険な感染症に対してワクチンを開発しようとしていたのである（抗生物質はまだ発見されていなかった）。グリフィスは以下に示すS型、R型という２系統の肺炎球菌を用いて研究していた。

- S型の細胞は滑らか（smooth）に見えるコロニーをつくった。多糖類莢膜（きょうまく）で覆われて、これらの細胞は宿主の免疫機構による攻撃から保護された。S型の細胞をマウスに注入すると、繁殖して肺炎を引き起こした（この系統は病原性があった）。
- R型の細胞は粗く（rough）見えるコロニーをつくり、保護的な莢膜がなく、病原性はなかった。

グリフィスは、熱殺菌したS型肺炎球菌をマウスに接種した。これらの熱殺菌した細菌は感染症を引き起こさなかった。しかしながら、生きているR型肺炎球菌と熱殺菌したS型肺炎球菌の混合物を他のマウスに接種すると、驚いたことにマウスは肺炎で死んだ（**図8-3**）。死んだマウスの心臓の血液を調べると、病原性のS型の特徴を有した生きた細菌でいっぱいであることを彼は発見した。グリフィスは「死んだS型肺炎球菌が存在すると、生きているR型肺炎球菌が病原性のS型に変異する」と結論づけた。

肺炎球菌のこの変異は、マウスの体の中で起こった何かによるものなのか？　いや、違う。生きているR型菌と熱殺菌したS型菌を試験管内で合わせただけでも、同様の変異が起こることが示された。数年後、別の科学者のグループが、熱殺菌したS型菌の細胞抽出物でも同じくR型を変異させることを発見した（細胞抽出物には破砕した細胞の内容物すべてが含まれているが、無傷の細胞では細胞外に出て作用できないのである）。この結果は、死んでいるS型肺炎球菌に含まれる、当時は化学的**形質転換因子**と呼ばれた物質が、R型肺炎球菌の遺伝的変化を引き起こす能力を持っていることを明らかにした。これは驚くべき発見であった。ある化学物質による処理で、永久に遺伝形質が変わるのである。次の課題はこの物質の化学構造の同定だ。

形質転換因子はDNAである

形質転換因子の物質的特定は、生物学の歴史における核心の１つである。それは、現在のロックフェラー大学にいたオズワルド・エーヴリー（Oswald Avery）らが何年もの歳月をかけて成功させた。肺炎球菌の形質転換因子を含むサンプルを、ある特定の種類の化合物だけを破壊するように処理した。タンパク質だけ、核酸だけ、糖質だけ、あるいは脂質だけを破壊したのである。そして、処理後のサンプルに形質転換活性が残っているのか調べていった。

答えはいつも同じであった。サンプルのDNAが破壊された場合、形質転換活性は失われたが、タンパク質、糖質、または脂質が破壊されたときは、形質転換活性がなくなることはなかった（**図8-4**）。最終段階として、エーヴリーは、コリン・マ

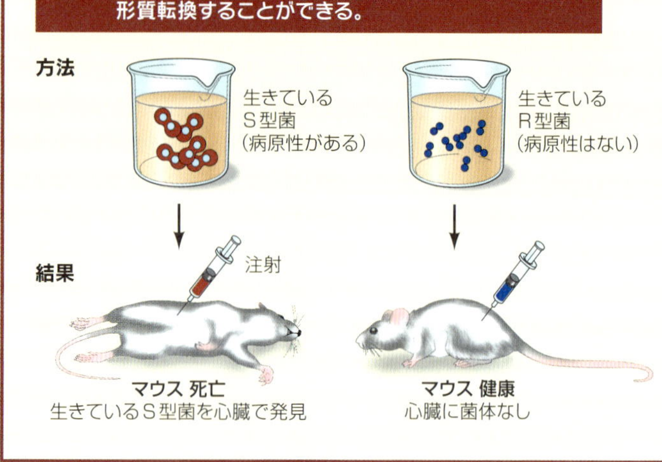

図8-3　非病原性肺炎球菌の病原性肺炎球菌への形質転換
フレデリック・グリフィスの実験は、病原性のS型菌が高熱によって殺されても、非病原性のR型菌を致死型に形質転換することを示した。
発展研究：熱殺菌されたR型菌が生きているS型菌を形質転換できることをどのように示すか？

クラウド（Colin MacLeod）およびマックリン・マッカーティ（Maclyn McCarty）と共に、肺炎球菌の形質転換因子を含むサンプルからほとんど夾雑物がないDNAを分離し、それが細菌の形質転換を引き起こすということを示した（現在は、肺炎球菌の多糖類莢膜の合成を触媒する酵素があり、それをコードする遺伝子が転移して形質転換が生じることがわかっている）。

エーヴリーとマクラウド、マッカーティの研究は、細菌の細胞内でDNAが遺伝物質であると立証する画期的な出来事であ

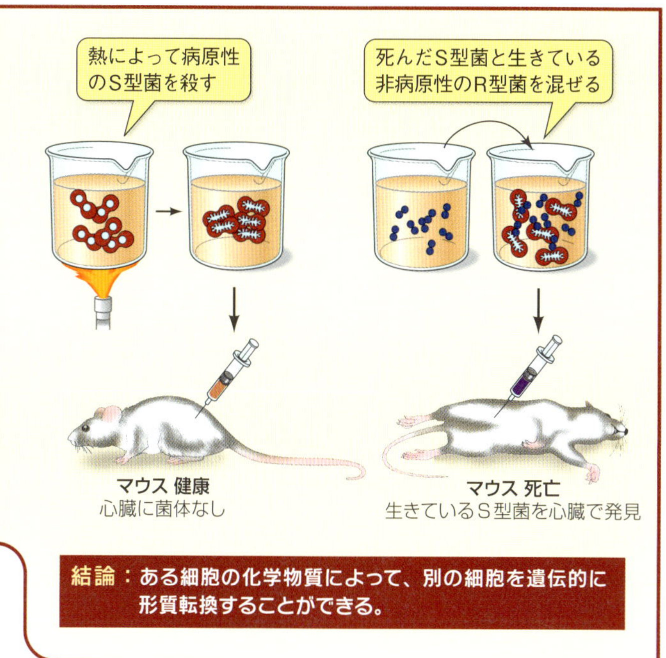

結論：ある細胞の化学物質によって、別の細胞を遺伝的に形質転換することができる。

った。しかしながら、最初に発表した1944年には、2つの理由からほとんど反響がなかった。1つは、ほとんどの科学者は「遺伝物質と言えるほどDNAは化学的に複雑ではない」と信じていたからである。特に、タンパク質の化学的複雑さからすれば到底考えられなかった。もう1つは、おそらくより重要であるが、細菌の遺伝学が新しい学術分野であり、細菌に遺伝子が存在するかさえ明確ではなかったからである。

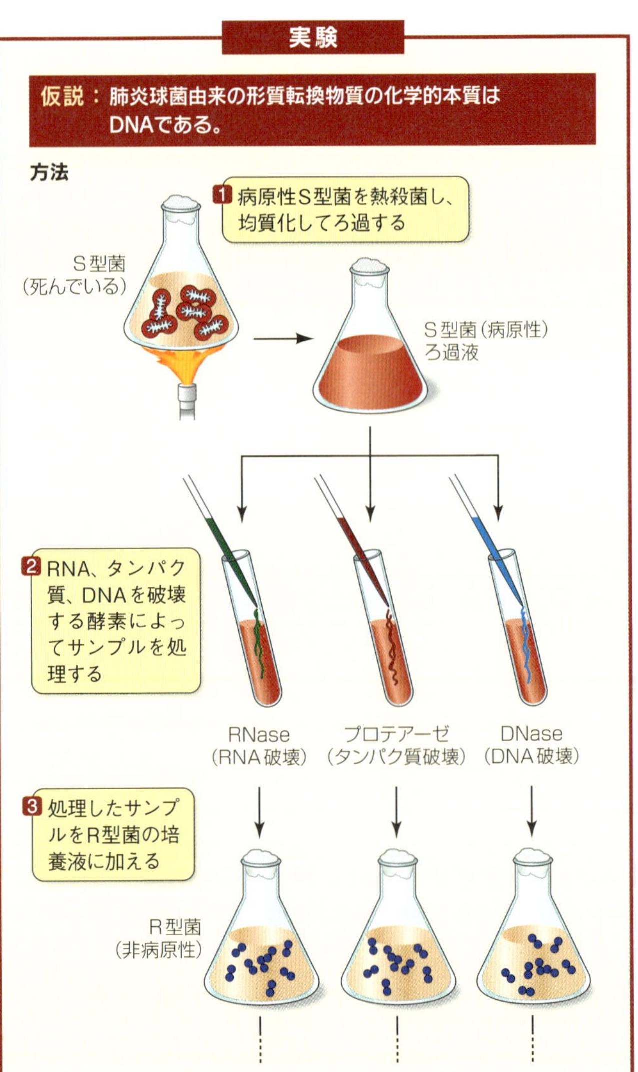
実験
仮説：肺炎球菌由来の形質転換物質の化学的本質はDNAである。
方法
1 病原性S型菌を熱殺菌し、均質化してろ過する
S型菌（死んでいる）
S型菌（病原性）ろ過液
2 RNA、タンパク質、DNAを破壊する酵素によってサンプルを処理する
RNase（RNA破壊）
プロテアーゼ（タンパク質破壊）
DNase（DNA破壊）
3 処理したサンプルをR型菌の培養液に加える
R型菌（非病原性）

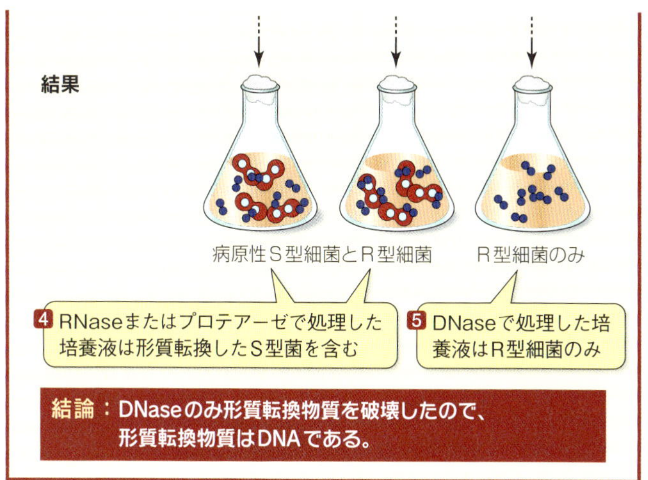

図8-4　DNAによる形質転換
エーヴリーとマクラウド、マッカーティによる実験によって、グリフィスの実験の形質転換の本体は、病原性S型肺炎球菌由来のDNAであることが示された。

ウイルス複製実験はDNAが遺伝物質であることを裏付けた

研究者たちによって細菌の遺伝子と変異が同定され、細菌に関する疑問はまもなく解決された。細菌とウイルスの遺伝過程は、ハエやエンドウと同じような経過をたどると考えられた。遺伝物質の本質を発見するため、こうした比較的単純な生物系を用いた実験法が構築された。

1952年、カーネギー遺伝学研究所のアルフレッド・ハーシー（Alfred Hershey）とマーサ・チェイス（Martha Chase）が、1944年のエーヴリーの論文よりはるかに大きくて即時に影響を及ぼすことになった論文を発表した。ハーシーとチェイスによる実験は、DNAやタンパク質が遺伝物質なのかどうか決定することを追究するもので、細菌（大腸菌）に感染するウイルスを用いて行われた。T2バクテリオファージと呼ばれるこのウイルスは、タンパク質外套（がいとう）に包まれたDNAから成る（**図8-5**）。このウイルスは、当時の遺伝物質の最有力候補である２つの物質（タンパク質とDNA）で作られていた。

T2バクテリオファージが大腸菌を攻撃するとき、ウイルスの一部（すべてではない）が大腸菌の細胞内に侵入する。約20分後、細胞が破裂し、たくさんのウイルスが放出される。明らかにウイルスが何らかの形で大腸菌内において複製されている。ハーシーとチェイスは、ウイルスの何らかの成分の侵入が宿主である大腸菌の細胞の遺伝プログラムに影響を及ぼし、その細胞をバクテリオファージ工場に変えていると推論した。彼らは、ウイルスのタンパク質かDNAか、どちらの成分が大腸菌の細胞に侵入するのかを決定しようと試みた。ウイルスの生活環を通して２つの成分を追跡するために、ハーシーとチェイスは各成分を特定の放射性同位体で標識した。

- タンパク質は、DNA中には存在しない成分である硫黄を含む（アミノ酸のシステインとメチオニンに含まれる）。硫黄には、放射性同位体^{35}Sがある。ハーシーとチェイスは^{35}Sを含む細菌培地でT2バクテリオファージを培養したので、生じるウイルスのタンパク質は放射性同位体で標識されている。
- DNAの“骨格”となるデオキシリボースリン酸は、ほとんどのタンパク質中には存在しないリンを豊富に含む。リンもまた、放射性同位体^{32}Pがある。ハーシーとチェイスは^{32}Pを含む細菌培地で別のT2バクテリオファージを培養したので、ウイルスのDNAは^{32}Pで標識されている。

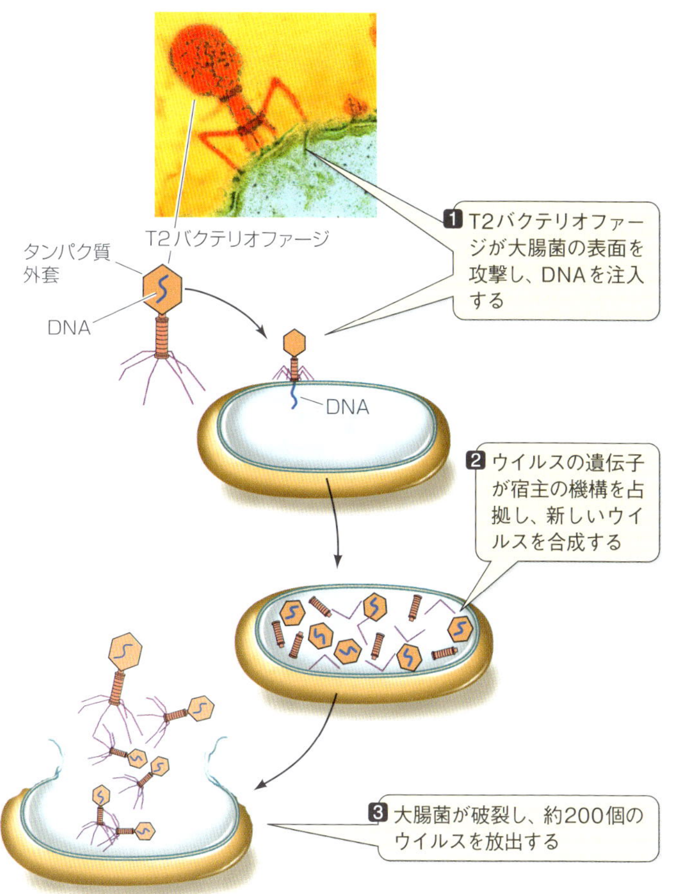

図8-5　T2バクテリオファージの複製周期
T2バクテリオファージは大腸菌に寄生し、新しいウイルス産生を菌体に依存する。T2バクテリオファージの表面構造はそのほとんどがタンパク質からなり、そのDNAは宿主である大腸菌に注入される。

図8-6　ハーシーとチェイスの実験
この古典的な実験は、タンパク質ではなくDNAが遺伝物質であることを実証した。放射性同位体で標識されたT2バクテリオファージが大腸菌に感染すると、標識されたDNAのみ大腸菌内に見つかり、標識されたタンパク質はウイルス内に残っていた。

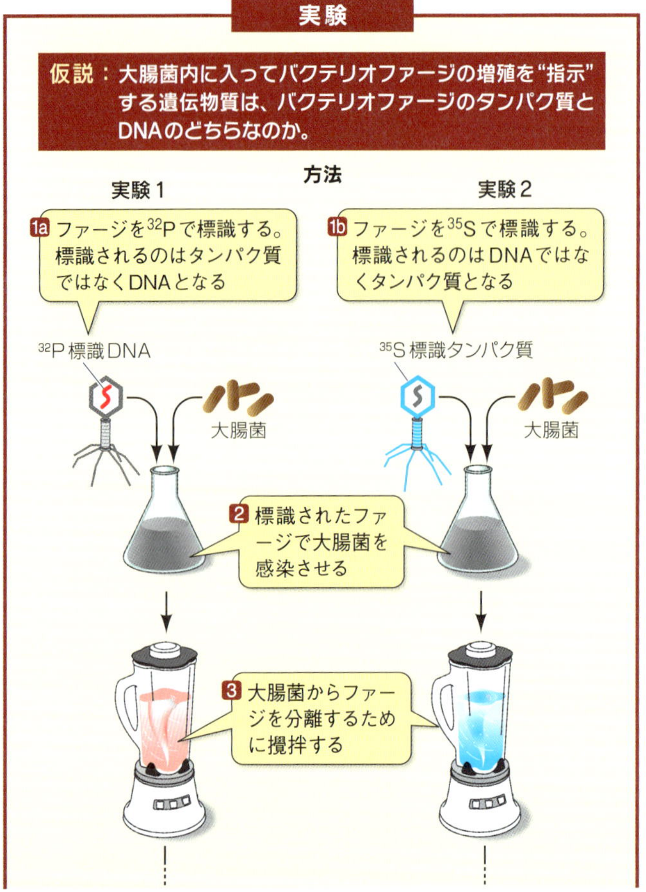

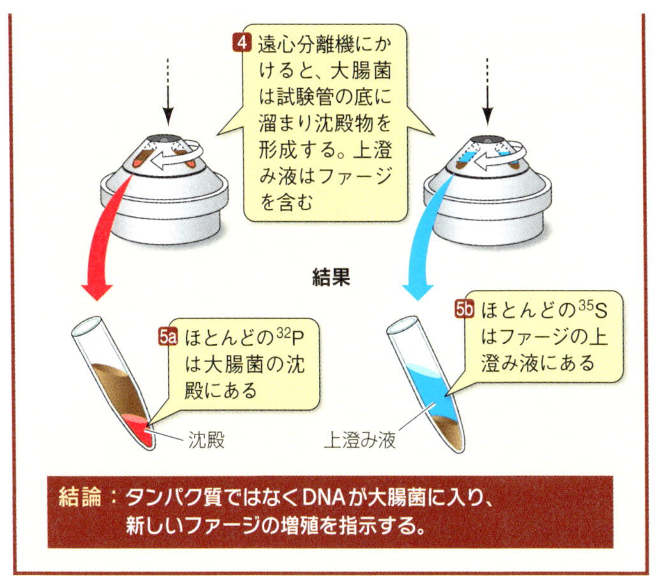

放射性同位体で標識したバクテリオファージを使用して、ハーシーとチェイスは意味深い実験を行った（**図8-6**）。一方では^{32}Pで標識したバクテリオファージを大腸菌に感染させ、他方では^{35}Sで標識したバクテリオファージを大腸菌に感染させた。数分後、彼らは感染した大腸菌の混合物をそれぞれ調理用ミキサーで勢いよく攪拌した。これによって（大腸菌を破砕することなく）大腸菌に侵入していなかったファージを大腸菌からひきはがした。それから、遠心分離機で大腸菌を分離した。溶液や懸濁液を遠心分離機を使って高速で回転すると、溶質や粒子は分離し、その密度にしたがって勾配（分離した層）をつくる。軽いファージ（大腸菌に侵入していなかった群）は上澄みに回収され、一方、重い大腸菌の細胞は容器の下にできる

「沈殿物」として分離された。ハーシーとチェイスは^{35}S（ファージのタンパク質）のほとんどが上澄みに含まれ、^{32}P（ファージのDNA）のほとんどが大腸菌内に留まっていることを発見した。この結果から、大腸菌内に移動したのはDNAであり、それゆえにDNAが大腸菌細胞の遺伝プログラムを変更することができる化合物である、と示唆された。

ハーシーとチェイスは同じような実験系であるが、ウイルスの子孫（子）世代を回収する、より長い期間の実験を行った。その結果、子孫のウイルスは元の^{35}Sをほとんど含んでおらず、親由来のタンパク質を有していなかった。しかしながら、元の^{32}Pの約３分の１（恐らく元のDNAの３分の１）を含んでいた。ウイルスにおいてタンパク質ではなくDNAが次世代に受け継がれたことから、論理的な結論はウイルスの遺伝情報はDNAの中に含まれているということであった。

真核細胞もDNAによって遺伝的に形質転換できる

DNAが細菌とウイルスにおける遺伝物質であるという証拠が発表されると、複雑な真核生物においてもDNAが同様に遺伝物質になりうるかどうかという疑問が生じた。単純な実験がいくつか報告された。例えば、白色のアヒルに茶色のアヒルから採取したDNAを注射したら茶色に変わるとか、また、簡単な作業を学習させたプラナリアのDNAを別のプラナリアに食べさせることによってすぐに賢くなる、といったことが報告されたのである。しかし、これらの結果は誰も追試できず、疑わしいものだった。DNAのような巨大分子が丸ごと個体の細胞内に入るのは不可能※だし、経口で投与しても消化管で分解されてしまうだろう。

※**訳注**：細胞がDNAを取り込む効率は低い。細胞の形質転換を行うには、DNAを細胞外に加えるだけでなく、細胞膜を脆弱にするなどの処理を必要とする。ウイルスの場合は感染することによって宿主細胞内でDNAを効率よく機能させせることができる。

とはいえ、DNAによる真核細胞の遺伝的な形質転換（**トランスフェクション**、または**遺伝子導入**という）は実証可能なのだが、その鍵となるのは**マーカー遺伝子**の使用である。マーカー遺伝子とは、宿主細胞に存在するとその細胞に観察可能な表現型をもたらす遺伝子のことである。肺炎球菌による実験の場合（**図8-3**参照）、観察可能な表現型は、滑らかな表面の多糖類莢膜と病原性であった。真核生物を用いる実験では、形質転換した細胞だけが増殖できるようなマーカー遺伝子として、栄養要求性遺伝子や薬物耐性遺伝子が使われる。例えば、チミジンキナーゼはチミジンを活用するのに必要な酵素であるが、このチミジンキナーゼをコードする遺伝子がないと哺乳類細胞は成長できない。ところが、この遺伝子を欠く哺乳類細胞の培地にマーカー遺伝子（チミジンキナーゼ遺伝子）を含んだDNAを加えると、細胞が成長する。こうして、遺伝子によるトランスフェクションが立証される（**図8-7**）。このような方法によって、いかなる細胞も（卵細胞でさえも）トランスフェクションが可能となる。この場合、まったく新しく遺伝的に形質転換された個体が生じ得る。このような個体は「トランスジェニック生物」（または遺伝子導入生物、形質転換生物）と呼ばれる。真核生物における形質転換は、DNAが遺伝物質であるという決定的な証拠である。

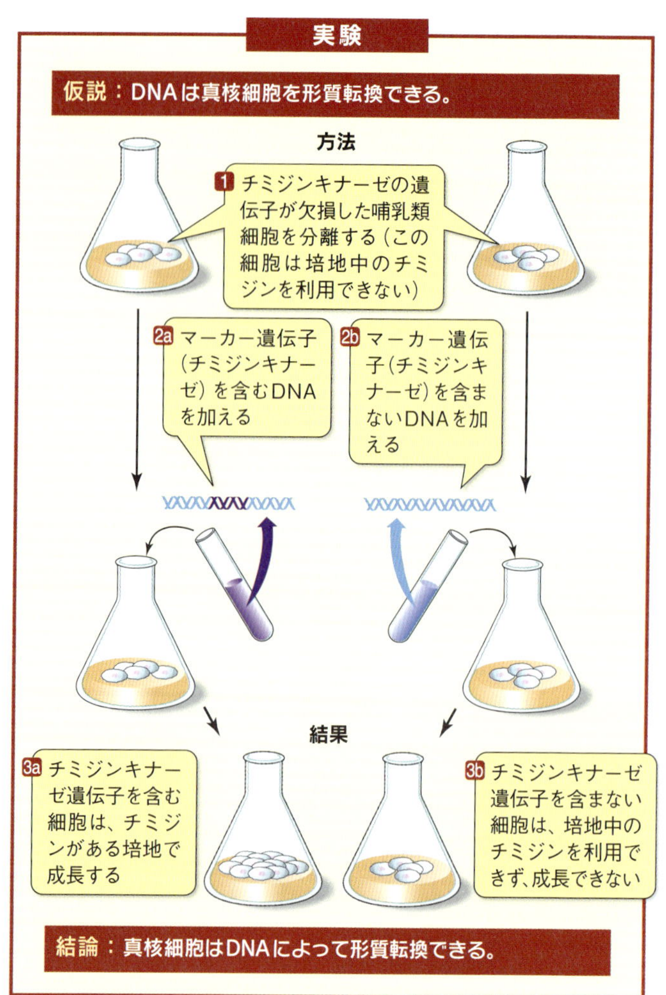

図8-7　真核細胞におけるトランスフェクション
マーカー遺伝子を用いることで、哺乳類細胞もDNAによって遺伝的に形質転換できることが実証された。

8.2 DNAの構造

科学者は、遺伝物質がDNAであると確信するようになるとすぐに、正確な三次元化学構造を突き止めようとし始めた。DNAの構造を決定する際、科学者は、2つの疑問の答えが見つかることを望んでいた。DNAは核が分裂するあいだにどのように複製されるのか？　また、DNAは特異的なタンパク質の合成をどのように指示するのか？　科学者たちはやがて、両方の疑問を解き明かした。

多くの種類の実験証拠と理論的考察が一緒になって初めて、DNAの構造は解読された。重要な証拠はX線結晶学によって得られた。分離・精製した化学物質は結晶構造をとる。結晶化した物質の原子配置は、X線が物質を透過する回折像から推論できる（**図8-8A**）。DNAを解明する試みは、1950年代初頭、イギリス人化学者ロザリンド・フランクリン（Rosalind Franklin、**図8-8B**）による結晶学的解析なしでは不可能であっただろう。そしてフランクリンの仕事は、イギリス人生物物理学者モーリス・ウィルキンズ（Maurice Wilkins）の成果に基づいていた。ウィルキンズは非常に規則正しく並ぶ繊維状のDNAを含んだサンプルを調製した。これらのDNAは以前のものよりはるかに優れた回折像を得ることができ、フランクリンによる結晶解析は、らせん状の分子を示唆した。

DNAの化学組成は知られていた

DNAの化学的な組成も構造を知る重要な手がかりになる。生化学者は、DNAがヌクレオチド（詳しくは8.3節参照）の重合体であることを知っていた。DNAを構成する各ヌクレオチドは、デオキシリボース糖、リン酸基、窒素を含む塩基から成る物質である。DNAにある4つのヌクレオチドの唯一の違いはそれらの窒素含有塩基にある。その塩基とは、プリンが**アデニン（A）**と**グアニン（G）**で、ピリミジンが**シトシン（C）**と**チミン（T）**である。

(A)

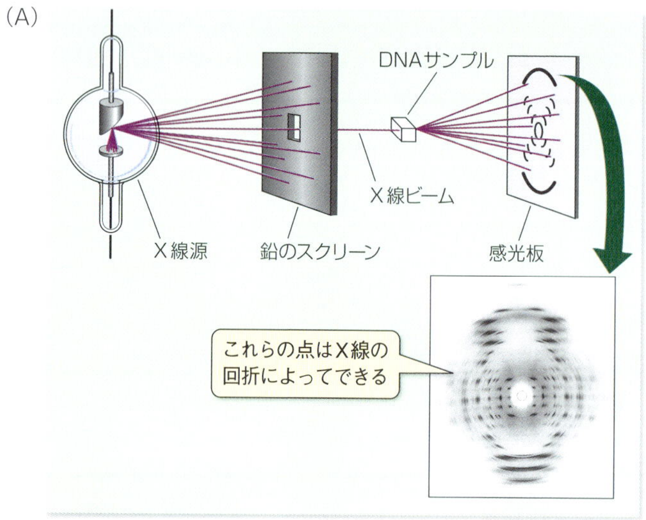

(B)

図8-8　X線結晶学がDNAの構造解明に一役買った
（A）結晶化した物質の原子配置はX線が物質を透過する回折像から推論できる。DNAの像は高度に均一で規則的であった。
（B）ロザリンド・フランクリンによる結晶学は、科学者がDNA分子のらせん状の構造を視覚化する手助けとなった。

1950年に、コロンビア大学のエルヴィン・シャルガフ（Erwin Chargaff）は、非常に重要ないくつかの見解を報告した。彼と彼の同僚は、DNA——さまざまな生物種のDNAと、1つの個体の中のさまざまな箇所のDNA——にはある規則性があることを発見した。ほとんどすべてのDNAでは、以下の法則が成立する。アデニンの量はチミンの量と等しく（A = T）、グアニンの量はシトシンの量と等しい（G = C）（**図8-9**）。その結果、全プリン量（A + G）と全ピリミジン量（T + C）は等しい。現在ではシャルガフの経験則として知られているこの発見なしにDNAの構造は解決できなかったはずだが、その重要性は少なくとも3年間、見落とされることになった。

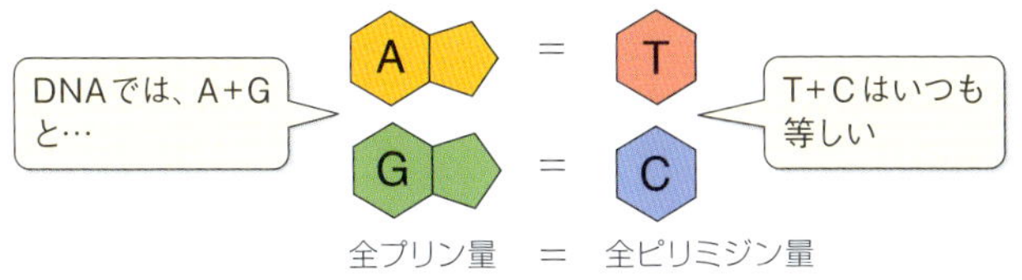

図8-9　シャルガフの経験則
DNAでは、プリンの全量とピリミジンの全量が等しい。

ワトソンとクリックが二重らせんを説明した

DNA構造の謎の解明は、構造モデルの製作によって加速された。それは、既知の相対的な分子配置や結合角を用いて、可能性のある分子構造を三次元的に表現することである。元々はアメリカ人生化学者ライナス・ポーリング（Linus Pauling）の構造研究で開発された技術であるが、イギリス人物理学者フランシス・クリック（Francis Crick）とアメリカ人遺伝学者ジェームズ・D・ワトソン（James D. Watson）がこれを応用した（**図8-10A**）。当時、2人はケンブリッジ大学のキャヴェンディッシュ研究所で研究していた。

ワトソンとクリックは、それまでに得られていたDNA構造についてのすべての知識を、1つの説得力ある構造モデルに結集させようとしていた。結晶構造解析の結果（**図8-8**参照）から、DNA分子が**らせん状**（円柱の渦巻き状）であると、ワトソンとクリックは確信した。X線解析の結果と以前のモデル構築は、分子内に2本のポリヌクレオチド鎖があることを示唆していた。モデル化の研究からは、DNA中の2つの鎖が反対方向に走っているという結論も出されていた。すなわち、**逆平行**である（**図8-10B**）。

1952年、アメリカ人生化学者ライナス・ポーリングも、DNAの分子構造を明らかにする研究をしていた。彼は、イギリスの研究者らによる結晶解析を見せてもらえるように、ロンドンでの学会に参加しようとしていた。しかしながら、アメリカ国務省は朝鮮戦争に対するポーリングの姿勢を理由に彼のパスポートを取り消した。

1953年2月下旬、クリックとワトソンはブリキでDNAの全体構造の模型を作った。この構造はDNAの知られていた化学

(A)

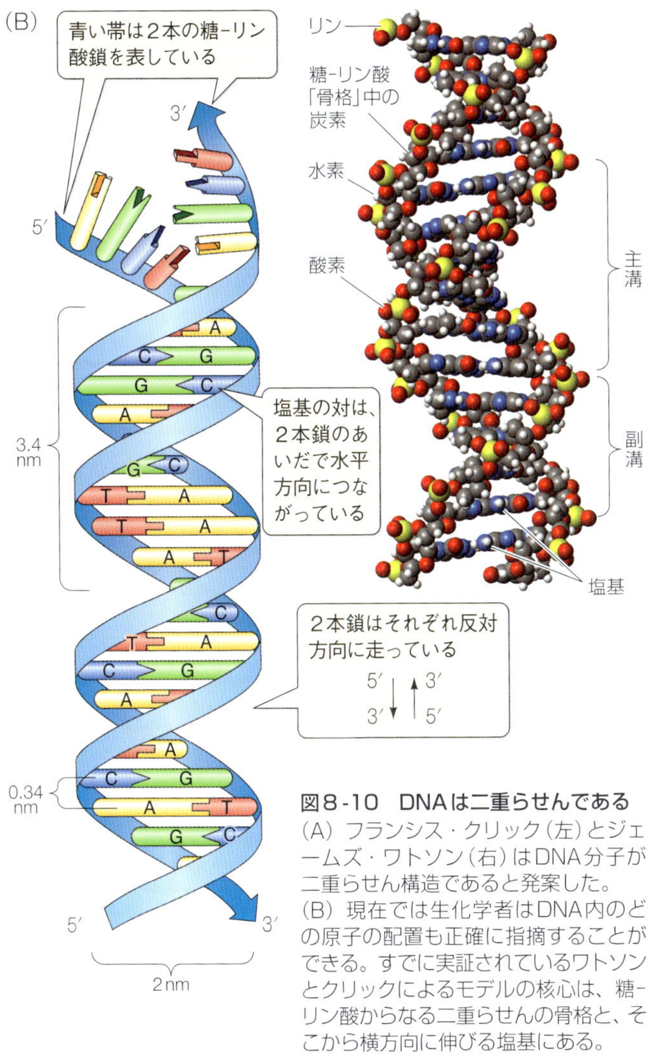

図8-10　DNAは二重らせんである
(A) フランシス・クリック(左)とジェームズ・ワトソン(右)はDNA分子が二重らせん構造であると発案した。
(B) 現在では生化学者はDNA内のどの原子の配置も正確に指摘することができる。すでに実証されているワトソンとクリックによるモデルの核心は、糖-リン酸からなる二重らせんの骨格と、そこから横方向に伸びる塩基にある。

的な性質すべてを説明し、DNAが持つ生物学的機能を理解するための扉を開いた。その後、最初に発表された構造に微修正はあったが、その主な特徴は変わっていない。

DNA構造の4つの重要な特徴

DNA分子の分子構造には4つの特徴がある。

- 均一な直径の二重らせんである。
- 右回りである［右手を親指（らせんの軸）を上向きに突き出して握った構造である（握った指が糖-リン酸「骨格」に相当する）］。
- 逆平行である（2本鎖が反対方向に走っている）。
- 窒素含有の塩基の外縁が主溝と副溝で露出している。

らせん　ポリヌクレオチド鎖の糖-リン酸「骨格」がらせんの外側にあり、窒素含有の塩基は中央を向いている。2本の鎖は特定の塩基対同士の水素結合によって結合している（**図8-11**）。

- 2つの水素結合を形成することによってアデニン（A）とチミン（T）が対になる。
- 3つの水素結合を形成することによってグアニン（G）とシトシン（C）が対になる。

いかなる塩基対も、1つのプリン（AまたはG）と1つのピリミジン（TまたはC）からなる。この組み合わせは**相補的塩基対合**として知られている。

ATとGCの組み合わせは長さが等しいため、2本鎖のあいだの一定の距離にぴったりと納まり（梯子の横木のように）、らせんの直径も一定である。塩基対は水平で、分子の中央での積み重ねは疎水性相互作用によって安定しており、二重らせんの全体的な安定性に寄与している。

逆平行鎖　２本のDNA鎖が逆平行であることは何を意味するのか？　それぞれの鎖の方向は、骨格を構成するリン酸基と糖が交互に並ぶ結合を調べることによってわかる。**図8-11**にある五炭糖であるデオキシリボース分子をよく見てみると、ダッシュ記号（′）が付いた数字は、糖における炭素原子の位置を示している。DNAの糖-リン酸骨格において、リン酸基はデオキシリボース分子の3′位の炭素に結合し、次に糖の5′位の炭素に結合して、糖を連続的に繋いでいる。

こうして、ポリヌクレオチド鎖の２本の端は異なったものになる。鎖の一方の端はヌクレオチドに結合せず遊離した5′位のリン酸基（$-OPO_3^-$）で、この端を5′末端と呼ぶ。もう１つの端は3′位の水酸基（−OH）で、この端を3′末端と呼ぶ。DNAの２本鎖らせんにおいて、１本鎖の5′末端はもう一方の鎖の3′末端と対になっていて、逆もまた同様である。言い換えれば、5′末端から3′末端に向かうそれぞれの鎖を矢として描くなら、矢は逆の方向を指している。

溝における塩基の露出　**図8-10B**を見返して、らせんの中には主溝と副溝が見られることに注意してみよう。水素結合した塩基対はこの溝によって外縁が露出するので、さらに起こり得る水素結合に利用できる。**図8-11**に見られるように、２つの水素結合が塩基対ATを繋げ、３つの水素結合が塩基対GCを繋げている。水素結合はTのC＝O基とAの「N」基でも存在し得る。塩基対GCにおいても付加的な水素結合の可能性がある。これにより、塩基対ATが形成する分子面とGCの分子面は微妙に異なっている。その結果、タンパク質などの他の分子

図8-11
DNA中の塩基対合は相補的である
プリン（AとG）とピリミジン（TとC）はそれぞれ対になり、梯子（糖-リン酸骨格）の横木に似た等しいサイズの塩基対合を形成する。梯子はねじれて二重らせん構造になる。

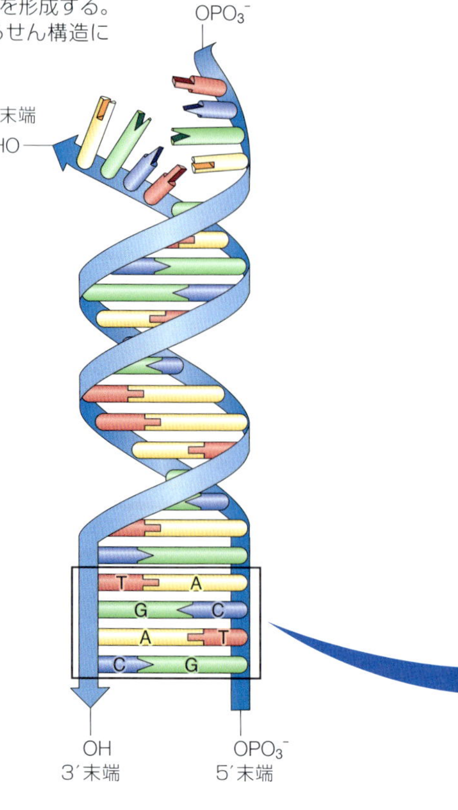

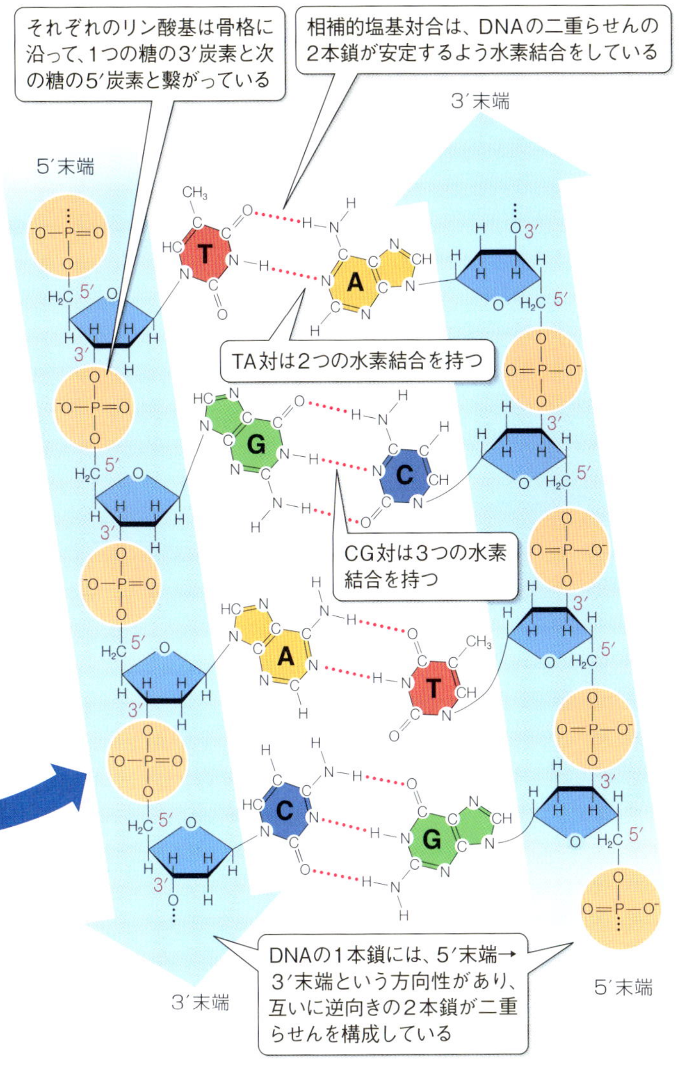
それぞれのリン酸基は骨格に沿って、1つの糖の3′炭素と次の糖の5′炭素と繋がっている
相補的塩基対合は、DNAの二重らせんの2本鎖が安定するよう水素結合をしている
3′末端
5′末端
TA対は2つの水素結合を持つ
CG対は3つの水素結合を持つ
DNAの1本鎖には、5′末端→3′末端という方向性があり、互いに逆向きの2本鎖が二重らせんを構成している
3′末端
5′末端

はDNAの塩基配列を特異的に認識することができ、ある塩基配列の領域のみに結合することが可能となる。DNA複製やDNAの遺伝情報の発現において、主溝と副溝における塩基対の露出は、タンパク質とDNAの相互作用の鍵となっている。

二重らせん構造はDNAの機能に不可欠である

遺伝物質は4つの重要な機能を担う。そして、ワトソンとクリックによって提案されたDNA構造は、それらのうち3つと見事に合致した。

- **遺伝物質は個体の遺伝情報を保存する**　数百万のヌクレオチドによって、DNA分子の塩基配列は莫大な量の情報をコード化して保存でき、種差や個体差を説明できる。DNAはこの役割にとても適している。
- **遺伝物質は変異、つまりコード化している情報の恒久的変化の影響を受けやすい**　DNAの場合、塩基対配列の簡単な変化でも変異となる可能性がある。
- **遺伝物質は細胞分裂の周期中に正確に複製される**　AとT、GとCという相補的な塩基対合によって、複製は実行できる。1953年に雑誌『ネイチャー』に掲載された研究結果の最初の発表の中で、ワトソンとクリックは「我々が仮定した特異的な塩基対合は、遺伝物質の複製メカニズムを示唆していることに、すぐに気がついた」と遠慮がちに指摘している。
- **遺伝物質は表現型として表される**　この機能はDNAの構造からは明白でない。しかしながら、次章で見るように、DNAのヌクレオチド配列がRNAにコピーされると、RNAは次にアミノ酸配列、すなわちタンパク質に変換される。タンパク質の折り畳み構造は個体の表現型の多くをもたらす。

8.3 DNAはどのように複製されるのか？

いったんDNAの構造が理解できると、DNAの複製方法を明らかにすることが可能となった。この見事な過程と、それを解明した実験について詳しく見てみよう。

ワトソンとクリックが推測したDNAの複製機構はすぐに確認された。最初に、1本鎖のDNAが基質と酵素を混ぜただけの試験管内で複製されることが実験によって示された。次に非常に有名な実験によって、二重らせんの2本鎖それぞれが新しいDNAの鋳型として働くことが示された。

DNA複製には3つの方法があり得た

DNA分子がそれ自身の複製に必要な情報を含んでいるという予測は、当時セントルイスのワシントン大学のアーサー・コーンバーグ（Arthur Kornberg）の研究によって確認された。彼は、以下の3つの物質を入れた試験管内で親DNAと同じ組成のDNAが合成できることを示した。

- 基質であるデオキシリボヌクレオシド三リン酸のdATP、dCTP、dGTP、dTTP
- **DNAポリメラーゼ**酵素
- 生じるヌクレオチドを誘導するために**鋳型**としての役目をするDNA

糖に塩基が結合したのがヌクレオシドである。デオキシリボヌクレオシド三リン酸は、ヌクレオシドにリン酸基が3個結合したもので、4種類（上記のdATP、dCTP、dGTP、dTTP）存在する（訳注：ヌクレオシドにリン酸基が結合した物質がヌクレオチドである）。

次の問題は3つの可能な複製モデルのうちどれが正しいかということであった。

- 半保存的複製では、親鎖が新しい鎖のための鋳型となり、2つの新しいDNA分子は古い鎖と新しい鎖を1本ずつ持つ（**図8-12A**）。
- 保存的複製では、元の二重らせんは鋳型となるものの、新しい鎖には含まれない（**図8-12B**）。
- 分散的複製では、元のDNA分子の断片が新しい2個の分子の組み立てのための鋳型となり、おそらく無作為に古い部分と新しい部分が含まれる（**図8-12C**）。

ワトソンとクリックの最初の論文では、DNA複製は半保存的であると示唆しているが、コーンバーグの実験ではこれらの3つのモデルの中のどれが正しいのか結論できなかった。

メセルソンとスタールはDNA複製が半保存的であることを示した

マシュー・メセルソン（Matthew Meselson）とフランクリン・スタール（Franklin Stahl）の研究によって、DNAに見られた複製の形式が**半保存的複製**であると科学界は確信した。カリフォルニア工科大学における研究で、メセルソンとスタールは元の親DNA鎖と新しく複製されたDNA鎖を区別する簡単な方法を考え出した。それは密度標識である。

彼らの実験の鍵となったのは、窒素の「重い」同位体であった。重窒素（^{15}N）は、一般的な同位体^{14}Nを含む化学的に同一な分子よりも密度が大きく、まれな非放射性同位体である。メセルソン、スタール、およびジェローム・ヴィノグラード（Jerome Vinograd）は何世代にもわたって大腸菌を2種類培

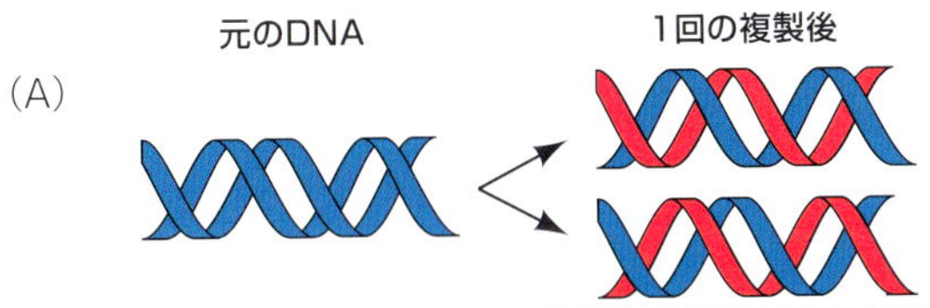

半保存的複製では古いDNAと新しいDNAの両者を持つ分子が作られるが、それぞれの分子は元のままの古い鎖1本と完全に新しい鎖1本の両者を含むだろう

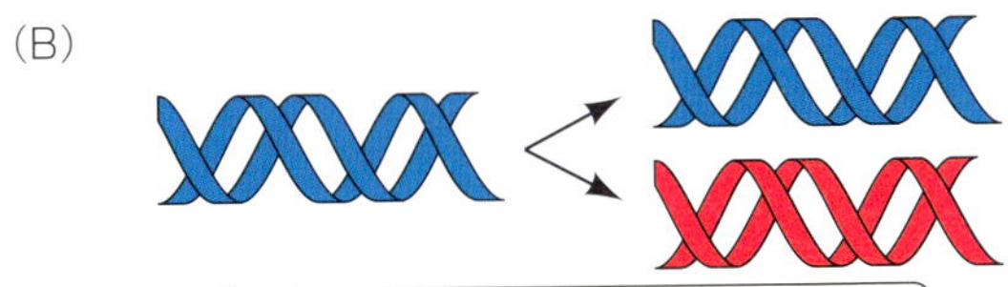

保存的複製では元のままの分子が保存され、完全に新しい分子が合成されるだろう

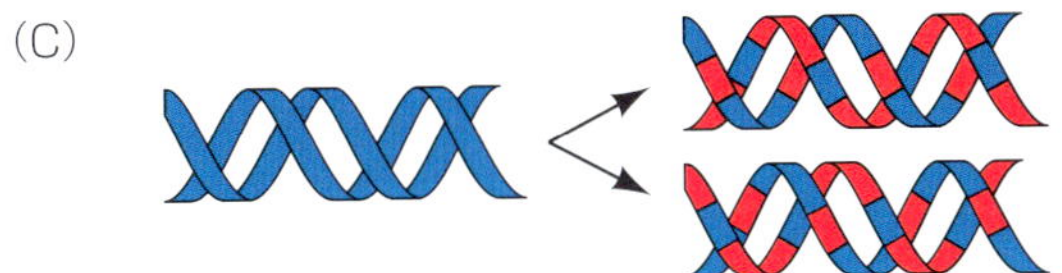

分散的複製では古いDNAと新しいDNAがそれぞれの鎖に散らばった2つの分子が合成されるだろう

図8-12　DNA複製の3つのモデル
それぞれのモデルにおいて、元のDNAは青で、新しく合成されたDNAは赤で描かれている。

養した。

- 一方の大腸菌群は^{14}Nの代わりに^{15}Nで作られた窒素源（塩化アンモニウム、NH_4Cl）の培地で培養した。その結果、大腸菌のすべてのDNAは「重かった」。

- 別の大腸菌群は^{14}Nを含む培地で培養した。大腸菌のすべてのDNAは「軽かった」。

２つの大腸菌群からの抽出物を混ぜて遠心分離すると、２本の異なるDNAのバンド（遠心管の特定の場所に密度の同じ物質が帯状に集まったもの）が見られた。これで、この方法がわずかに異なった密度のDNAサンプルを区別できたことが示された。

次に、３人は^{15}N培地で培養した大腸菌を通常の^{14}N培地に移し、培養し続けた（**図8-13**）。この条件下では、大腸菌は細胞分裂し、20分ごとにDNAを複製する。メセルソンとスタールは分裂ごとに大腸菌を回収して、サンプルからDNAを抽出した。彼らは、密度勾配がそれぞれのバクテリアの世代において異なっていることを発見した。

- ^{14}N培地に移した時点では、DNAは^{15}Nで一様に標識されていて、これは高密度のものであった。
- ^{14}N培地で１世代経過してDNAが１度複製されたとき、すべてのDNAは中間密度のものであった。
- ２世代後では、同程度の２本のDNAのバンドが見られた。低密度のものと中間密度のものであった。
- 数世代経ったサンプルでは、低密度のDNAの割合は着実に増加した。

この実験の結果は、半保存的なDNA複製のモデルによってのみ説明がつく。^{14}N培地における最初のDNA複製で二重らせん鎖が分離したが、２本の鎖は両方とも^{15}Nを含むため重かった。そしていずれも新たな鎖の鋳型となった。新たな２本目の鎖は^{14}Nしか含まれないため密度は小さかった。そのため、できた二重らせん鎖はいずれも１本の^{15}N鎖と１本の^{14}N鎖からなっていて、中間の密度だった。２回目の複製では^{14}Nを含んだ鎖は^{14}Nを持つ相手と２本鎖を形成するため、低密度のDNAを生んだ。そして^{15}N鎖は新たな^{14}Nを含む鎖と２本鎖を形成した（**図8-12**参照）。

半保存的複製を実証する重大な実験結果は、中間密度のDNA（^{15}N－^{14}Nからなる）が、第１世代を含めたすべての世代で出現したことである。その他の複製モデルでは、このような実験結果を説明することはできない（**図8-12**参照）。

- 保存的複製では、第１世代は高密度DNA（^{15}N－^{15}N）と低密度DNA（^{14}N－^{14}N）のみが出現し、中間密度DNAはあり得ない。
- 分散的複製では、新しいDNAの密度は親のDNAの密度の半分だろうが、この密度のDNAは次世代に現れ続けることはない。

メセルソンとスタールの実験は、科学者たちが素晴らしさを評価する研究の中でも「ピカイチ」であった。まず３つの仮説――DNA複製の３つのモデル――を立て、それを判別できるような実験をデザインし、そして半保存的複製モデルが正しいことを証明したのだった。

私たちは皆、両親からの２本鎖DNA分子１組を有する１つの受精卵として人生を始めた。半保存的複製を考えると、私たちはまだ元の親鎖を持っているのか？　そうかもしれない証拠がいくつかある。有糸分裂のあいだ、成人の体の幹細胞は「古い」鎖を含むDNAを優先的に保持する。初期発生でも同様のメカニズムが働いているかもしれない。

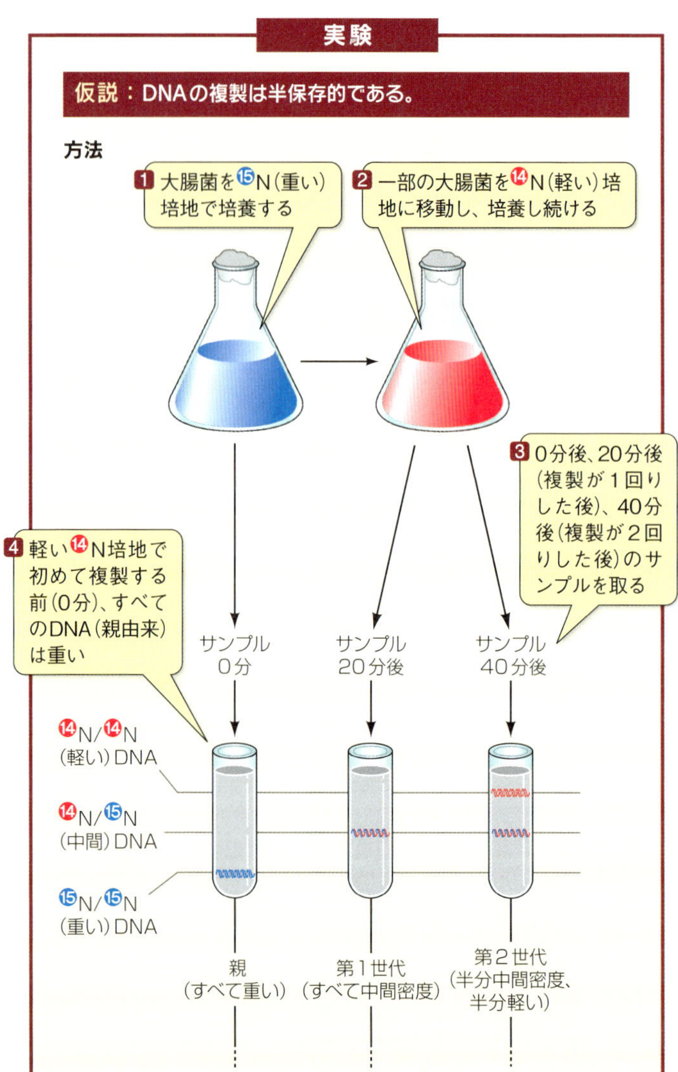
実験
仮説：DNAの複製は半保存的である。
方法
1 大腸菌を⑮N（重い）培地で培養する
2 一部の大腸菌を⑭N（軽い）培地に移動し、培養し続ける
3 0分後、20分後（複製が1回りした後）、40分後（複製が2回りした後）のサンプルを取る
4 軽い⑭N培地で初めて複製する前（0分）、すべてのDNA（親由来）は重い
サンプル0分
サンプル20分後
サンプル40分後
⑭N/⑭N（軽い）DNA
⑭N/⑮N（中間）DNA
⑮N/⑮N（重い）DNA
親（すべて重い）
第1世代（すべて中間密度）
第2世代（半分中間密度、半分軽い）

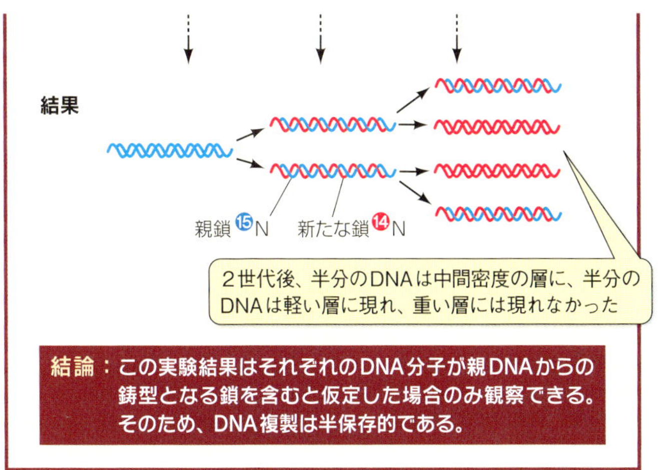

図8-13　メセルソンとスタールの実験
遠心分離機は異なる密度の同位体で標識されたDNA分子を分離するために使われた。この実験でDNA複製の半保存的モデルが支持された。
発展研究：もしこの実験を2世代以上続けた場合（メセルソンとスタールは実際にしている）、4代目のDNAの低い密度と中間密度の組成はどのようなものか？

DNA複製には2つの段階がある

細胞における半保存的DNA複製には、多くのさまざまな酵素やタンパク質がかかわる。以下の2つの段階で行われる。

- DNA二重らせんがほどけて、2本の鋳型の鎖が切り離され、新たな塩基対合が可能になる。
- 鋳型となるDNA鎖の塩基に対して相補的な塩基対を持つヌクレオチドが、ホスホジエステル結合によって伸長鎖に連結される。

観察でわかった鍵となるポイントは、ヌクレオチドが新しい伸長鎖の3′末端に付加されることである。DNAは末端のデオキシリボースの3′位の炭素に遊離している水酸基（-OH）を持っている（**図8-14**）。デオキシリボヌクレオシド三リン酸

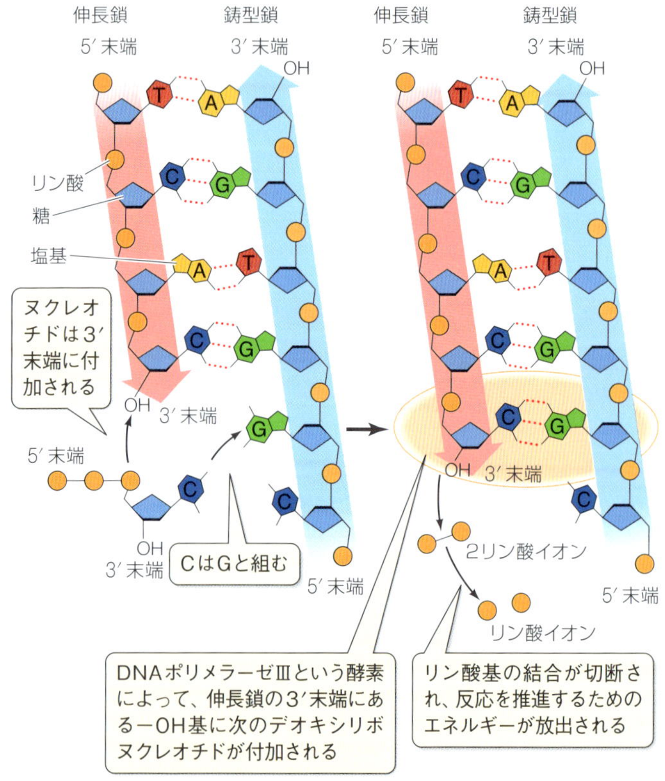

図8-14　それぞれの新しいDNA鎖は5′末端から3′末端へ伸長する
右側のDNA鎖（青）は、左側の伸長している相補鎖（ピンク）の合成の鋳型である。

中の３個のリン酸基の１個が、デオキシリボース糖の3′位に結合する。残りの２個のリン酸基をヌクレオチドに繋ぎとめている結合が切断されると、反応のためのエネルギーが放出される。

DNAは複製複合体を通り抜ける

DNAの複製は、**複製複合体**と呼ばれる巨大なタンパク質複合体（伸長反応を行う酵素を含む）と、鋳型となるDNA鎖との相互作用によって行われる。複製複合体は関連する反応を触媒する。すべての染色体は、複製複合体が最初に結合する**複製起点（*ori*）**と呼ばれる塩基配列を少なくとも１個持っている。前述したように、この最初の結合は、タンパク質によるさまざまなヌクレオチド塩基の認識に基づく。DNAは複製起点から両方向へ複製され、２つの**複製フォーク**（２本鎖が分離して複製が行われている部位）が形成される。親分子の分離した鎖は両方とも同時に鋳型として働き、新しい鎖の形成は相補的塩基対合によって導かれる。

最近まで、DNA複製は、線路（DNA）に沿って走る機関車（複製複合体）として描かれていた（**図8-15A**）。現在の見解からいうと、この描写は正しくないようだ。逆に、複製複合体は核構造に結合していて、動かないように見える。動くのはDNAであり、基本的に１本鎖として通り抜け、２本鎖となって出てくる（**図8-15B**）。すべての複製複合体は、DNA複製において異なる役割を果たすいくつかのタンパク質を有している。複製の過程を調べながら、これらのタンパク質について見ていく。

複製起点での最初の出来事は、DNAの巻き戻し（解きほぐし）である。２本鎖をしっかりと結びつけるために、塩基の水素結合や疎水性相互作用といったいくつかの力が働いている。

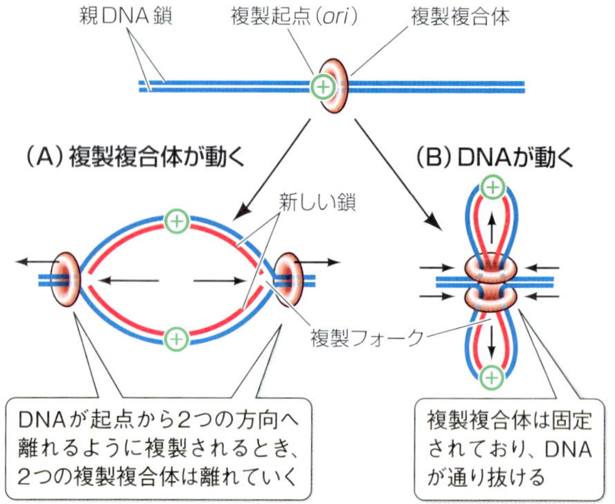

図8-15　DNA複製の2つの見解
(A) かつては、鉄道線路に沿って動く機関車のように複製複合体がDNAに沿って動くとされた。(B) 最近の研究では動かない複製複合体の中をDNAが通り抜けることが示唆されている。

DNAヘリカーゼと呼ばれる酵素は、ATP加水分解からのエネルギーを利用してDNAを巻き戻す（DNAの二重らせんが1本鎖に分離する）。また、**1本鎖結合タンパク質**と呼ばれる特別なタンパク質は、解けた1本鎖が二重らせんに再会合しないように1本鎖に結合する。これにより、鋳型の鎖は2本とも相補的塩基対合に利用できるようになる。

小さい環状染色体は1個の起点から複製される　細菌の100万～400万塩基対のDNAのような小さい環状染色体は、1個の複製起点を持っている。DNAが複製複合体を通り抜けて動くと、通り抜ける円のあたりで複製フォークの進行が進む（**図8-16A**）。連結した2つの環状DNAが形成されると、**DNAトポイソメラーゼ**と呼ばれる酵素によって切り離される。

DNAポリメラーゼの反応は非常に速い。大腸菌の場合、複製は1秒間に1000塩基の速さで、細菌の470万塩基対を複製するための時間は20〜40分ほどである。ヒトのDNAポリメラーゼの反応は遅く（1秒あたり50塩基）、またヒトの染色体ははるかに大きい（約8000万塩基対）。この場合、1時間で成し遂げるには、数多くの複製フォークとDNAポリメラーゼが必要となる。

大きい直鎖状染色体には多くの複製起点がある　ヒトの染色体のように大きい直鎖状の染色体では、何百もの複製起点がある。直鎖状の染色体に沿って互いに隣り合った複製起点は、複製複合体によって同時に固定され、一斉に複製される。つまり、真核生物のDNAには複製フォークが多くある（**図8-16B**）。

DNAポリメラーゼは伸長している鎖にヌクレオチドを付加する

DNAポリメラーゼは、基質であるデオキシリボヌクレオシド三リン酸、および鋳型となるDNAよりはるかに大きい（**図8-17A**）。細菌の酵素-基質-鋳型複合体の分子モデルは、酵素は開いた右手の形で、掌と親指、その他の指があるように見える（**図8-17B**）。掌は酵素の活性部位で基質と鋳型が接合する。指の部分はDNAを握りしめるような形で、4種のヌクレオチド塩基のそれぞれの形を認識できる。

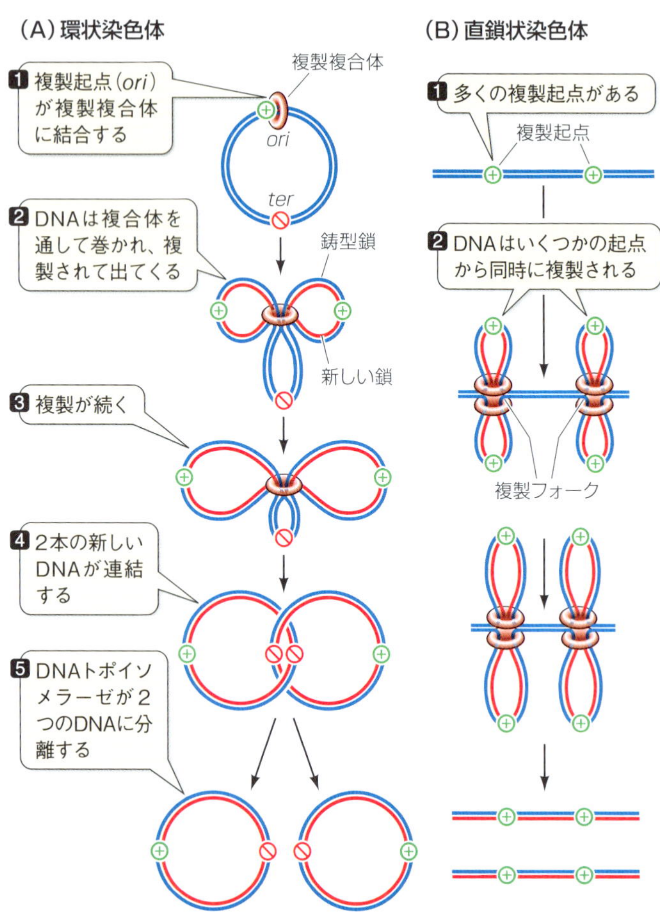

図8-16　小さな環状染色体における複製と大きな直鎖状染色体における複製

(A) 小さな環状染色体は複製に関する起点（*ori*）と終点（*ter*）を1つずつ持つ。(B) 大きい直鎖状の染色体は多くの複製起点を持つ。

(A)

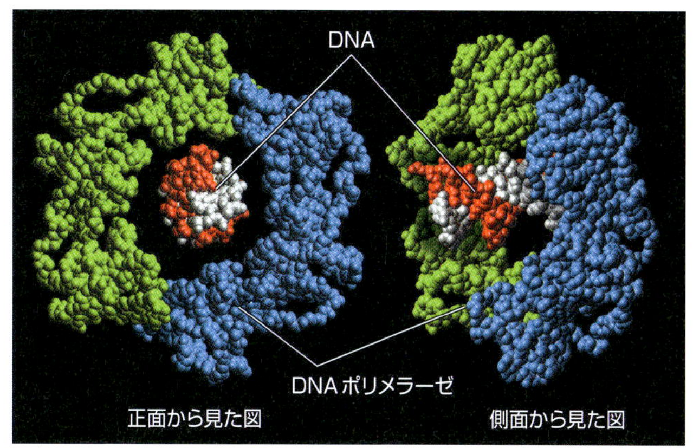

(B)

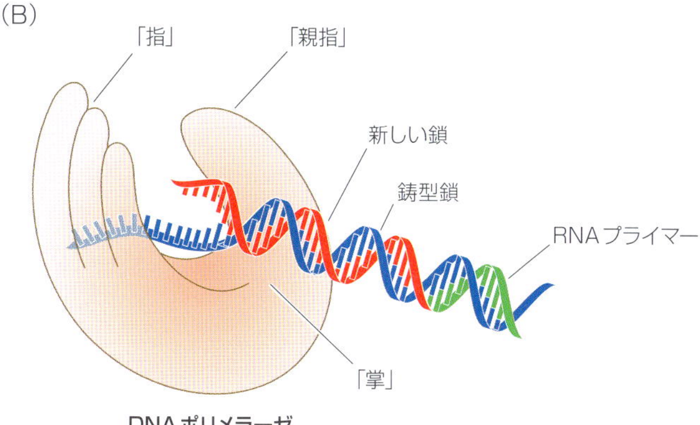

図8-17　DNAポリメラーゼは鋳型鎖に結合する
(A) DNAポリメラーゼ酵素（緑と青）はDNA分子（赤と白）よりも大きい。(B) DNAポリメラーゼは手のような形で、上側面から見た図では、「指」はDNAを握りしめているように見える。これらの「指」は、4種のヌクレオチド塩基の形状を識別できる。

プライマーなしではDNA複製は始まらない　DNAポリメラーゼは、新しいヌクレオチドを以前から存在する鎖に共有結合させることによってポリヌクレオチド鎖を伸長するが、ゼロから鎖をつくり始めることはできない。したがって、**プライマー**と呼ばれる「スターター」鎖が必要である。DNA複製において、プライマーは短い1本鎖のRNAである（**図8-18**）。鋳型DNA鎖に対して相補的であるこのRNA鎖は、**プライマーゼ**と呼ばれる酵素によってヌクレオチドが1個ずつ付加されることによって合成される。それから、DNAポリメラーゼがプライマーの3′末端にヌクレオチドを加えていき、DNAのその部分の複製が完了するまで伸長を続ける。その後、RNAプライマーは分解されてその部位にDNAが挿入され、生じたDNA断片は別の酵素の反応によって連結される。DNA複製が完了すると、いずれの新しい鎖もDNAだけから成る。

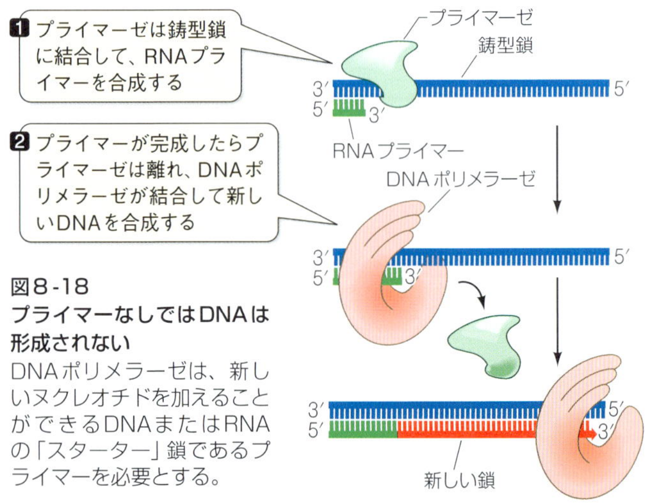

図8-18
プライマーなしではDNAは形成されない
DNAポリメラーゼは、新しいヌクレオチドを加えることができるDNAまたはRNAの「スターター」鎖であるプライマーを必要とする。

細胞はいくつかの異なるDNAポリメラーゼを含む　ほとんどの細胞は数種類のDNAポリメラーゼを持つが、それらの1個だけが染色体のDNA複製を担っている。その他のものは、プライマー除去とDNA修復に関わっている。ヒトでは、14個のDNAポリメラーゼが同定されており、ほとんどの複製を触媒するのはDNAポリメラーゼδ（デルタ）である。大腸菌では、5個のDNAポリメラーゼがあり、そのうち複製に関わるものはDNAポリメラーゼⅢである。さまざまなその他のタンパク質は、複製におけるそれぞれの役割がある。その一部を**図8-19**に示した。

2本のDNA鎖の伸長は異なる　**図8-19**が示すように、複製フォークではDNAはチャックのように一方向へ開く。**図8-20**を見て、短期間で何が起きているのかを想像してみよう。

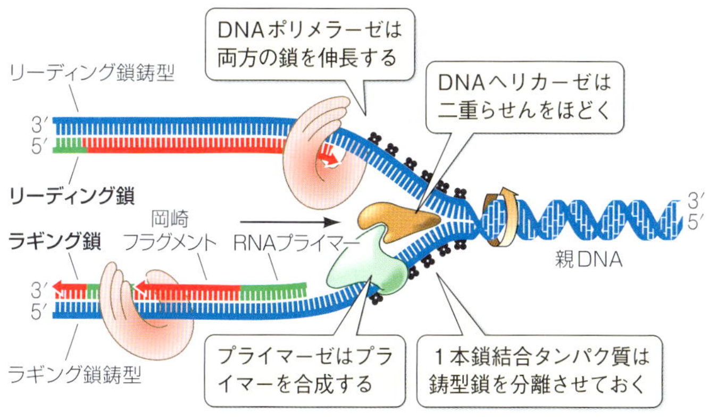

図8-19　多くのタンパク質が複製複合体の中で協調している
DNAポリメラーゼに加えてさまざまなタンパク質がDNA複製に関与している。ここに描かれているDNAポリメラーゼ2分子は、実際には同じ複合体の一部分である。

忘れてならないのは、２本のDNA鎖が逆平行であること、つまり鎖の3′末端は一方の5′末端と対になっていることである。

- １本の新しく複製している鎖（**リーディング鎖**）は、フォークが開くにつれて、3′末端で連続して伸長するために「正しい」方向を向いている。
- もう１本の複製鎖（**ラギング鎖**）は「間違った」方向を向いている。フォークがさらに開くとき、露出している3′末端はフォークからますます離れていき、そして複製されないギャップが生じてしまう。もし、この問題を克服する特別な仕組みがなければ、ギャップはますます大きくなっていく。

ラギング鎖の合成には比較的小さな断片が複製されていく必要がある（真核細胞では一度に100から200個のヌクレオチドで、原核細胞では一度に1000から2000個である）。これらの断片は、リーディング鎖の場合と同じように、新しい鎖の3′末端に新しいヌクレオチドが１度に１個ずつ付加されることによって合成される。しかし、この新しい鎖の合成方向は複製フォークが動いているのとは反対の方向である。ラギング鎖の新しいDNAにおけるこれらの断片は、発見者である日本人の生化学者、岡崎令治にちなんで、**岡崎フラグメント**と呼ばれる。リーディング鎖は連続して「前方」へ伸長するのに対し、ラギング鎖は短い断片がギャップを作りながら「後方」へ伸長する。

リーディング鎖の合成は１個のプライマーで十分であるが、岡崎フラグメントはそれぞれがプライマーを必要とする。細菌では、前の岡崎フラグメントのプライマーに到達するまで、DNAポリメラーゼⅢがヌクレオチドをプライマーに付加して岡崎フラグメントを合成する。この時点で、DNAポリメラーゼⅠ（アーサー・コーンバーグによって発見された）が古いプ

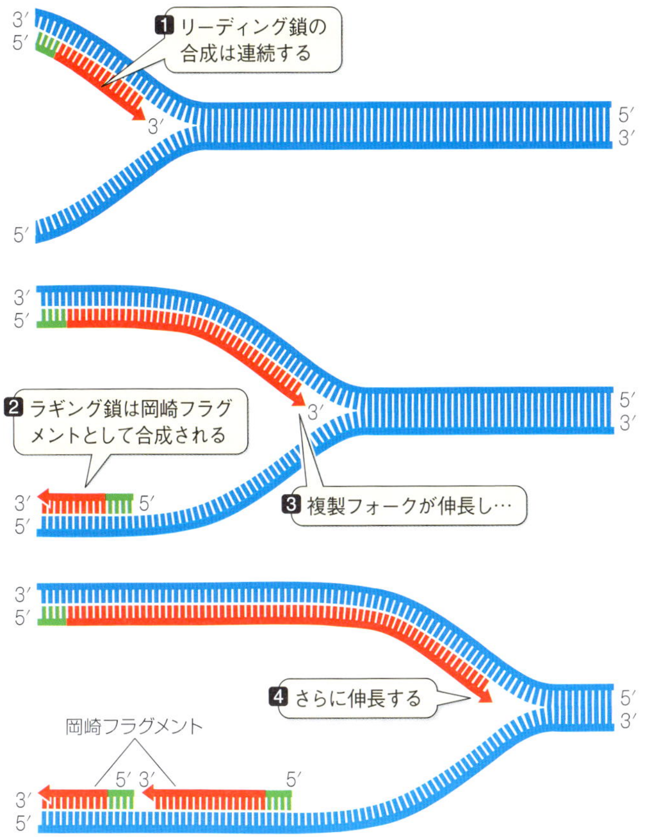

図8-20　２本の新しい鎖は異なる方法で形成される
親DNAがほどかれると、それぞれの鋳型鎖は逆平行ではあるが、新しい2本の鎖はともに5′から3′の方向へ合成される。リーディング鎖は連続して前方へ伸長するが、ラギング鎖は岡崎フラグメントと呼ばれる短い不連続な断片で伸長する。真核生物の岡崎フラグメントは数百個のヌクレオチドの長さがあり、それぞれのあいだにはギャップがある。

ライマーを取り除き、DNAに置き換える。後には小さな切れ目（隣接した岡崎フラグメントとのあいだで最後のホスホジエステル結合がない状態）が残される。酵素**DNAリガーゼ**はこの結合の形成を触媒し、断片を連結して完全なラギング鎖にする（**図8-21**）。

DNAヘリカーゼ、２個のDNAポリメラーゼ、プライマーゼ、DNAリガーゼ、また複製複合体のその他のタンパク質が一緒に機能して、想像を絶する速さと正確さでDNA合成という仕事が行われる。大腸菌では、複製複合体は１秒あたり1000塩基対を超える速さで新しいDNAを作り、間違いは100万塩基の中で１塩基未満である。

スライディングDNAクランプによってDNAポリメラーゼは連続移動する　DNAポリメラーゼはどのようにしてそれほど速く機能するのか？　酵素が化学反応を触媒することは第１巻3.4節で説明した。

基質が酵素に結合する →
１つの生成物が形成される →
酵素が離れる → 反応サイクルを繰り返す

ヌクレオチドの一つ一つをDNAに付加するサイクルを完了させるような反応が、それほど速いとは想像しがたい。実際は、DNAポリメラーゼは**プロセッシブ（連続移動的）**で、すなわち、DNAポリメラーゼがDNA分子と結合するごとに、数多くの重合を触媒するのである。

多数の基質が１つの酵素に結合する →
多くの生成物が形成される →
酵素が離れる → 反応サイクルを繰り返す

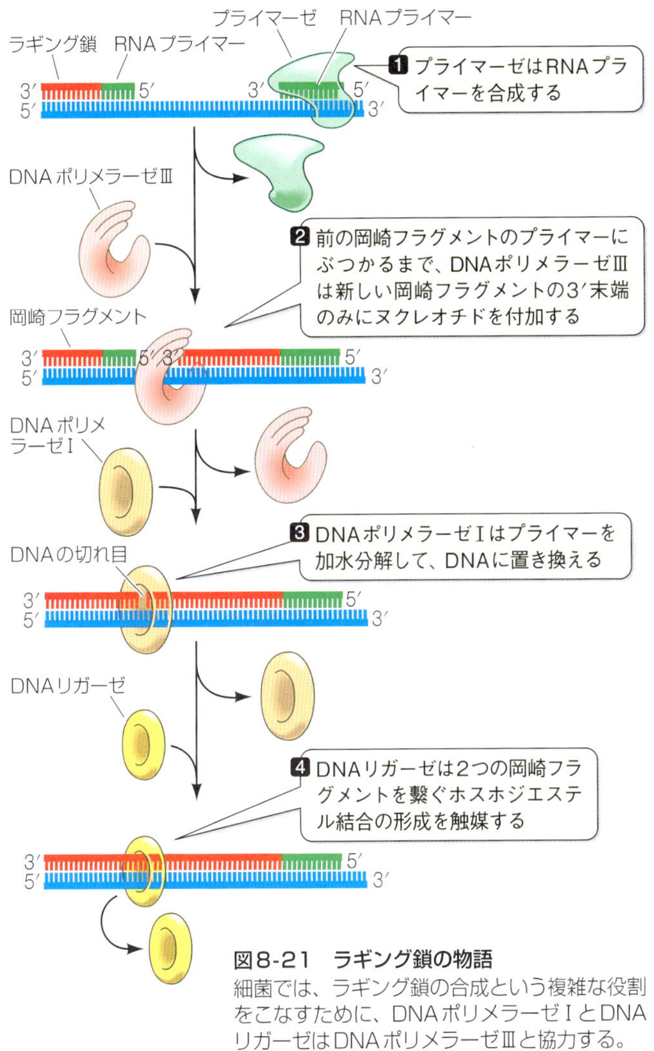

図8-21　ラギング鎖の物語

細菌では、ラギング鎖の合成という複雑な役割をこなすために、DNAポリメラーゼⅠとDNAリガーゼはDNAポリメラーゼⅢと協力する。

複製途中のDNA鎖とDNAポリメラーゼは**スライディングDNAクランプ**によって安定化される（**図8-22**）。このタンパク質は複数の相同なサブユニットが集合して、ドーナツ状の複合体を形成している。ドーナツの「穴」の部分は２本鎖DNAがちょうど通る大きさである。ドーナツとDNA鎖のあいだには水からなる層が存在していて「滑り」を良くしている。スライディングDNAクランプはDNAポリメラーゼの直後に位置し、複製途中のDNA鎖とDNAポリメラーゼをしっかりと結合させる。クランプがないとDNAポリメラーゼは20～100塩

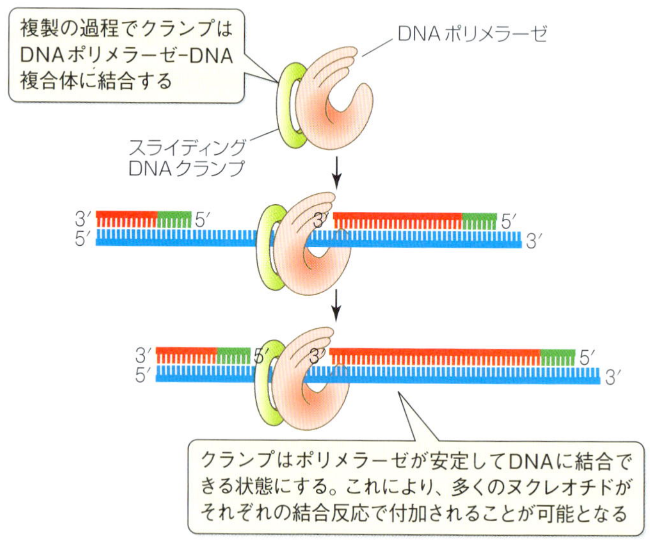

図8-22　スライディングDNAクランプはDNA伸長の効率を上げる
クランプがDNAポリメラーゼをDNAに結合させておくことによって、酵素が鋳型鎖に結合するたびに数千のヌクレオチドを重合させることができる。

基を重合させたぐらいでDNAから分離してしまう。クランプのおかげで、DNAポリメラーゼは5万塩基ほど重合させることができるのである。

テロメアは完全に複製されるというわけではない

ここまで見てきたように、ラギング鎖の複製はRNAプライマーに岡崎フラグメントが付加されることによって起こる。末端のRNAプライマーが取り除かれたとき、伸長するためのDNA3′末端がない（つまり、相補的DNA鎖がない）ので、RNAプライマーに置き換わるべきDNAが合成できない。こうしてDNA複製によって形成された新しい染色体はそれぞれの末端に短い1本鎖DNAを持つことになる（**図8-23A**）。この状況によって、1本鎖の部分が完全な2本鎖の一部と一緒に切断されるメカニズムが活性化される。こうして、染色体は細胞分裂のたびにわずかに短くなっていく。

多くの真核生物には、染色体の末端に**テロメア**と呼ばれる反復配列がある。ヒトの場合、テロメア配列はTTAGGGで、この配列が約2500回繰り返されている。これらの反復配列は染色体の末端の安定性を維持する特別なタンパク質と結合する。それぞれのヒト染色体は、DNA複製と細胞分裂の周期を終えるごとに、テロメアDNA50～200塩基対を失う場合がある。20～30代分裂すると、染色体は細胞分裂ができなくなり、そして死を迎える。

この現象によって、細胞の寿命が個体より短いことをある程度は説明できる。テロメアが失われてしまうからである。けれども、骨髄幹細胞や生殖細胞のように絶えず分裂している細胞は、テロメアDNAを維持している。**テロメラーゼ**とよばれる酵素が、失われたテロメア配列を補充する（**図8-23B**）。テ

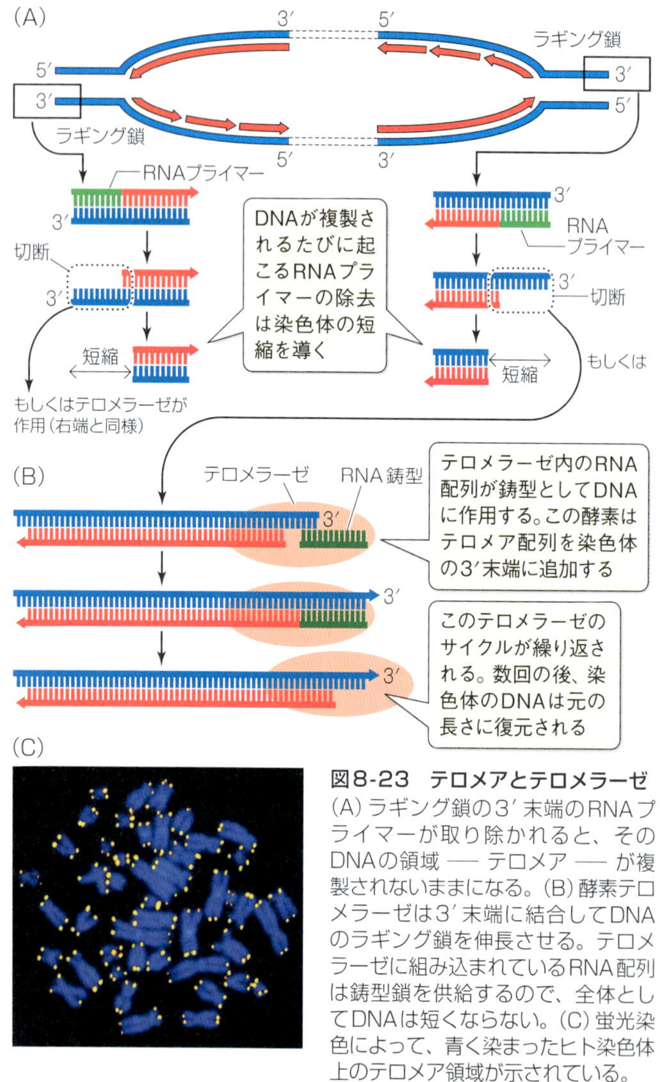

図8-23　テロメアとテロメラーゼ

(A) ラギング鎖の3′末端のRNAプライマーが取り除かれると、そのDNAの領域 ── テロメア ── が複製されないままになる。(B) 酵素テロメラーゼは3′末端に結合してDNAのラギング鎖を伸長させる。テロメラーゼに組み込まれているRNA配列は鋳型鎖を供給するので、全体としてDNAは短くならない。(C) 蛍光染色によって、青く染まったヒト染色体上のテロメア領域が示されている。

ロメラーゼは、テロメア反復配列の鋳型としての役割を持つRNA配列を含んでいる。

テロメラーゼは、90％以上のヒトの癌で発現していて、絶え間なく分裂する癌細胞の能力の重要な要因であるかもしれない。ほとんどの正常細胞はこの活性を持っていないので、テロメラーゼは特異的に腫瘍を攻撃する目的で作られる抗癌薬にとって魅力的な標的である。

テロメラーゼは、加齢との関係でも関心がもたれている。遺伝子導入によってヒト培養細胞にテロメラーゼを過剰に発現させると、テロメアは短くならない。細胞は20～30の細胞世代を経ても死なずに、不死となる。この発見が個体の加齢とどのように関係するのかはまだ不明である。

8.4 DNAの間違いはどのように修復されるのか？

DNA複製の複雑な過程は驚くほど正確であるが、完全ではない。間違いが起きた場合、何が起こるのか？

DNAは正確に複製されて、忠実に維持されている。失敗した場合の代償は大きく、遺伝情報の伝達は危機に曝され、単細胞や多細胞の個体の機能や生命さえも危機に瀕することになる。それにもかかわらず、DNAの複製は完全に正確ではなく、細胞分裂をしていない細胞のDNAは、環境因子や自然に起こる塩基の化学変化によって損傷を受けやすい。これらの脅威に直面しながらも、生命は長いあいだどのように続いてきたのか？

生命の安全管理者はDNA修復機構である。DNAポリメラーゼは最初、ポリヌクレオチド鎖伸長の際に多くの間違いをする。観察されたエラー率は、10万塩基の複製あたり1塩基だが、これはヒトの細胞が分裂するごとに約6万の変異が起きているということになる。幸いにも、我々の細胞には少なくとも3つのDNA修復機構が備わっている（**図8-24**）。

- **校正**機構は、DNAポリメラーゼが複製時に間違えたときに修復する。
- **ミスマッチ修復**機構は、DNAが複製された後すぐにスキャンして誤った塩基対合（ミスマッチ）を修復する。
- **除去修復**機構は、化学的な損傷のために生じた異常な塩基を取り除き、有効な塩基に置き換える。

伸長しているポリヌクレオチド鎖に新しいヌクレオチドを導入するときはいつでも、DNAポリメラーゼは**校正**機能を働かせている（**図8-24A**）。DNAポリメラーゼが誤った塩基対合を認識したとき、不適切に導入されたヌクレオチドを取り除き、再伸長を行う（複製複合体の他のタンパク質もまた、校正の役割を果たす）。この過程のエラー率は1万塩基対に1対程度となり、複製全体のエラー率を10億塩基あたり1塩基にまで下げる。

DNAが複製された後に、第2のタンパク質群が新しく複製された分子を調査し、校正で見逃したミスマッチの塩基対を探す（**図8-24B**）。この**ミスマッチ修復**機構が、例えば、AT対の代わりにAC塩基対を検出したとしよう。しかし、この修復機構はAC対のCを除去してTに置換すべきか、Aを除去してGに置換すべきかをどう判断するのだろうか？

ミスマッチ修復機構は、DNA鎖は複製の後、時間が経つと化学的に修飾されるので、「間違った」塩基を認識できる。原核細胞の場合だと、メチル基（$-CH_3$）がアデニンに加えられる。複製直後では、新しく複製された鎖上でメチル化はまだ起こっていないので、新しい鎖は修復すべきものとして「印がついている」(非メチル化が目印となる)。

ミスマッチ修復が失敗すると、DNA配列は変異することになる。ある種の直腸癌はミスマッチ修復の部分的な失敗が原因で起こる。

細胞周期のある過程（例えばG1期）で、DNA分子が損傷を受けることもある。高エネルギー放射線、環境からの化学物質、および無作為で自然に起こる化学反応はすべてDNAに損傷を与えることがある。**除去修復**機構はこのような種類の損傷に対処する。

いくつかの酵素は絶えず細胞のDNAを「点検」している(**図8-24C**)。ミスマッチ塩基、化学修飾された塩基、またはある鎖がもう1つの鎖よりも多く塩基を持っている（この場合、1本鎖の1個ないし複数の塩基が対になっていない輪を形成する）のを見つけた場合、こうした酵素は問題のある鎖を切除する。また別の酵素は問題になりそうな塩基を含む隣接する塩基を切り離す。そしてDNAポリメラーゼが新しい（通常正しい）塩基配列を合成し、DNAリガーゼがこれを既存の配列と繋ぎ合わせて、切除された塩基を置き換える。

色素性乾皮症として知られている状態に悩む人々は、紫外線によってもたらされる障害を正常に修復する除去修復機構を欠いている。患者らは、ほんの短時間、日光を浴びただけで皮膚癌を発症しかねない。

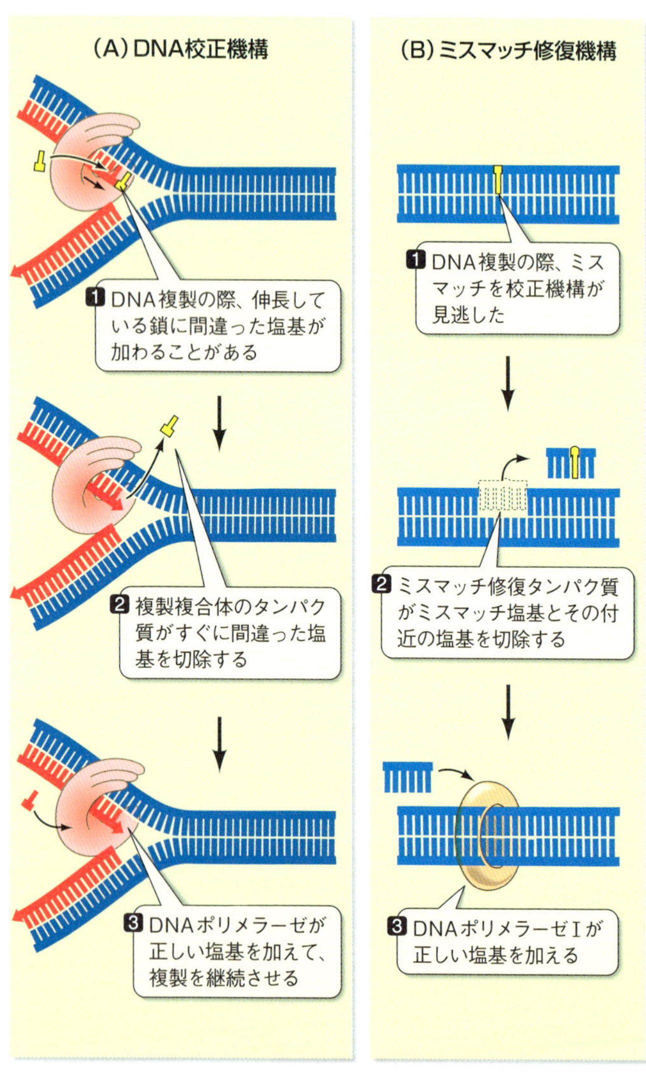
(A) DNA校正機構
1 DNA複製の際、伸長している鎖に間違った塩基が加わることがある
2 複製複合体のタンパク質がすぐに間違った塩基を切除する
3 DNAポリメラーゼが正しい塩基を加えて、複製を継続させる
(B) ミスマッチ修復機構
1 DNA複製の際、ミスマッチを校正機構が見逃した
2 ミスマッチ修復タンパク質がミスマッチ塩基とその付近の塩基を切除する
3 DNAポリメラーゼIが正しい塩基を加える

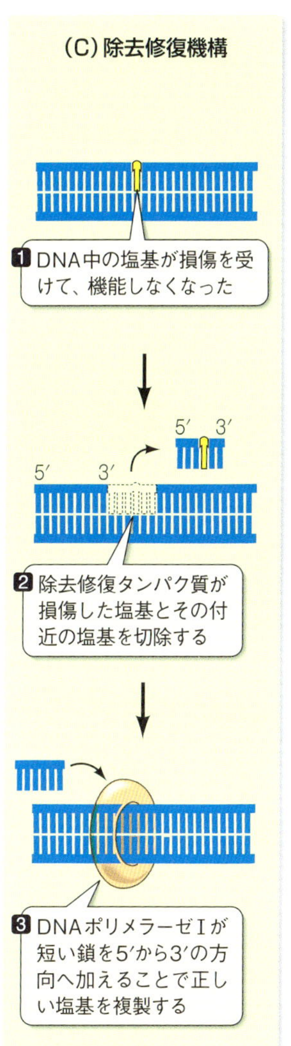

図8-24　DNA修復機構
複製複合体のタンパク質は、DNA修復機構における生命の安全管理者の役割も果たし、鋳型DNAの正確な複製と損傷が起きた際の修復を確実にするために役立っている。

8.5 DNAの構造と複製に関する知識によってどんな応用ができるのか？

DNAがどのように複製され、修復されるのかを理解することで、科学者は遺伝子を研究するための技術を発達させてきた。そのうちの２つの技術を見てみよう。

細胞内のDNA複製の根本的な原理は、遺伝子とゲノムの解析において欠かすことができない２つの実験技術を開発するために応用された。その１つが短いDNA配列の多重複製（DNA断片の試験管内増幅）であり、もう１つがDNA分子の塩基配列の決定（DNAシークエンシング）である。

ポリメラーゼ連鎖反応はDNAを増幅する

試験管内でDNAを複製できるので、DNA配列の多重複製も可能である。**ポリメラーゼ連鎖反応（PCR）法**の技術では、試験管内でDNAの短い領域を何回もコピーすることによって、多重複製の過程は基本的に自動化されている。

PCRは順序立てられた手順が何度も繰り返されるサイクル過程である（**図8-25**）。

- DNAの２本鎖断片は加熱することによって１本鎖に分離する（変性）。
- 人工的に合成された短いプライマーが、４つのデオキシリボヌクレオシド三リン酸（dATP、dGTP、dCTP、dTTP）とDNAポリメラーゼと共に標的配列を含むDNA溶液に加えられる。
- DNAポリメラーゼは相補的な新しい鎖の産生を触媒する。

DNAの量が倍になる１つのサイクルには数分かかり、２本鎖の状態の新しいDNAが残される。このサイクルを何回も繰り返すことによって、DNA配列のコピー数は指数的に増加する。PCRはDNA断片の“増産”方法なのである。

PCR法では、相補的なプライマーを人工合成するためには(たいてい15～20塩基長)、標的DNA配列のそれぞれの鎖の3′末端の塩基配列がわかっていることが必要である。DNAの独特な配列のため、個体のゲノムに存在するDNAのある1領域に結合できるのは、通常は2つのプライマーだけである。驚くほど多様な標的DNAに対するこの特異性が、PCRがもたらす威力の1つの鍵である。

PCRの最初の問題は温度条件であった。DNAを変性させるためには、90℃以上に加熱しなければならないが、この温度ではほとんどのDNAポリメラーゼは破壊されてしまう。各サイクルの変性後に新しいポリメラーゼを追加する必要があるなら、PCRの技術は実用的ではなくなる。

この問題は、「自然」が解決してくれた。イエローストーン国立公園の温泉やその他の高温の地域には、サーマス・アクアチクスという細菌が生息している。この細菌が95℃以上でも生き残る手段がトーマス・ブロック（Thomas Brock）と同僚らによって詳細に研究された。サーマス・アクアチクスは熱耐性の代謝機構を持ち、高温でも変性しないDNAポリメラーゼも持っていることが発見された。

PCRでDNAをコピーするという問題を考えていた科学者は、ブロックの基礎研究論文を読み、巧妙な考えがひらめいた。PCR法でサーマス・アクアチクスのDNAポリメラーゼを使用したらどうだろうか？　90℃の変性温度にも耐えることができ、サイクルごとに加える必要もないだろう。この考えは功を奏し、生化学者ケリー・マリス（Kary Mullis）はノーベ

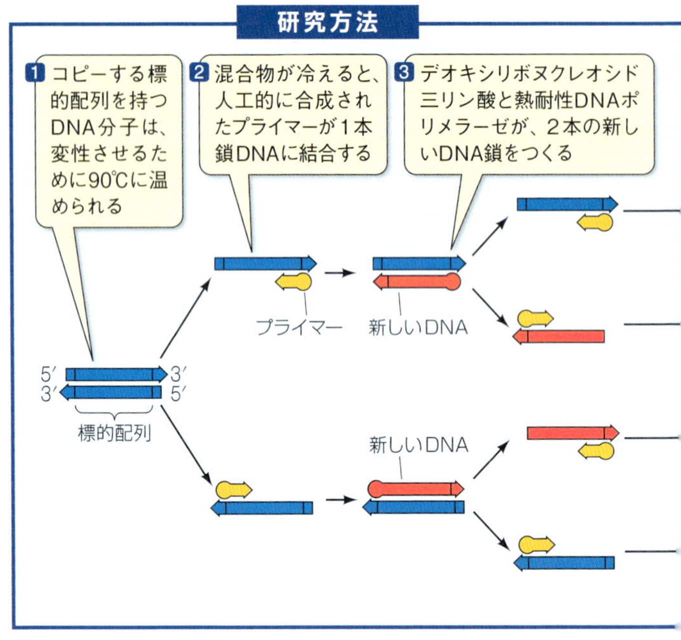

ル賞を得ることになった。PCRは遺伝子研究に多大な影響を与えた。その中でも目を見張るような応用例は、第10章から第14章（第3巻）にかけて記述する。

DNAのヌクレオチド配列は決定できる

もう1つの重要な技術は、DNA分子の塩基配列の決定法である。**DNA塩基配列決定法**（DNAシークエンシング）の技術は人工的に変化させたヌクレオシドを用いる。この章の最初の

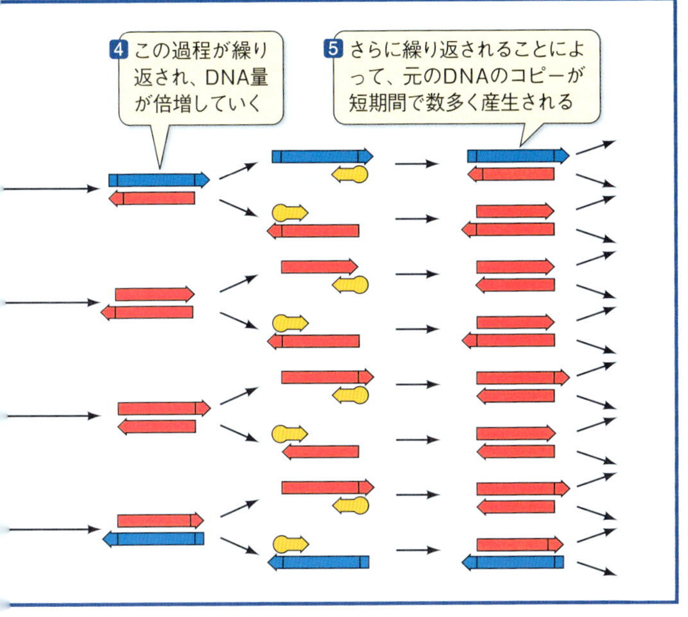

図8-25　ポリメラーゼ連鎖反応
DNA断片を増幅するために1～3のステップが何回も繰り返される。

方で見たように、DNA複製時の通常の基質であるデオキシリボヌクレオシド三リン酸（dNTP）は糖を含んでいる。この糖が2,3-ジデオキシリボースに置き換えられたジデオキシリボヌクレオシド三リン酸（ddNTP）も、DNAポリメラーゼによって伸長するポリヌクレオチド鎖に付加される。しかしながら、ddNTPは3′末端に水酸基（−OH）が欠けているので、次のヌクレオチドが加わることができない（**図8-26A**）。したがって、DNA鎖の伸長端にddNTPが組み込まれた箇所で合

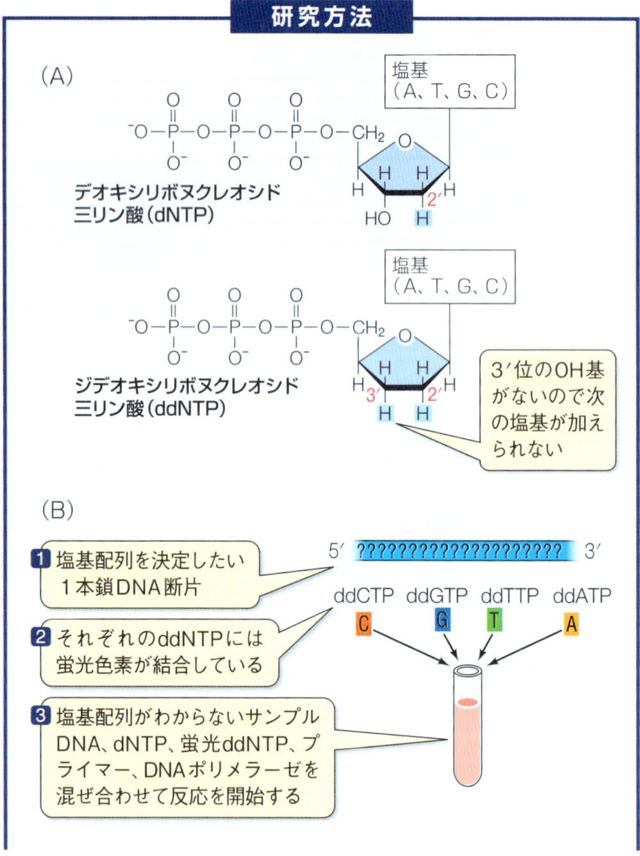

図8-26　DNA塩基配列決定法

(A) DNA複製のための正常な基質はdNTPである。ddNTPのわずかに異なる構造がDNA合成を止めさせる。

(B) 標識化されたddNTPの存在下で、配列のわからないサンプルDNAの複製をプライマーから開始すると、ddNTPが相補鎖に付加された時点で伸長が停止する。こうして、いろいろな長さの相補鎖が作られ、電気泳動によって長さ(塩基数)を解析することができる。

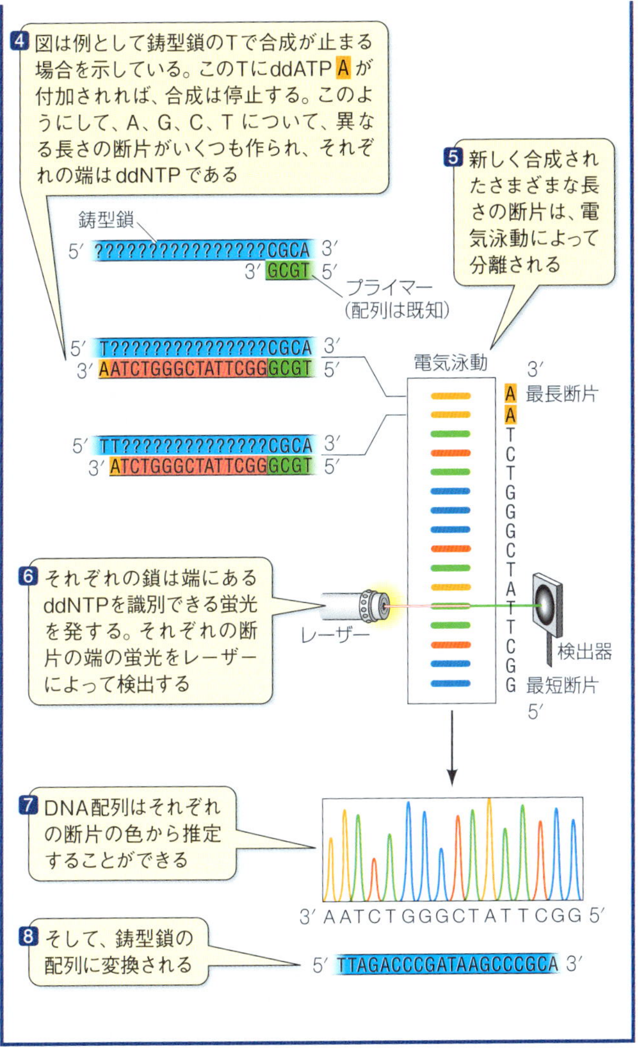
4 図は例として鋳型鎖のTで合成が止まる場合を示している。このTにddATP A が付加されれば、合成は停止する。このようにして、A、G、C、T について、異なる長さの断片がいくつも作られ、それぞれの端はddNTPである
鋳型鎖
5′ ?????????????????CGCA 3′
3′ GCGT 5′
プライマー
（配列は既知）
5′ T???????????????CGCA 3′
3′ AATCTGGGCTATTCGGGCGT 5′
5′ TT??????????????CGCA 3′
3′ ATCTGGGCTATTCGGGCGT 5′
5 新しく合成されたさまざまな長さの断片は、電気泳動によって分離される
電気泳動
3′
A 最長断片
A
T
C
T
G
G
G
C
T
A
T
T
C
G
G 最短断片
5′
6 それぞれの鎖は端にあるddNTPを識別できる蛍光を発する。それぞれの断片の端の蛍光をレーザーによって検出する
レーザー
検出器
7 DNA配列はそれぞれの断片の色から推定することができる
3′ A A T C T G G G C T A T T C G G 5′
8 そして、鋳型鎖の配列に変換される
5′ TTAGACCCGATAAGCCCGCA 3′

成が止まる。

DNAの配列の決定は以下のように行われる。まず、DNAの断片を変性させて1本鎖とする。生じた1本鎖DNAと以下の試薬を試験管内で混ぜる。

- DNAポリメラーゼ（相補鎖を合成するため）
- DNA塩基配列決定法用に人工的に合成された短いプライマー
- 4つのdNTP（dATP、dGTP、dCTP、dTTP）
- 少量の4つのddNTP（それぞれ異なる色の光を放つ蛍光の「標識」が付着している）

DNA複製が開始され、試験管には、鋳型DNA鎖より短いさまざまな長さをした新しい相補鎖ができる。新しい鎖は、それぞれの末端に蛍光ddNTPを持つ。例えば、鋳型鎖上のTの位置にDNAポリメラーゼが来たとき、伸長している相補鎖にdATPかddATPが付加される。もしdATPが付加されれば、その鎖は伸長を続けるし、もしddATPが付加されれば、その時点で伸長は止まる。

しばらくのあいだ、DNA複製が進行した後、新しいDNA断片を変性させて鋳型DNAから離して1本鎖とする。その後、この断片の電気泳動が行われる（詳しくは第3巻の**図13-4**参照）。この技術によって、DNA断片を長さによって分類することができ、1塩基分の短い断片の違いも区別できる。電気泳動の実行中は、断片は短いものから長いものの順で蛍光標識をレーザーによって識別する。得られた情報——断片の長さとその末端にある塩基——はコンピュータに送り込まれる。コンピュータはこの情報を処理し、断片のDNA配列を印字する[※1]（**図8-26B**）。DNA塩基配列決定法はゲノミクス[※2]という新しい科学分野の基礎となっている。

※1 **訳注**：ddNTPの標識は4つの塩基に対応した4種類を用いるので、合成された相補鎖の末端がどの塩基なのかを識別することができる。例えば、電気泳動によって、塩基数が100個の相補鎖がCのddNTP、101個の相補鎖がTのddNTP、102個の相補鎖がAのddNTPをそれぞれ持っていることがわかったとしよう。これは相補鎖の最後が、それぞれC、T、Aであることを意味し、合成された相補鎖の部分的な配列は5′-CTA-3′ということになる。したがって、サンプルDNAの配列は5′-TAG-3′となる（慣習的にDNAの配列は5′側からの並びを記述する）。次世代シークエンサーでは、サンプルの局所の短い配列を高速・大量にランダムに決定してから、全体の配列をコンピュータでアセンブル（構築）する手法が用いられている。

※2 **訳注**：遺伝子全体をゲノムというが、これから派生して、生体のタンパク質全体をプロテオーム、転写RNA全体をトランスクリプトームなど、ある分子種全体を「〜オーム」「〜オム」と表す。また、その分子種全体を網羅的に研究する分野を、ゲノミクス、プロテオミクス、トランスクリプトミクスなど「〜オミクス」と表す。

チェックテスト （答えは１つ）

1. グリフィスの肺炎連鎖球菌の研究に関する以下の記述のうち、正しいものはどれか？

ⓐDNAは細菌の遺伝物質であることを示した。
ⓑDNAはバクテリオファージの遺伝物質であることを示した。
ⓒ細菌の形質転換の現象を示した。
ⓓ原核生物は有性生殖すると立証した。
ⓔタンパク質は遺伝物質ではないことを示した。

2. ハーシーとチェイスの実験に関する以下の記述のうち、正しいものはどれか？

ⓐ親バクテリオファージのDNAは子孫バクテリオファージに現れた。
ⓑファージDNAの大部分は細菌に決して入らなかった。
ⓒ４分の３以上のファージタンパク質が子孫バクテリオファージに現れた。
ⓓDNAは^{35}Sでラベルされた。
ⓔDNAはバクテリオファージの被膜を形成した。

3. 相補的塩基対合に関する以下の記述のうち、正しくないものはどれか？

ⓐ相補的塩基対合はDNA複製に関与する。
ⓑDNAでは、TはAと対になる。
ⓒプリンはプリンと対になり、ピリミジンはピリミジンと対になる。
ⓓDNAでは、CはGと対になる。
ⓔ塩基対の長さは等しい。

4. DNAの半保存的複製に関する以下の記述のうち、正しいものはどれか？

ⓐ元の二重らせんはそのままで、新しい二重らせんが形成される。
ⓑ二重らせんの鎖は分離して、新しいらせん鎖の鋳型となる。
ⓒ伸長反応はRNAポリメラーゼによって触媒される。
ⓓ伸長反応は二重らせん状の酵素によって触媒される。
ⓔDNAはアミノ酸から合成される。

5. DNA複製中に起こらないことは、以下のうちどれか？

ⓐ親二重らせんがほどけること
ⓑDNAリガーゼによって接続される断片を形成すること
ⓒ相補的塩基対合
ⓓプライマーを使用すること
ⓔ3′末端から5′末端へ伸長すること

6. DNA複製に使用されるプライマーに関する以下の記述のうち、正しいものはどれか？

ⓐ3′末端に加わった短いRNAである。
ⓑリーディング鎖には一度だけ見られる。
ⓒ複製後もDNA上に留まっている。
ⓓヌクレオチドが結合する遊離5′末端を作成する。
ⓔ2本の鋳型鎖の1本に対してのみ加えられる。

7. 5′-ATTCCG-3′という配列のDNAがある。このDNAの相補的配列は以下のうちどれか？

ⓐ5′-TAAGGC-3′
ⓑ5′-ATTCCG-3′
ⓒ5′-ACCTTA-3′
ⓓ5′-CGGAAT-3′
ⓔ5′-GCCTTA-3′

8. DNA複製におけるDNAリガーゼの役割は以下のうちどれか？

ⓐ伸長している鎖へ一度に1つのヌクレオチドを加える。
ⓑ鋳型鎖を露出させるために2本鎖DNAを開く。
ⓒ塩基と糖リン酸を結合させる。
ⓓ岡崎フラグメントを互いに結合させる。
ⓔ誤って対になった塩基を取り除く。

9. ポリメラーゼ連鎖反応（PCR）に関する以下の記述のうち、正しいものはどれか？

ⓐDNAの配列を決定する方法である。
ⓑ特異的な遺伝子を転写するために用いられる。
ⓒ特定のDNA配列を増幅する。
ⓓDNA複製プライマーを必要としない。
ⓔ55℃で変性するDNAポリメラーゼを使用する。

10. DNA除去修復機構を正しい順番に並べたものは、以下のうちどれか？
❶DNA塩基対が、鋳型に相補的に作られる
❷損傷を受けた塩基が認識される
❸DNAリガーゼが既存のDNAと新たなDNA鎖を連結する
❹1本鎖の一部が切除される

ⓐ　❶→❷→❸→❹
ⓑ　❷→❶→❸→❹
ⓒ　❷→❹→❶→❸
ⓓ　❸→❹→❷→❶
ⓔ　❹→❷→❸→❶

テストの答え　1.ⓒ　2.ⓐ　3.ⓒ　4.ⓑ　5.ⓔ
6.ⓑ　7.ⓓ　8.ⓓ　9.ⓒ　10.ⓒ

第9章

DNAから タンパク質、遺伝子型から 表現型まで

リボソームを破壊する暗殺毒

1978年、ロンドンに亡命していたブルガリア人ジャーナリスト、ゲオルギー・マルコフ（Georgi Markov）は、当時共産主義国家であったブルガリアに対し批判的な記事を書いていた。ある日の夕方、ウォータールー駅近くのバス停に立っているとき、１人の男（おそらくブルガリア当局の人間）が、通りすがりにマルコフを傘で突いた。あたかもよくある偶然の出来事のようであった。しかし、マルコフは鋭い痛みを感じ、数時間のうちに衰弱し始める。まもなく、高熱、嘔吐、さらに深刻な症状を呈し、２日後に死亡した。

警察による調べで、マルコフの脚には小さい弾が撃ち込まれ

図９-１　ヒマの種子
猛毒のリシンは、この明るい色をした熱帯植物から作られる。

ているのが発見された。しかも、この弾の中には、ヒマ（*Ricinus communis*）の種子からとれる猛毒リシンが入っていた（**図9-1**）。熱帯原産のヒマの種子からとれるヒマシ油は、昔使われた速効性の下剤であり、現在はプラスチック産業でも使用されている。リシン毒はヒマシ油には含まれていないが、人間に対する致死量が約1mg（ほんのピン先程度）のタンパク質である。

リシン毒による計画的犯行例はマルコフの殺害だけではない。テロリスト集団のアルカイダが隠れていたアフガニスタンの洞窟でも発見されているし、1980年代のイラン・イラク戦争でも使用されている。1990年代には税金に反対するグルー

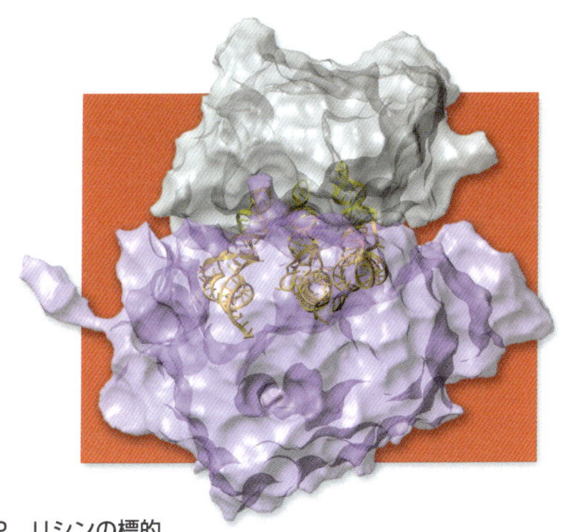

図9-2　リシンの標的
リシンは、タンパク質合成の場であるリボソームを不活性化する。リボソームは、多くのタンパク質やリボソームRNAが集まった2つのサブユニット（紫色と灰色）と3分子のトランスファーRNA（金色）からなる巨大分子の集合体である。

プの４人のメンバーが自家栽培したヒマから作ったリシンを使ってアメリカ政府職員の殺害を企み逮捕されている。さらに、2004年２月３日には、アメリカ上院議員の郵便物取扱室からも発見された。

リシンがテロ攻撃に使われる危険性については多くの記事があるが、その可能性は低いだろう。なぜなら、多くの人々を殺傷するためには、比較的大量のリシンを必要とするからである。炭疽菌とは違い、リシンはタンパク質なので、自己増殖することはない。

リシンは、ガラクトースを持つ糖タンパク質や糖脂質に結合して細胞内に入り込む。こうした糖タンパク質や糖脂質は多くの細胞表面の細胞膜に存在するので、リシンは大抵の細胞に取りつくことができる。エンドサイトーシスによって細胞質内に入ると、タンパク質合成を阻害し細胞を死に至らしめる。具体的に言うと、タンパク質合成が行われる真核生物リボソームの巨大RNA分子を修飾し切断する。細胞質に入り込んだリシン１分子によって1500個のリボソームが修飾され、分単位で細胞死に至る（**図9-2**）。

タンパク質とは、DNAの遺伝情報である遺伝子型を具体化した表現型である。リシンは、遺伝子の表現型であるタンパク質の合成を阻害して障害する。

この章では「遺伝子からタンパク質」を解説する。遺伝子とタンパク質の関係を説明し、転写（DNAからRNA）と翻訳（RNAからペプチド）を詳しく解説する。そして、遺伝子変異が表現型に及ぼす影響を分子レベルで明らかにする。

9.1 遺伝子がタンパク質をコードしているという証拠は？

第8章で、遺伝子とはDNAの配列であり、体の特徴である表現型を作り出すと述べた。そして、表現型とはタンパク質であるとも述べた。では、その証拠はなんだろうか？

実はDNAが遺伝物質であると知られる前から、表現型となる分子がタンパク質であることは判明していた。ヒトやパンのカビなど多様な個体間の違いを研究しているうちに、ある表現型の違いは、あるタンパク質の違いによると発見されていた。

遺伝子から酵素が作られていることを証明したアカパンカビの実験

生命の基本は細胞であるので、ある生物での細胞レベルの現象は多くの場合、他の生物にも当てはめられる。そこで、生物学者は研究室での増殖や野外での観察が容易な「モデル生物」を使って研究する。前2章でも、

- メンデルの遺伝実験に使われたエンドウ（*Pisum sativum*）
- モーガンの遺伝実験のショウジョウバエ（*Drosophila*）
- メセルソンとスタールによるDNA複製実験に使われた大腸菌（*E.coli*）

といったモデル生物がすでに登場している。子嚢菌（しのう）であるアカパンカビ（*Neurospora crassa*）もモデル生物である。このカビはその生涯の大半を半数体で過ごすため、その遺伝情報はそのまま伝えられる（つまり優性や劣性の違いはない）。また、培養が単純なため研究室で効率よい増殖が可能である。1940年代に、スタンフォード大学のジョージ・W・ビードル（George W. Beadle）とエドワード・L・テータム（Edward L. Tatum）によってアカパンカビの表現型に関する研究が行われた。

ビードルとテータムが研究を始めた頃は、生化学における酵素の役割が研究されているところであった。彼らの仮説は、遺伝子発現の表現型は酵素を通して起こるのではないかというものであった。アカパンカビが生育するのに必須なスクロース、ミネラル、ビタミンのみを含む最少栄養培地を開発した。この培地上で野生型のアカパンカビの酵素はタンパク質など自己の構成物質をすべて作り出すことが可能である。つまり、必要な酵素をすべて備えており、「原栄養株」と呼ばれる。

生物学において、突然変異体は原因と結果の関連を決定するのに強力なツールである。それが端的に威力を発揮したのが、生化学的経路の解明であった。ビードルとテータムは突然変異を誘発するとして知られていたX線を野生型のアカパンカビに照射し、最少栄養培地では生育できないが栄養を追加すると生育可能となる突然変異体をいくつか発見した。こうした突然変異体は「栄養要求株」と呼ばれ、追加した栄養を体内で合成する酵素を作り出す遺伝子が障害されているに違いないと考えられた。さらに、この栄養要求株の中には、1種類の栄養添加だけで生育可能となる株も存在した。つまり、各々の突然変異とはある代謝経路の1つの酵素の欠損と考え、ビードルとテータムは**一遺伝子一酵素説**を提唱した（**図9-3**）。

最少栄養培地にアルギニン（野生型のアカパンカビはアルギニンを自己合成できる）を加えただけで生育する栄養要求株（*arg*突然変異体）にはいくつかの異なる系統が存在した。このことから彼らは次の2つの可能性を提唱した。

- 各*arg*突然変異体の突然変異は、アルギニン合成に関与するある特定の酵素の遺伝子にある。
- 各*arg*突然変異体の突然変異は、異なる遺伝子にあるが、それらはアルギニン合成経路の酵素群の遺伝子である。

*arg*突然変異体は上記の２種類に大別される。遺伝的交雑実験により、突然変異が同じ遺伝子の中にあるのか、違う遺伝子の中にあるのか、あるいは同じ染色体上なのか別の染色体上なのかを区別することができる。ビードルとテータムは、*arg*突然変異体にかかわるさまざまな遺伝子は、ある１つの生合成経路（アルギニン合成経路）に関与していると結論づけた（**図9-3**参照）。

さらに、ビードルとテータムは、アルギニンの合成経路の中間体と思われる化合物を最少栄養培地に添加し、*arg*突然変異体の生育を調べ、合成経路における中間体の順番を並べていった。さらに、野生型と突然変異体の細胞をすりつぶして酵素活性を調べ、各突然変異により合成経路の１つの酵素活性が失われていることも確認した。

遺伝子と酵素の関係は、その40年も前にアルカプトン尿症の遺伝性を研究していたスコットランド人医師アーチボルド・ガロッド（Archibald Garrod）によってすでに提唱されていた。1908年にガロッドは、アルカプトン尿症ではある酵素活性が失われており、それは異常な遺伝子による、と結びつけていた。今日では何百という遺伝性疾患が知られている。

１つの遺伝子から１つのポリペプチド鎖ができる

酵素のような多くのタンパク質は、１本もしくは複数本のポリペプチド鎖から構成されている。ヘモグロビンは、２種類それぞれ２本ずつで合計４本のポリペプチド鎖から作られているが、２種類のポリペプチド鎖は別々の遺伝子から産生する。つまり、**一遺伝子一ポリペプチド鎖**である。

遺伝子の機能とは、ある特定のポリペプチド鎖を産生することとも言える。ポリペプチド鎖へと翻訳されないものや、ポリペプチド鎖を産生せず、他のポリペプチド鎖の産生を調節するような例外もあるが、一遺伝子一ポリペプチド鎖は概ね正しい。

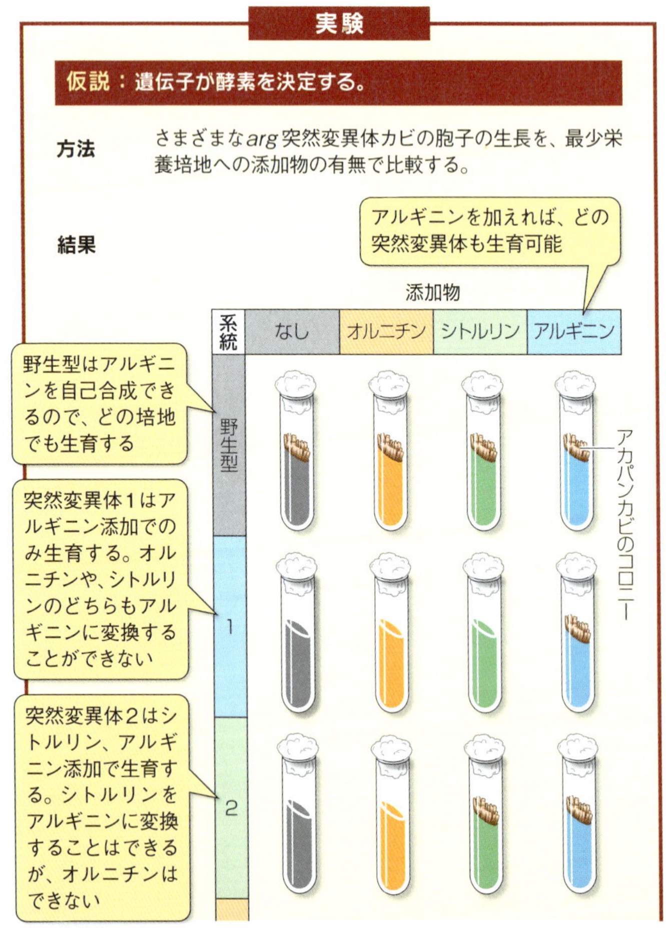

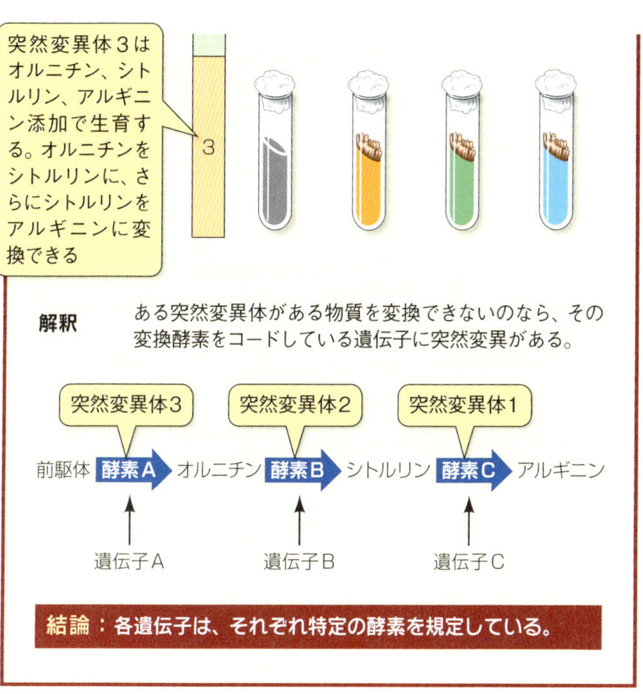

図9-3　一遺伝子一酵素

ビードルとテータムは、アカパンカビの*arg*突然変異体を数多く調べた。カビが増殖するためにはアルギニンを合成しなければならないが、各*arg*突然変異体株はそれぞれ異なった化合物を添加すればよかった。図には、“一遺伝子一酵素”仮説を支持する実験結果と考察が示されている。発展研究：もし突然変異体３と突然変異体２の半数体の細胞が合わさって二倍体の胞子が作られたら、どのような表現型を示すようになるだろうか？

9.2 遺伝子からタンパク質への情報の流れは？

では、どのようにして、１つの遺伝子の情報から１種類のポリペプチド鎖が作られるのだろうか？

ポリペプチド鎖を形作るための遺伝子の発現は、主に次の２つの段階を経て行われる。

- 転写：DNA配列情報をRNA配列情報へとコピーする。
- 翻訳：RNA配列情報をポリペプチド鎖のアミノ酸配列へと変換する。

DNAとは異なるRNA

RNA（リボ核酸）はDNAとポリペプチド鎖を繋ぐ重要な分子である。RNAはDNAに似たポリヌクレオチドであるが、次の３点で異なっている。

- RNAは一般的に１本鎖のポリヌクレオチドである。
- DNAの糖成分はデオキシリボースであるが、RNAはリボースである。
- アデニン、グアニン、シトシンはRNAとDNAの共通の塩基であるが、RNAではチミンの代わりにチミンのメチル基（$-CH_3$）が欠けた**ウラシル（U）**が使われる。

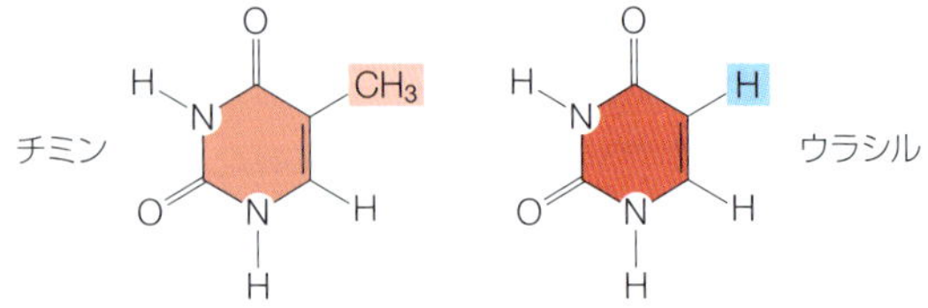

RNAの塩基は、１本鎖DNAの塩基と結合可能であり、ウ

ラシルはアデニンとペアを組み、その他はDNAの場合と同様である。1本鎖のRNAは内部の塩基同士で対を形成し複雑な構造をとることもできる。これについてはこの章の後半で述べる。

遺伝子発現の情報の流れは一方通行である

フランシス・クリックは、ジェームズ・ワトソンとDNAの三次元構造を提唱した後、DNAとタンパク質の関係について考え始めた。そして、分子生物学の**セントラルドグマ**を考え出した。簡単に述べると、DNAの情報をもとにRNAが産生され、RNAの情報をもとにタンパク質（正確にはポリペプチド鎖）が産生されるが、タンパク質にはタンパク質やRNA、DNAを産生するための情報は含まれていない（**図9-4**）という考えである。クリックの言葉を借りると、「一旦“情報”がタンパク質まで流れてしまうと、後戻りはできない」ということである。

セントラルドグマにより2つの問題が浮上した。

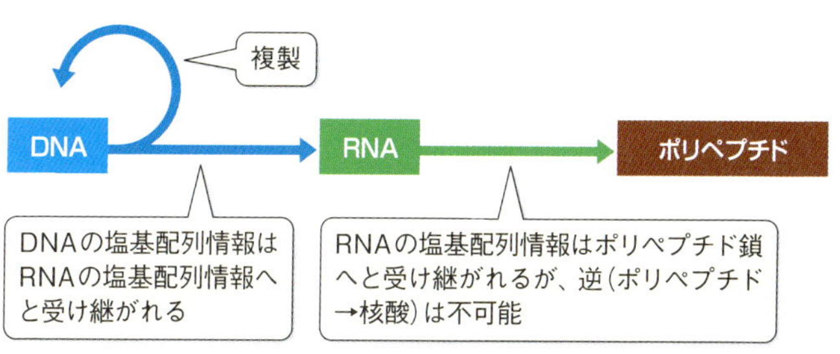

図9-4　セントラルドグマ
DNAからRNA、RNAからポリペプチド鎖への情報の流れ。

- DNAが存在する核内からタンパク質が合成される細胞質にどのようにして情報が流れているのだろうか？（1.3節〈第1巻〉参照）
- DNAのヌクレオチド配列とタンパク質のアミノ酸配列はどのような関係にあるのだろうか？

こうした問題の解決のために、クリックは2つの仮説を提唱した。

メッセンジャー仮説と転写　最初の問題について、クリックは、ある遺伝子のDNA配列は**メッセンジャーRNA（mRNA、伝令RNA）**と呼ばれるRNA分子に相補的にコピーされ、mRNAはタンパク質合成を行うリボソームが存在する細胞質へと移行すると考えた（メッセンジャー仮説）。そして、この一連の過程を**転写**と名付けた（**図9-5**）。この仮説はさまざまな遺伝子で検証され、DNA情報がmRNA配列として発現していることが確認されている。

アダプター仮説と翻訳　2番目の問題について、クリックは、アミノ酸を結合し、かつヌクレオチドの配列を認識するアダプター分子が存在すると考えた（アダプター仮説）。当然、その分子はアミノ酸結合部位とヌクレオチド認識部位の2つの部位を持つことになる。やがて、そのような分子が発見され、**トランスファーRNA（tRNA、運搬RNA）**と名付けられた。tRNAはmRNAの配列を認識し、同時に特定のアミノ酸を運んでくることから、DNAという言語をタンパク質という言語に翻訳すると言える。アミノ酸を結合したtRNAはmRNAに沿って一列に並びアミノ酸同士が結合することで、ポリペプチド鎖ができあがる。これは**翻訳**と呼ばれ（**図9-5**参照）、何千という遺伝子すべてで同じである。

まとめると、遺伝子の配列は相補的な配列としてメッセンジャーRNAに転写され、メッセンジャーRNAの配列からトランスファーRNAによってアミノ酸配列へと翻訳され、そのアミノ酸同士が結合してタンパク質となる。

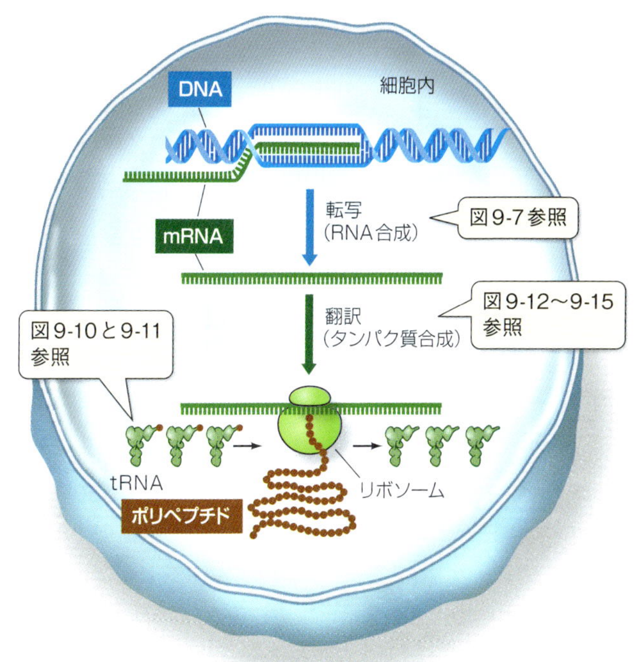

図9-5　遺伝子からタンパク質まで
原核生物での遺伝子発現の流れ。真核生物では、もっと複雑である。

RNAウイルスとセントラルドグマの破綻

ウイルスのなかには、セントラルドグマに従わないものも存在する。8.1節にあるように、ウイルスは細胞内で増殖する非細胞性の感染粒子である。タバコモザイクウイルスやインフルエンザウイルス、ポリオウイルスといった多くのウイルスは、自分の遺伝情報をDNAではなくRNAに保存している。確かにそのRNAをもとにタンパク質を生み出すことはできる。しかし、通常RNAは1本鎖であり、どのように複製されるのだろうか？　これらのウイルスでは、ゲノムRNAから相補的なRNAを作り出し、それをもとに複製を行う。

ヒト免疫不全ウイルス（HIV）やいくつかの腫瘍ウイルスも自分の遺伝情報をRNAに保存しているが、複製時にRNAの2本鎖を作らず、DNAのコピーを作り出す。そして、それを鋳型にしてRNAを複製する。また、このDNAからウイルスに必要なタンパク質も作り出す。

つまりRNAをもとにDNAが合成されており、セントラルドグマに従っていない（**逆転写**と呼ばれる）。このようなウイルスを**レトロウイルス**という。

9.3 DNAの情報はどのようにしてRNAに写し取られるのだろうか?

セントラルドグマの過程を詳しく見ていこう。まずは、DNAからRNAである。

多くの原核生物や真核生物では、RNAはDNAから直接転写（特定のDNA配列からそれに対応したRNAが作られること）され、それには以下のコンポーネントを必要とする。

- 相補的塩基対合を形成するための鋳型となるDNA
- RNAの部品となるリボヌクレオシド三リン酸（ATP、GTP、CTP、UTP）
- RNAポリメラーゼ

各遺伝子のうちDNAは2本鎖であるが、そのうち1本のみが**鋳型鎖**として転写される。一般的には逆側の相補鎖から転写されることはない。しかし、遺伝子が異なれば、同じDNA分子であっても鋳型鎖は同一とは限らない。つまり、ある遺伝子では鋳型とならなかった鎖が、他の遺伝子では鋳型となりうる。

また、DNAから転写されるのは何もmRNAだけではない。tRNAやタンパク質合成の際に重要な分子であるリボソームRNA（rRNA）も同様に転写される。これらのRNAも特定の遺伝子にコードされている。

RNAポリメラーゼは共通の特徴を持つ

RNAポリメラーゼは、DNAを鋳型にしてRNAを合成する酵素である。細菌はたった1種類のRNAポリメラーゼしかもっていないが、真核生物には3種類のRNAポリメラーゼがある。どれもカニのはさみのような構造をしている（**図9-6**）。

酵素反応は次のようなステップで行われる。

①RNAポリメラーゼがDNAの二重らせん内部の特定の塩基配列を認識して結合する。

②鋳型DNAに結合すると、"はさみ"が閉じ、"閉じた構造"のDNAを保持する。

③RNAポリメラーゼの立体構造変化が生じ、10塩基対ほどの長さのDNAを変性させ、二重らせんを"開いた構造"にする。

④ペアのいないDNAの塩基に、対応するリボヌクレオチドを運んできて、塩基対を形成させる。

DNAポリメラーゼと同様にRNAポリメラーゼも"プロセッシブ"（連続移動的）である。つまり、一旦この酵素が鋳型に

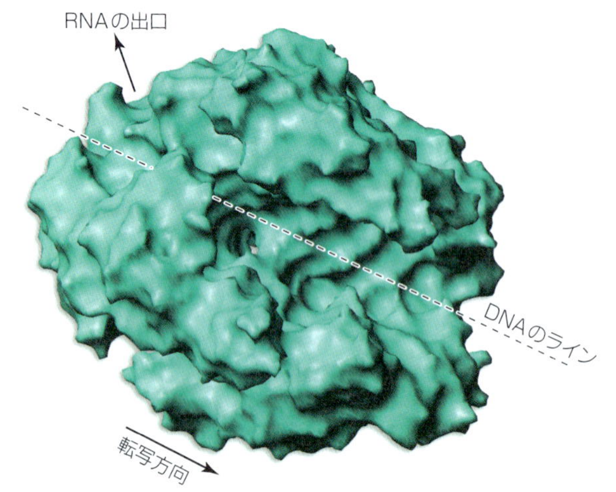

図9-6　RNAポリメラーゼ
これは酵母のRNAポリメラーゼだが、他の種類のRNAポリメラーゼも大体似た形をしている。

結合すると、その配列に従って何百というRNA塩基を繋ぎ合わせて連結する（ポリマー化する）。DNAポリメラーゼと違い、RNAポリメラーゼはプライマーを必要としない。

転写には3つの段階がある

転写には、開始・伸長・終結の3段階がある。

開始　**プロモーター**と呼ばれるDNAの領域にRNAポリメラーゼが強固に結合することで転写が**開始**される（**図9-7A**）。当然、各遺伝子（原核生物では、遺伝子群の各セット）には最低1つのプロモーターが備わっている。プロモーターはRNAポリメラーゼにどこから転写を開始するのか、DNAのどちらの鎖を鋳型とするのか、開始点からどちらの方向に進むのかを指示する。プロモーターは単語の配列をどのように文として読むかを決める句点のような役割を果たすのである。プロモーターの一部が転写の**開始点**となり、その上流（非鋳型鎖の5′方向、鋳型鎖なら3′方向）にRNAポリメラーゼが結合する。

タンパク質をコードする遺伝子にはプロモーター領域が存在するが、RNAの複製を開始する以外に各遺伝子のプロモーターには独自の制御機能が備わっている。例えば、転写開始をより効率よく行うプロモーターもある。また、原核生物と真核生物の転写開始機構は異なる（第10章や第11章で述べる）。

伸長　RNAポリメラーゼがプロモーターに結合すると、**伸長**反応が始まる（**図9-7B**）。RNAポリメラーゼは約10塩基対の長さの二重らせんを一時的にほどき、鋳型鎖を3′→5′方向に読んでいく。DNAポリメラーゼと同様、RNAポリメラーゼ

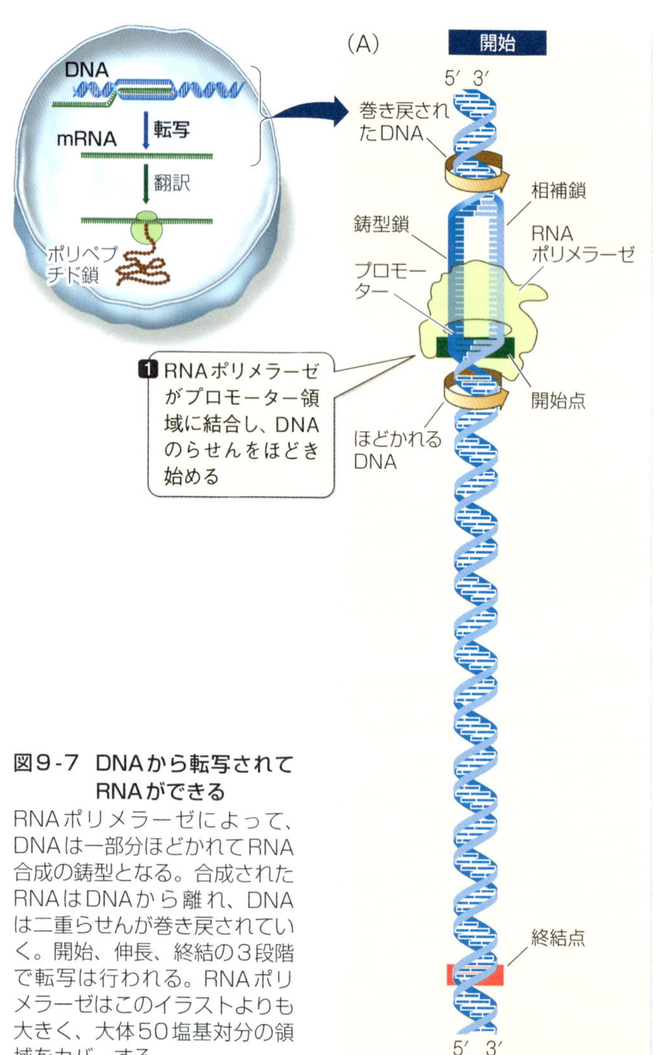

図9-7 DNAから転写されてRNAができる

RNAポリメラーゼによって、DNAは一部分ほどかれてRNA合成の鋳型となる。合成されたRNAはDNAから離れ、DNAは二重らせんが巻き戻されていく。開始、伸長、終結の3段階で転写は行われる。RNAポリメラーゼはこのイラストよりも大きく、大体50塩基対分の領域をカバーする。

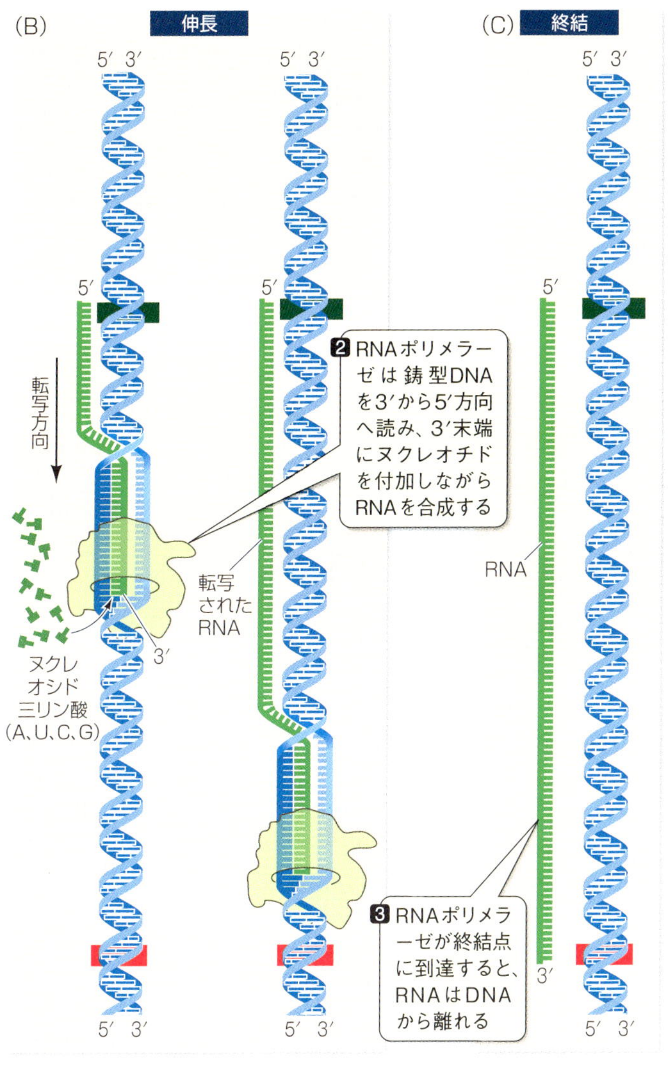
(B)
伸長
5′ 3′
5′ 3′
5′
5′
転写方向
❷ RNAポリメラーゼは鋳型DNAを3′から5′方向へ読み、3′末端にヌクレオチドを付加しながらRNAを合成する
転写されたRNA
3′
ヌクレオシド三リン酸(A、U、C、G)
5′ 3′
5′ 3′
(C)
終結
5′ 3′
5′
RNA
❸ RNAポリメラーゼが終結点に到達すると、RNAはDNAから離れる
3′
5′ 3′

も3′末端に新しいヌクレオチドを結合させていく。つまり、新しく作られるRNA鎖は、鋳型となるDNAとは逆方向の5′→3′方向で作り出される。

一方、DNAポリメラーゼと異なり、RNAポリメラーゼには校正機構（8.4節参照）が備わっていない。転写時のエラーは、1万から10万塩基につき1塩基の割合で発生するが、RNAのコピーは大量に作り出され、その寿命も短いため、DNA複製におけるエラーほど致命傷とはならない。

終結　RNAポリメラーゼは何をもって転写をやめるのだろうか？　鋳型DNAに転写開始点があったように、転写**終結**点となる配列もある（**図9-7C**）。転写終結のメカニズムは複雑でかつ数種類ある。完成したRNAが勝手に鋳型DNAやRNAポリメラーゼから外れる場合もあれば、ある種のタンパク質によって引きはがされる場合もある。

原核生物では核膜がないためリボソームが染色体のそばまで近づくことが可能で、転写完了を待たずにmRNAの5′端から翻訳が始まる。真核生物ではもっと複雑で、転写は核内、翻訳は細胞質と、行われる場所からして細菌とは異なる。また、プレmRNAと呼ばれる長いRNAが最初に作られ、翻訳される前にプロセッシング（切った貼った）され、最終的なmRNAとなる。このプロセッシングの機序と利点は、11.3節で述べる。

タンパク質合成の情報は遺伝暗号に隠されている

遺伝子（DNA）からmRNAが作られ、mRNAからタンパク質が作られるのだが、**遺伝暗号**にはどのアミノ酸を使うのかが記されている。mRNAの情報が3文字からなる“単語”の並びであると考えればよい。**コドン**と呼ばれるmRNA上の3塩基（3文字）の並びに対して1つのアミノ酸が対応している（mRNAなので、各コドンは鋳型となったDNAの配列とは相補的配列となる。遺伝暗号とは、コドンに対して特定のアミノ酸を対応させたものである）。

遺伝暗号を**図9-8**に示してある。タンパク質に使われるアミノ酸の種類よりもコドンの数が多いことに注目してほしい。3文字からなるコドンは、4つの"文字"が使用可能なので合計で64（4の3乗）通りの組み合わせが可能であるが、アミノ酸はたった20種類である。AUGはメチオニンをコードしているが、**開始コドン**としても認識され翻訳開始シグナルともなりうる。UAA、UAG、UGAの3つのコドンは**終止コドン**で

1文字目 ＼ 2文字目	U	C	A	G	3文字目
U	UUU UUC フェニルアラニン UUA UUG ロイシン	UCU UCC UCA UCG セリン	UAU UAC チロシン UAA 終止コドン UAG 終止コドン	UGU UGC システイン UGA 終止コドン UGG トリプトファン	U C A G
C	CUU CUC CUA CUG ロイシン	CCU CCC CCA CCG プロリン	CAU CAC ヒスチジン CAA CAG グルタミン	CGU CGC CGA CGG アルギニン	U C A G
A	AUU AUC AUA イソロイシン AUG メチオニン；開始コドン	ACU ACC ACA ACG トレオニン	AAU AAC アスパラギン AAA AAG リシン	AGU AGC セリン AGA AGG アルギニン	U C A G
G	GUU GUC GUA GUG バリン	GCU GCC GCA GCG アラニン	GAU GAC アスパラギン酸 GAA GAG グルタミン酸	GGU GGC GGA GGG グリシン	U C A G

図9-8　遺伝暗号

mRNAの遺伝情報はウラシル（U）、シトシン（C）、アデニン（A）、グアニン（G）の3文字単位（コドン）で表記されている。1文字目は左の列、2文字目は上の列、3文字目は右の列に対応する。

あり、これらのコドンのどれかがあると翻訳が終了し、できあがったポリペプチド鎖はmRNAから離れる。

> αサラセミアという貧血症状を生じる疾患があるが、これはヘモグロビンのα鎖の遺伝子異常によって引き起こされる。正常では142番目のコドンに終止コドンUAAがあり、141個のアミノ酸によるポリペプチド鎖となるのだが、αサラセミアではUAAがGAA（グルタミン酸に対応する）に突然変異しているため、次の終止コドン（173番目）までポリペプチド鎖が伸びてしまい、結果としてα鎖の機能が失われてしまう。

遺伝暗号には冗長性があるが、多義性はない　開始コドンと終止コドンを除いた残りのコドンは60種類あり、メチオニン以外のアミノ酸19種類を網羅するには十分すぎる。実際のところは、遺伝暗号には冗長な（情報が余分なこと）ものがあり、ロイシンが6種類のコドンから翻訳されるように（**図9-8**参照）、数種類のコドンと対応しているアミノ酸が大半である。コドンが1種類なのは、メチオニンとトリプトファンだけである。

“冗長性”（同じ意味の単語が複数存在すること）と“多義性”（1つの単語に別個の意味が存在すること）を混同してはいけない。もし遺伝暗号に多義性があれば、1つのコドンが複数種類のアミノ酸を指定することになってしまう。つまり、同じコドンの並びからアミノ酸配列が異なったさまざまなポリペプチド鎖が作られることになる。遺伝暗号における冗長とは、「ここにロイシンを配置しろ」という指示が数通りあることを意味している。1種類のアミノ酸は数種類のコドンと対応するが、1種類のコドンは1つのアミノ酸にしか対応しない。コドンの配列からアミノ酸配列を正確に予想することができるが、アミノ酸配列から予想されるコドンの配列（塩基配列）には幾通りも可能性があるという“ゆらぎ”が生じることになる。

遺伝暗号は（ほぼ）普遍的　40年以上、何千という生命体について実験を重ねてきた結果、遺伝暗号は地球上のすべての種でほぼ普遍的であることがわかった。誕生以来、生命の進化でそのまま保存されてきたのだろう。しかし、ミトコンドリアや葉緑体にある遺伝暗号は原核生物や真核生物の核の遺伝暗号とは少し異なることが知られている。また、ある原生生物でも、UAAやUAGが終止コドンとして使われずにグルタミンへと翻訳される。こうした例外的な遺伝子が存在する意味はわかっていないが、非常にまれである。

遺伝暗号が共通であることは、遺伝子工学にとって重要なことである。第13章（第３巻）で述べるが、ヒトの遺伝子の暗号は、細菌のそれと変わらないので、細菌の転写や翻訳機構を使ってヒトの遺伝子を扱うことができる。

図9-8はmRNAのコドン表である。mRNAの鋳型となったDNAの塩基配列は相補的になる。鋳型DNA配列が3′-AAA-5′であれば、mRNA配列は5′-UUU-3′となりフェニルアラニンに翻訳される。同様に、DNA配列が3′-ACC-5′であれば、トリプトファンに翻訳される（mRNAは5′-UGG-3′）。生物学者は、一体どうやってこのコドンとアミノ酸の対応を解明したのだろうか？

生物学者は人工的なmRNAを使って遺伝暗号を解読した

遺伝暗号は、1960年代初頭に分子生物学者によって“解読”された。彼らの取り組んだ課題は、４種類の塩基（A、U、G、C）から20種類のアミノ酸への翻訳をどのようにして指令するのかという、４文字から20単語を作る方法であった。

コドンは３文字からなる、という３つ組コドンは有望であった。4種類の文字（A、U、G、C）しかないのだから、コドンが1文字なら当然4種類のコドンしかできず、20種類には到底及ばない。コドンが2文字でも4×4＝16種類で十分ではないが、3文字になれば4×4×4＝64種類まで増え、20種類のアミノ酸に対応させるには十分であった。

1961年、アメリカ国立衛生研究所のマーシャル・W・ニーレンバーグ（Marshall W. Nirenberg）とJ・H・マタイ（J. H. Matthaei）によって暗号解読の第一歩が記された。彼らはすべての塩基がウラシルとなるようなmRNAを合成し（この人工mRNAはポリUと名づけられた）、細菌のタンパク質合成に必要な構成成分（リボソーム、アミノ酸、tRNA、酵素など）と混ぜ合わせたところ、フェニルアラニン（Phe）1種類のみのアミノ酸からなるポリペプチドが合成された。ポリUはポリPheをコードしていたのだ。つまり、UUUコドンはフェニルアラニンに対応している。同様に、彼らはCCCがプロリン、AAAがリシンとなることを発見した（**図9-9**。GGGは、化学的な問題により、初期のころは調べることができなかった）。これらは最も単純なコドンであり、残りのコドンの解読は、異なるアプローチで行われた。

その後、3塩基だけの人工mRNAがリボソームに結合し、さらにアミノ酸を結合したtRNAとも結合することが発見された。例えば、単純な5′-UUU-3′でもリボソームに結合し、フェニルアラニンを運搬するtRNAが結合する。この発見により遺伝暗号の解読は容易になり、ニーレンバーグはさまざまな人工mRNAを作り、どのコドンからどのアミノ酸ができるかを明らかにした。

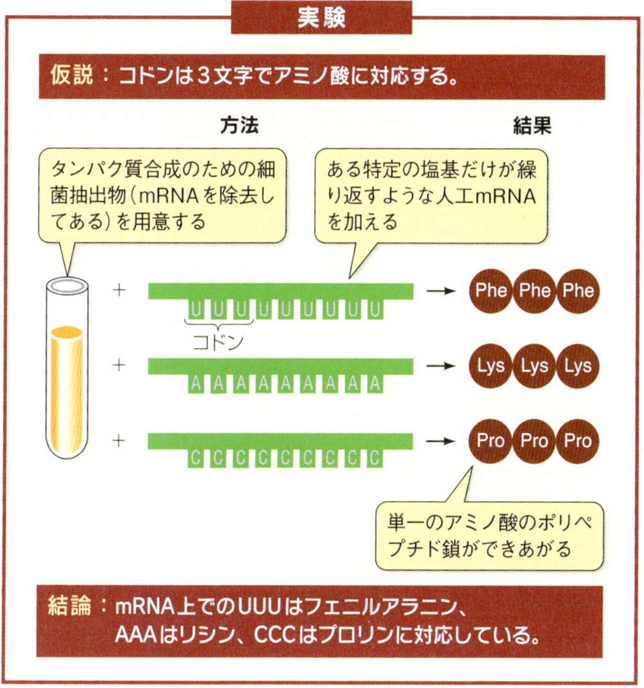

図9-9　遺伝暗号の解読
ニーレンバーグとマタイは、人工mRNAを試験管内タンパク質合成系に入れて、できあがるポリペプチド鎖のアミノ酸を調べた。
発展研究：人工合成mRNAがポリGの場合は、どのようなポリペプチド鎖ができるだろうか？

9.4 RNAはどのようにタンパク質へと翻訳されるのか?

次に、mRNAのヌクレオチド配列をアミノ酸配列に翻訳しポリペプチドができる機構へと移ろう。

クリックのアダプター仮説とは、mRNAからタンパク質への翻訳にはmRNAのコドンとタンパク質のアミノ酸を結びつける分子が必要であるというものであった。その分子がtRNAである。mRNAから特定のタンパク質が作られるためには、tRNAがmRNAを正しく認識し、正しく対応したアミノ酸を運んでこなければならない。そして、リボソームでアミノ酸同士がペプチド結合で繋がれていく。

tRNAは特定のアミノ酸を運び、特定のコドンに結合する

20種類のアミノ酸それぞれに対して、少なくとも1種類のtRNAが用意されている。tRNAには次の3つの機能が備わっている。

- アミノ酸を運んでくる。
- mRNA分子と結合する。
- リボソームと相互作用する。

tRNAの構造には、これらの機能との関係性が明確に見て取れる。tRNA分子は1本鎖(75〜80ヌクレオチド)であり、1本鎖の配列同士でよじれるように塩基対(水素結合)を形成して立体構造を構築している(**図9-10**)。その立体構造は精巧にできており、リボソームと相互作用するのに適していて、3′末端にはアミノ酸分子を結合させている。tRNAの中央付近

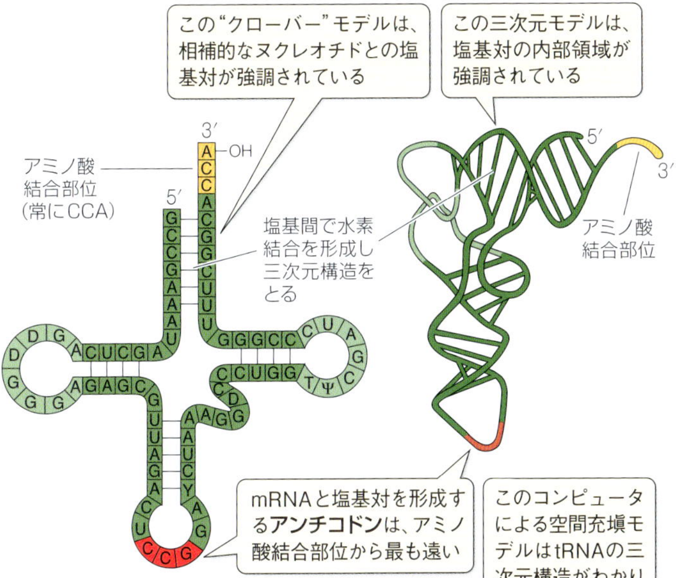

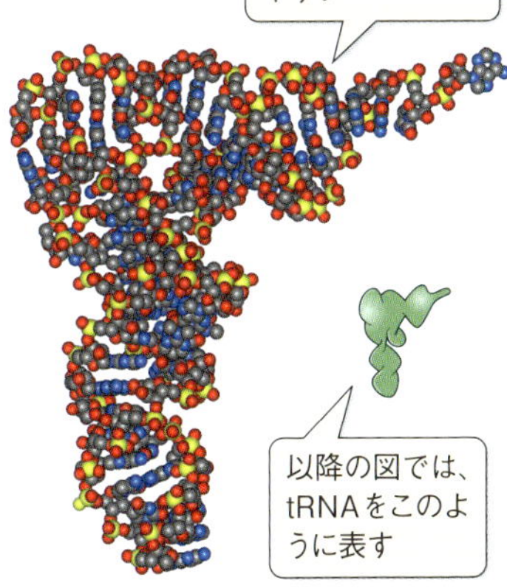

図9-10　トランスファーRNA
tRNAの構造は、その機能によく適している。

※**訳注**：クローバーモデルの9時の位置のループのDはジヒドロウリジン、3時の位置のループのΨはシュードウリジンと、それぞれウリジン類似塩基である。これ以外にもA、U、G、Cと類似しているが異なった塩基がtRNAには存在する。またイノシン（I）も存在しうる。Yはピリミジンを表す。少数ではあるがG-Uなどの非ワトソン・クリック塩基対を含むこともある。また5′末端にはリン酸基が付加されている。

には**アンチコドン**と呼ばれる３塩基があり、そこでmRNAと塩基対を形成し結合（水素結合）する。各々のtRNAは独自のアンチコドンを持っており、アミノ酸と対応している。アンチコドンとコドンは互いに相補的な配列になる。アルギニンの場合を考えると、アルギニンとなるコドンの１つは、5′-CGG-3′（mRNA）であるが、アルギニンを結合し運んでくるtRNAのアンチコドンは3′-GCC-5′である。

タンパク質の20種類のアミノ酸に対して、61種類のコドンがある（**図9-8**参照）。これは、アンチコドンの異なるtRNAが61種類あることを意味しているのだろうか？　答えはノーであり、その３分の２くらいのtRNAの種類しかない。コドンの3′末端（アンチコドンの5′末端）の塩基はそれほど厳密でない。例えば、アラニンとなるコドンのGCA、GCC、GCUはどれも同じtRNAによって認識され、ゆらぎと呼ばれている。ゆらぎは、同じアミノ酸となる場合のみである。もし違うアミノ酸の場合があると、それは遺伝暗号の幾通りかの解釈（多義性）が可能になってしまうのであるが、今のところ、そのような現象は報告されていない。

コーネル大学の科学者ロバート・ホーリー（Robert Holley）の研究チームは酵母のアラニン-tRNAの80塩基を決定するのに3年要した。この功績によって、ホーリーは1968年にノーベル賞に輝いている。今日の技術では、数秒で解読可能である。

tRNAとアミノ酸を連結させる酵素

tRNAとアミノ酸の結合はアミノアシル-tRNA合成酵素によって触媒され（**図9-11**）、この結合は当然ながら特異的で特定のアミノ酸に特定のtRNAを結合させなければならない。この酵素は、アミノ酸、ATP、tRNAという３つの小分子を認

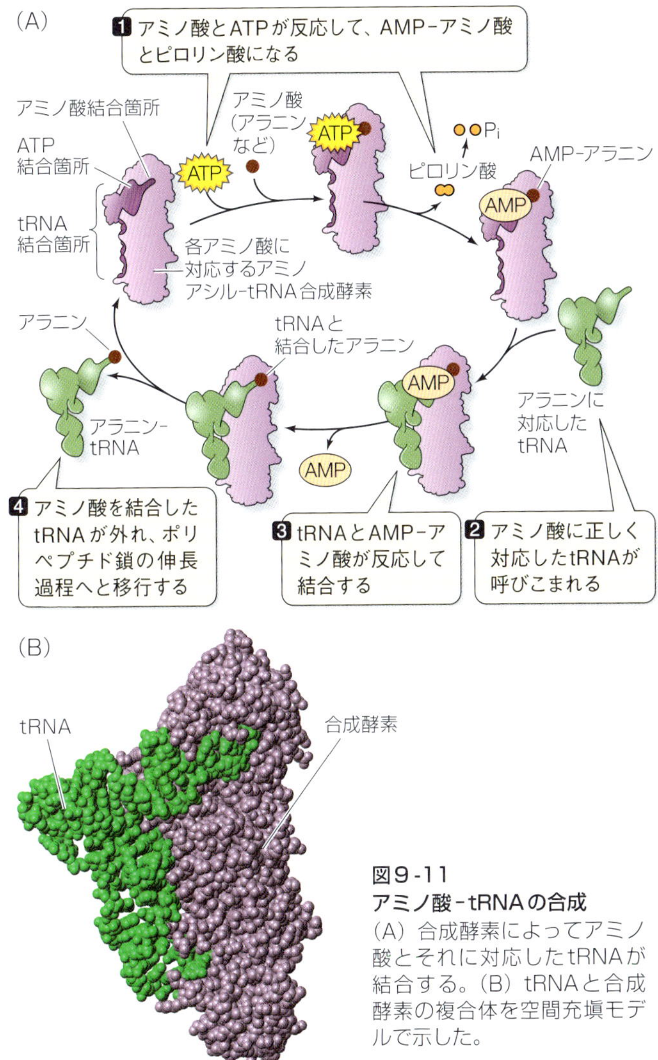

図9-11
アミノ酸-tRNAの合成
(A) 合成酵素によってアミノ酸とそれに対応したtRNAが結合する。(B) tRNAと合成酵素の複合体を空間充填モデルで示した。

識する部位を持っている。tRNAは複雑な三次元構造をしているので、酵素は特定のtRNAを認識することができ、エラー率は非常に低い。さらに、アミノ酸に対する認識でのエラー率も1000分の1のオーダーと低い。このように非常に特異的であるので、tRNAとアミノ酸の結合過程は第2の遺伝暗号とも呼ばれ、次の2段階を経て行われる。

第1段階：酵素 + ATP + アミノ酸 →
　　　　(酵素-AMP-アミノ酸) 複合体 + ピロリン酸
第2段階：(酵素-AMP-アミノ酸) 複合体 + tRNA →
　　　　酵素 + AMP + (tRNA-アミノ酸)

アミノ酸はtRNAの3′末端（にあるOH基）に結合し、高いエネルギーを保持している。このエネルギーはアミノ酸を連結するペプチド結合を作る際に利用される。

パデュー大学のシーモア・ベンザー（Seymour Benzer）らは化学的処理により、すでにシステインと結合しているtRNAのシステインの代わりにアラニンを結合したハイブリッドtRNA（システインに対応したアンチコドンを持つが、アミノ酸としてアラニンを結合したtRNA）を作製した。このハイブリッドtRNAのアンチコドンと結合しているアミノ酸のどちらが認識されるのだろうか？　結果は、システインがアラニンに変わったタンパク質が合成された。つまり、tRNAはかごの中身（アミノ酸）をmRNAの“住所”に運ぶだけで、かごの中身の種類には関与しない。逆にこのことは、tRNAとアミノ酸が結合する時の特異性が重要であることを示している。

翻訳の場としてのリボソーム

リボソームは翻訳作業が行われる仕事場となる分子である。その構造のおかげで、mRNAとアミノ酸-tRNAが正しい位置に配置され、ポリペプチド鎖が効率よく組み立てられる。リボソームは、どんなmRNAやアミノ酸-tRNAをも受け入れることができ、どんな種類のポリペプチド鎖でも作ることができる。

リボソームは他の細胞内小器官と比べると小さいが、1分子としては分子量数百万Daという巨大分子であり、大サブユニットと小サブユニットの2つに分けることができる（**図9-12**）。真核生物の大サブユニットは、さらに3つの異なる**リボソームRNA（rRNA）**と約45個の異なるタンパク質からなり、それらが正確に配置されてできている。小サブユニットは1つのrRNAと約33個の異なるタンパク質からできている。mRNAの翻訳時以外は、大サブユニットと小サブユニットは離れて存在している。

原核生物のリボソームは真核生物のものよりもいくらか小さ

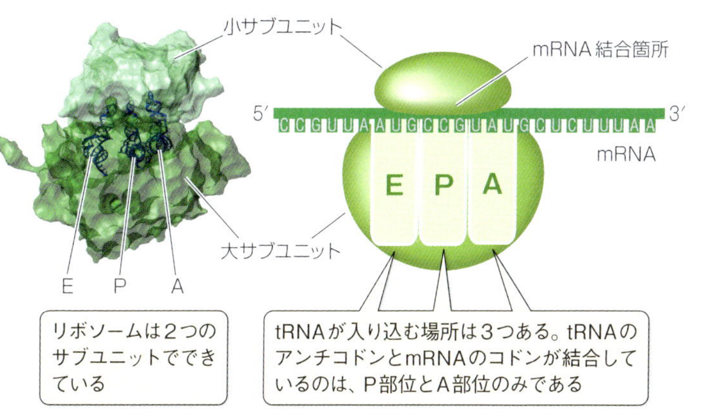

図9-12　リボソームの構造
リボソームは大サブユニットと小サブユニットからできており、タンパク質合成をしていないときは分離している。

く、そのrRNAやタンパク質も異なっている。ミトコンドリアや葉緑体も独自のリボソームを持っていて、原核生物のものに似ている（ミトコンドリアは太古に細胞内に寄生した細菌という説の根拠でもある）。

リボソームのサブユニット内のタンパク質やrRNAは、共有結合ではなくイオン結合や疎水性相互作用で結びついている。そのため、これらの結合を阻害するような界面活性剤を加えると、リボソームのタンパク質やrRNAはバラバラに分かれてしまう。しかし、界面活性剤を除去すると、バラバラになったジグソーパズルが人の手を借りずに勝手に再び完成されるように、ひとりでに組み立てられ、元の複雑な構造に戻ることが可能である。

リボソームの大サブユニットにはtRNAが結合できる場所が3ヵ所存在し（**図9-12**参照）、アミノ酸-tRNAは、これらを順番に横切っていく。

- A（アミノ酸のA）部位：アミノ酸-tRNAのアンチコドンがmRNAのコドンと結合し、アミノ酸をラインナップさせる。
- P（ポリペプチドのP）部位：tRNAに結合していたアミノ酸がポリペプチド鎖に結合する。
- E（exitのE）部位：アミノ酸が外れたtRNAが、リボソームから離れる。

リボソームの大事な役割は、mRNAとtRNAを正しく合わせるということである。正しいアミノ酸を結合したtRNAのアンチコドンが、それに対応するmRNAのコドンと結合すると、その塩基対間には水素結合が形成される。リボソームの小サブユニットのrRNAはその塩基対を確認する役目を担っており、もし間違っていればtRNAはリボソームから追い出されてしまう。

翻訳は3段階で起きる

転写と同様に、翻訳も開始・伸長・終結の3段階で起きる。

開始　ポリペプチド鎖の最初のアミノ酸を結合したtRNAとリボソームの小サブユニットがmRNAに結合し、**開始複合体**を形成すると翻訳が始まる（**図9-13**）。小サブユニットのrRNAは、翻訳開始地点である開始コドンの上流（5′方向）のリボソーム結合箇所（シャイン・ダルガーノ配列）に結合する。

開始コドンを表す遺伝暗号がAUG（**図9-8**参照）だったことを思い出してほしい。AUGに対応するアミノ酸はメチオニンであり、ポリペプチド鎖の最初のアミノ酸は必ずメチオニンとなる。しかし、完成したタンパク質に、このメチオニンが常にあるとは限らない。多くの場合、翻訳終了後に取り除かれてしまう。

メチオニン-tRNAがmRNAに結合すると、リボソームの大サブユニットがやってきてP部位にメチオニン-tRNA、A部位に次のコドンが並ぶように複合体を形成する。mRNAとリボソームの大小サブユニットとメチオニン-tRNAは、開始因子と呼ばれるタンパク質群によって補助されて、正しく配置される。

> 原核生物のリボソームは真核生物のリボソームと異なる。細菌に効く抗生物質のなかには、真核生物型リボソームには結合せず、原核生物型リボソームのみに結合して機能阻害をもたらすものがある。そのために、真核細胞には影響を及ぼさずに、細菌細胞のみを選択的に障害することができるのである。

伸長　次に、2番目のコドンに対するアンチコドンを持つアミノ酸-tRNAが、大サブユニットの空のA部位に入り込む（**図9-14**）。大サブユニットは、P部位にあるtRNAとそのアミノ酸の結合を切断し、そのアミノ酸とA部位に入ってきたtRNAのアミノ酸とのあいだでペプチド結合を形成させる。こ

図9-13　翻訳開始機構
開始複合体が形成されて初めて翻訳が始まる。

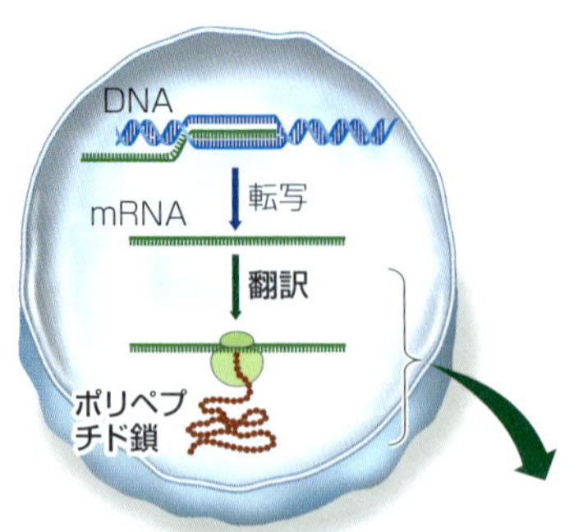

開始

1 小サブユニットがmRNAに結合する

2 メチオニン-tRNAがAUG開始コドンに結合し、開始複合体ができあがる

3 大サブユニットが開始複合体と結合し、メチオニン-tRNAをP部位に取り込む

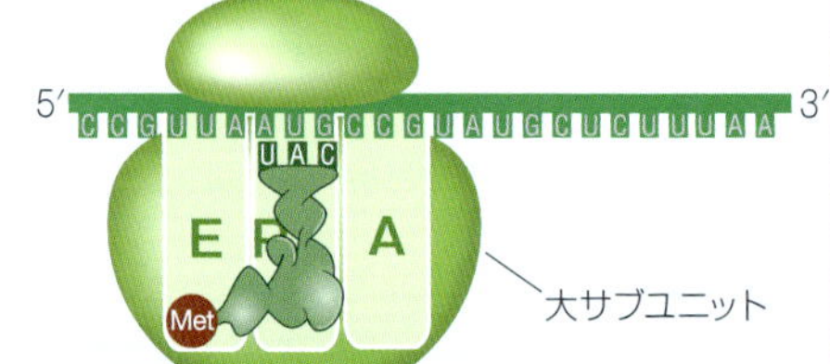

の作用から、大サブユニットにはペプチド転移活性があると言うこともできる。

カリフォルニア大学サンタクルズ校のハリー・ノラー（Harry Noller）らは大サブユニットを構成しているタンパク質をすべて除去しても、ペプチド結合を転移させる活性があることを発見した。しかし、rRNAを破壊すると、その活性は失われた。大サブユニットのrRNAの一部は、アミノ酸を結合したtRNAと相互作用しており、ペプチド転移反応はrRNAに触媒作用があるのかもしれない。一般的に生物での触媒作用はタンパク質が担っているので、これは異様に思える。しかし近年になって、リボソームが精製、結晶化され、その構造を詳細に調べることが可能になったおかげで、rRNAの触媒作用が確認されている。このことは、DNAよりも前にRNA、特に触媒作用を持つRNAが進化したという仮説（RNAワールド）の根拠ともなっている（第１巻17ページ訳注参照）。

メチオニンが外れた最初のtRNAはE部位に移動し、そこでリボソームから離れ、細胞質に戻っていく。そして、リボソームがmRNAに沿って5′から3′方向に移動するのに従って、いまや２つのアミノ酸を結合している次のtRNAが、P部位に移動してくる。

そして以下のステップが繰り返されることで、伸長反応が進みポリペプチド鎖ができあがっていく。これらの段階は、伸長因子と呼ばれるタンパク質群が関与している。

①次のアミノ酸-tRNAが空のA部位に入り、mRNAのコドンと塩基対を形成する。

②P部位のtRNAにあるポリペプチド鎖がそのtRNAから解離し、A部位にあるtRNAのアミノ酸とペプチド結合を形成する。

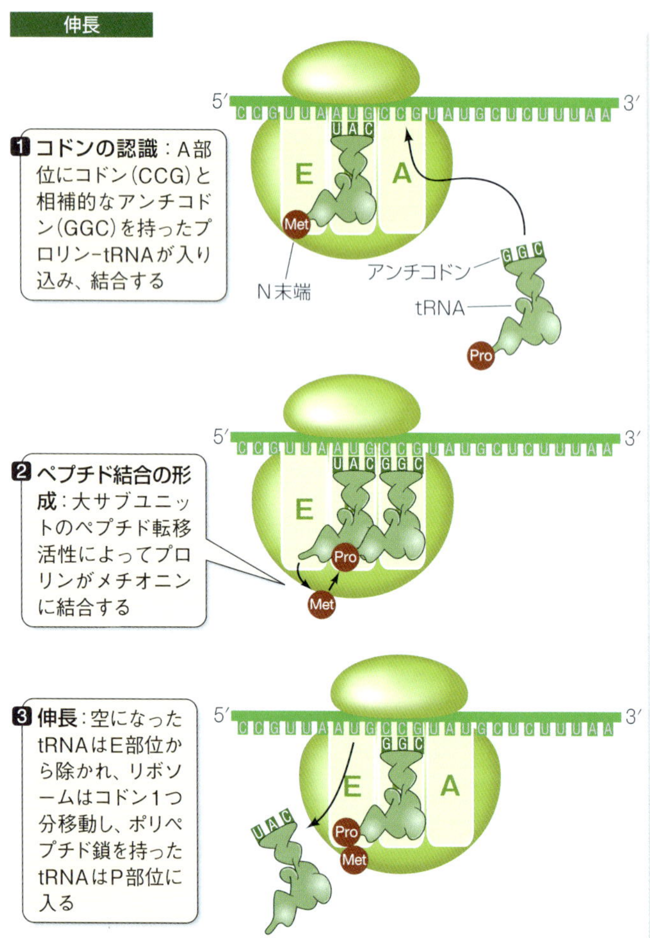

図9-14　翻訳伸長機構
ポリペプチド鎖が伸びていく。

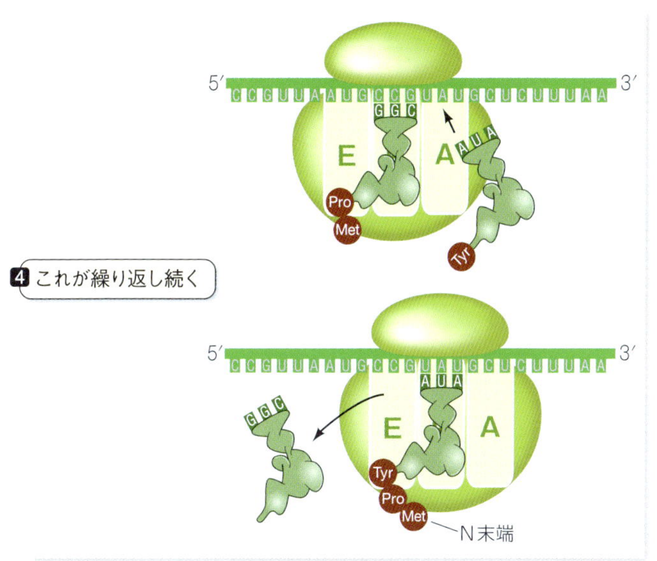

③P部位にあるtRNAはE部位に移動しリボソームから離れる。リボソームはコドン1つ分移動し、新しくできたポリペプチド鎖-tRNA複合体はP部位に移動する。

終結　A部位に終止コドン（UAA、UAG、UGA）が入ると、伸長サイクルは止まり翻訳が終了する（**図9-15**）。終止コドンには、tRNAの代わりに終結因子というタンパク質が結合し、P部位にあるポリペプチド鎖とtRNAのあいだで加水分解が起きる。

こうして、できあがったポリペプチド鎖はリボソームから離れる。そのC末端には最後のアミノ酸が、N末端には（少なくとも最初は）メチオニンが結合している。このアミノ酸配列に

終結

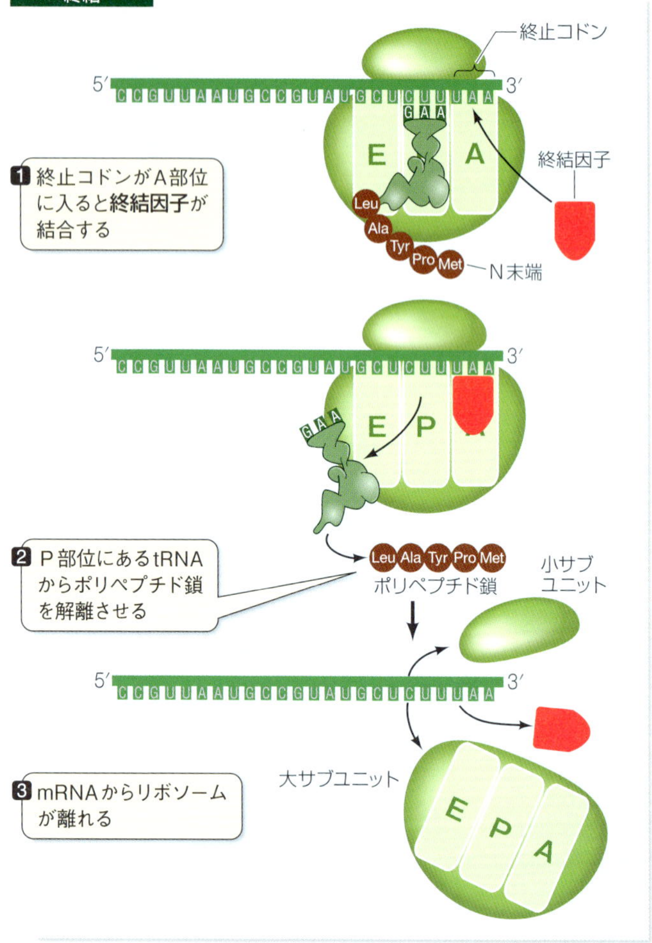

図9-15　翻訳終結機構
A部位に終止コドンが入ると翻訳は終了する。

よってタンパク質の立体構造が決まり、究極的には細胞の運命、その個体の運命や環境も決まってしまうことになる。

表9-1に、転写と翻訳における開始・終結のための核酸のシグナルを示した。

表9-1　転写と翻訳の開始・終結のシグナル

	転写	翻訳
開始	DNAの プロモーター配列	mRNAの開始コドン (AUG)
終結	DNAの 終結配列	mRNAの終止コドン (UAA、UAG、UGA)

ポリソームを形成してタンパク質合成スピードを上げる

1本のmRNAにはいくつかのリボソームが同時に結合しタンパク質を合成することがある。最初に結合したリボソームがシャイン・ダルガーノ配列から十分離れると、2個目の翻訳開始複合体が作られ、それから3個目……と続いていく。こうしてできるmRNAと数珠状のリボソーム、そこから伸びる合成途中のポリペプチド鎖のことを**ポリリボソーム**、もしくは**ポリソーム**と呼ぶ（**図9-16**）。活発にタンパク質を合成している細胞には、数多くのポリソームが存在する。

ポリソームは、カフェテリアで並んでいる客のようなものである。客は列に並びながら自分のトレイに品物を載せていく。列に並びたての人のトレイの上の食べ物は少ない（つまりアミノ酸数が少ない）が、列の最初の人は完成した食事（つまり、ポリペプチド鎖が完成）となっている。しかし、このポリソームカフェテリアでは、客全員が同じ食事を取らねばならない（1つのmRNAからは1種類のタンパク質しかできない）。

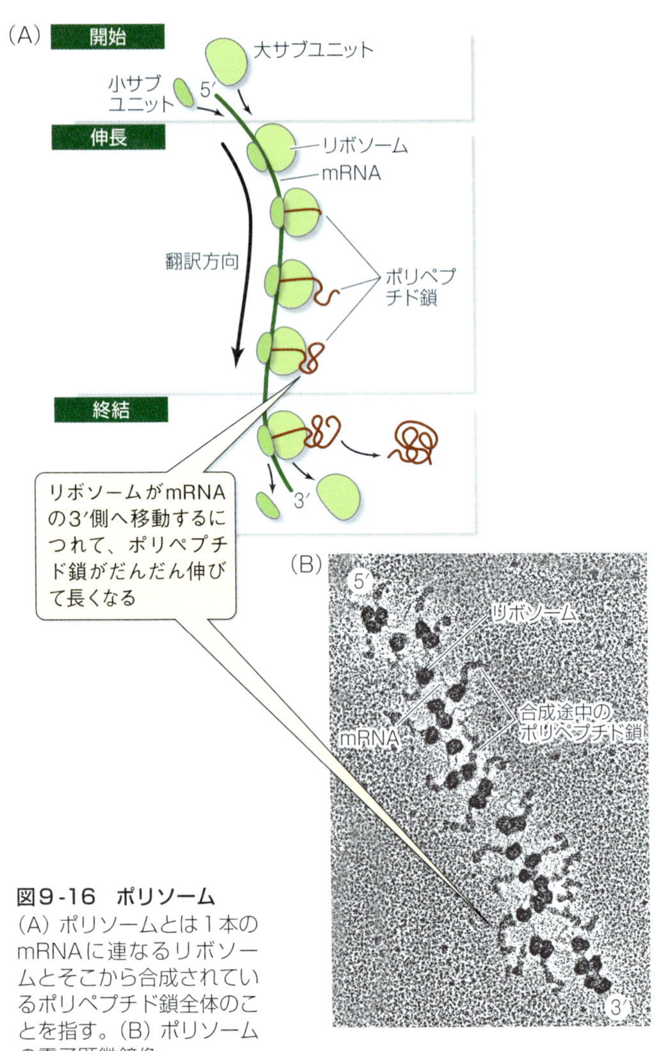

図9-16　ポリソーム

(A) ポリソームとは1本のmRNAに連なるリボソームとそこから合成されているポリペプチド鎖全体のことを指す。(B) ポリソームの電子顕微鏡像。

9.5 翻訳後のポリペプチド鎖に何が起こるのだろうか？

リボソームから解離したてのポリペプチド鎖が、ただちに機能を発揮しないこともある。次にポリペプチド鎖のその後の運命と機能を左右する翻訳後修飾について見ていこう。

真核生物では、ポリペプチド鎖の機能する場所が、合成される場所から遠く離れていることがある。ポリペプチド鎖には、細胞質から細胞内小器官や細胞外に移動するものもあれば、さらに化学的修飾を受けて機能を獲得するものも多くある。この節では、この翻訳後修飾の代表例を２つほど見ていこう。

シグナル配列によってタンパク質の行き先が決まる

ポリペプチド鎖はリボソームから外れると立体的な構造をとる。その立体構造はアミノ酸配列およびアミノ酸側鎖の極性や電荷といった要因によって決まり、基質や他のタンパク質との相互作用に重要な影響を及ぼす。アミノ酸配列には、この立体構造決定の情報以外に**シグナル配列**が含まれていることがある。これは、タンパク質の細胞内での行き先を示す“住所タグ”のようなものである。シグナル配列がないタンパク質の多くは、細胞質内にとどまるが、シグナル配列がついているタンパク質は特定の場所へ輸送される。

タンパク質合成は細胞質を漂っているリボソームによって始まるが、シグナル配列が作られると、その情報によって次の指令のどちらかが与えられる（**図9-17**）。

- 翻訳を終わらせて細胞内小器官へと出発せよ。
- 翻訳を中断して、小胞体に移動した後再開し、そこで合成を完了せよ。

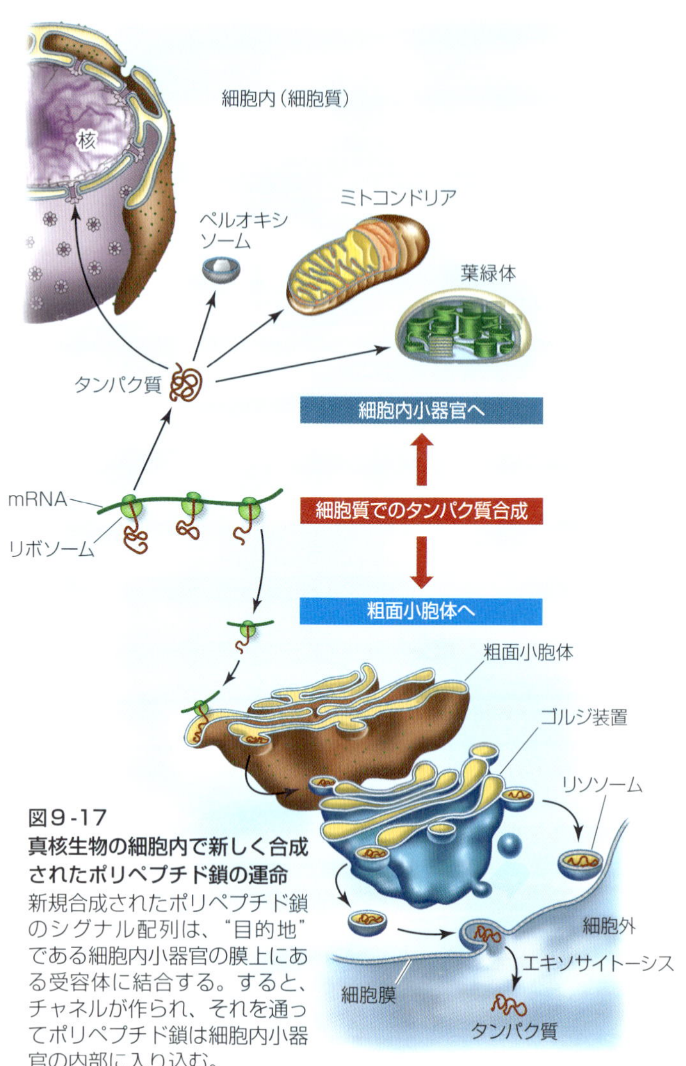

図9-17
真核生物の細胞内で新しく合成されたポリペプチド鎖の運命
新規合成されたポリペプチド鎖のシグナル配列は、"目的地"である細胞内小器官の膜上にある受容体に結合する。すると、チャネルが作られ、それを通ってポリペプチド鎖は細胞内小器官の内部に入り込む。

行き先が核やミトコンドリア、葉緑体の場合　翻訳が終わり、折り畳まれたポリペプチド鎖の表面には“郵便番号”のような役割をする短いアミノ酸配列（シグナル配列、局在配列）が露出しており、それによって細胞内小器官へ送られる。このシグナル配列はアミノ酸配列のN末端か途中にある。核へと移行するシグナル配列の代表例が次の配列である。

－Pro－Pro－Lys－Lys－Lys－Arg－Lys－Val－

このアミノ酸配列は、核DNAに結合しているヒストンタンパク質に見られる。当然、ミトコンドリア内に局在するクエン酸回路の酵素には見られない。

シグナル配列は標的の細胞内小器官の外側の膜にある受容体タンパク質（**ドッキングタンパク質**）に結合する。受容体タンパク質はチャネル（膜を貫通するトンネル）を形成し、そこを通ってシグナル配列とそれに続くポリペプチド鎖は細胞内小器官の内部に入り込む。この際、ポリペプチド鎖はシャペロニン※によって本来の立体構造とは異なるチャネルを通過しやすい構造となっている。チャネルを通った後は、再び折り畳まれて正しい立体構造になる。

※**訳注**：タンパク質の立体構造の形成を補助するタンパク質群をシャペロンという（社交界にデビューする娘をサポートする婦人の意味のフランス語“chaperon”にちなむ）。シャペロニンはその一種である。

行き先が小胞体の場合　もしN末端に15から30個のアミノ酸の疎水的な配列があると、そのポリペプチド鎖は小胞体へと送られ、その後ゴルジ装置での修飾を経てリソソームや細胞膜、細胞外などへ輸送される。翻訳途中でポリペプチド鎖がまだリボソームに結合している段階で、タンパク質とRNAでできている**シグナル認識粒子**がシグナル配列に結合する（**図9-18**）。

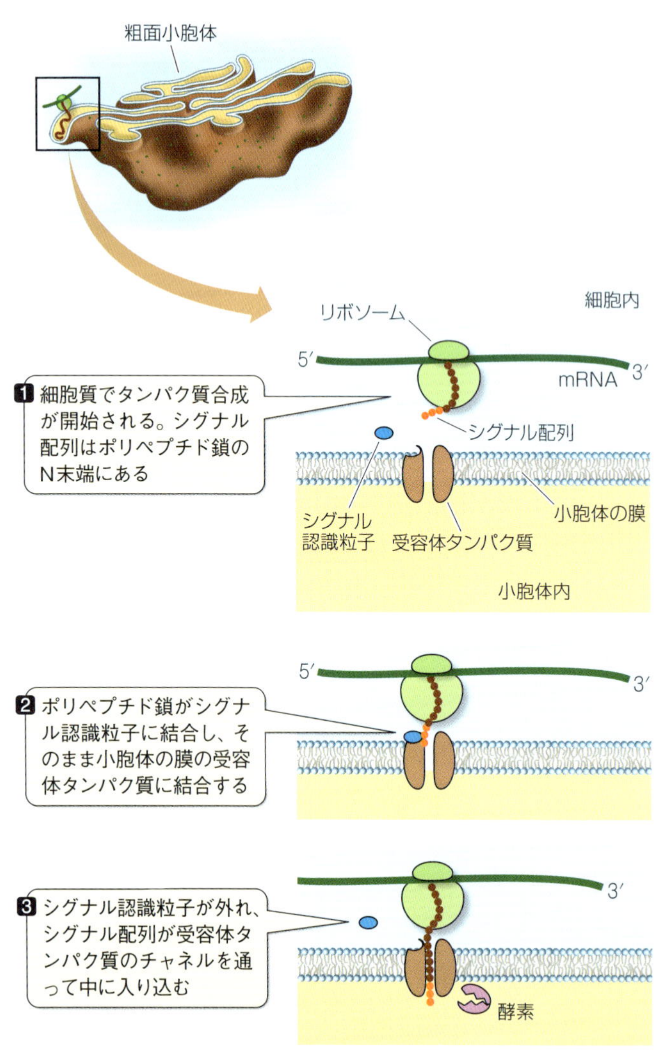
粗面小胞体
リボソーム
細胞内
5′
3′
mRNA
1 細胞質でタンパク質合成が開始される。シグナル配列はポリペプチド鎖のN末端にある
シグナル配列
シグナル
認識粒子
受容体タンパク質
小胞体の膜
小胞体内
5′
3′
2 ポリペプチド鎖がシグナル認識粒子に結合し、そのまま小胞体の膜の受容体タンパク質に結合する
3′
3 シグナル認識粒子が外れ、シグナル配列が受容体タンパク質のチャネルを通って中に入り込む
酵素

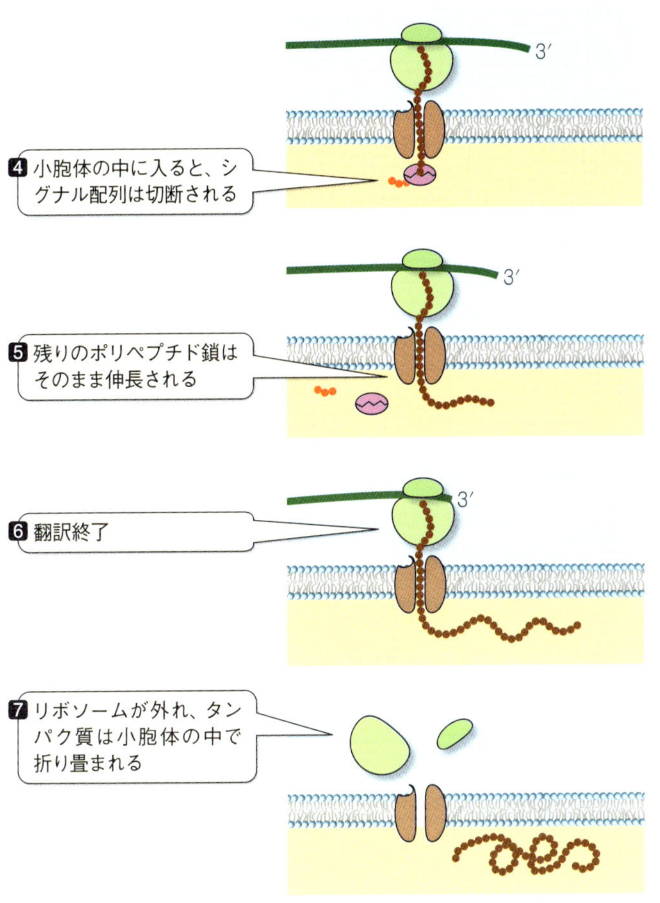

図9-18　シグナル配列がポリペプチド鎖を小胞体内に送り込む
ある種のシグナル配列がポリペプチド鎖のN末端にあると、そのポリペプチド鎖は小胞体内に取り込まれ、細胞質から隔離される。

これにより、一時的にタンパク質合成が停止し、リボソームが粗面小胞体の膜にある受容体タンパク質に結合すると再開する。この受容体タンパク質はチャネルにもなり、合成途中のポリペプチド鎖をルーメンと呼ばれる小胞体内腔へと通す。ここで、シグナル配列は取り除かれる。

この時点でタンパク質合成が再び始まり、ポリペプチド鎖は伸長を続ける。翻訳の終わったタンパク質は小胞体のルーメンに入り、ゴルジ装置などを介して輸送される。これにより、細胞質内のタンパク質が混じることのない他の細胞内小器官や細胞外などへの輸送が可能となる。

小胞体からの輸送には、さらなるシグナルが必要となる（タンパク質を小胞体へ届けたシグナル配列は、すでに取り除かれている）。こうしたシグナルには、そのまま小胞体内にタンパク質をとどめておくアミノ酸配列とゴルジ装置で付加される糖成分がある。ゴルジ装置で糖修飾を受けたタンパク質（糖タンパク質）は、その糖によって細胞膜やリソソーム、植物の液胞などの行き先が決定する。さらなるシグナルがないタンパク質は、そのまま小胞体からゴルジ装置を経由して細胞外へと分泌される。

多くのタンパク質が翻訳後修飾を受ける

翻訳後修飾には図9-19にあるような種類がある。こうした修飾によって最終的なタンパク質の機能は決まってくる。

- **タンパク質分解**　小胞体でシグナル配列が切り取られるのも一種のタンパク質分解である。タンパク質には、複数のタンパク質となる配列を１本のポリペプチド鎖に含んで合成されるものがある。そして、プロテアーゼによって分割され、各々のタンパク質ができあがる。この元のポリペプチド鎖は

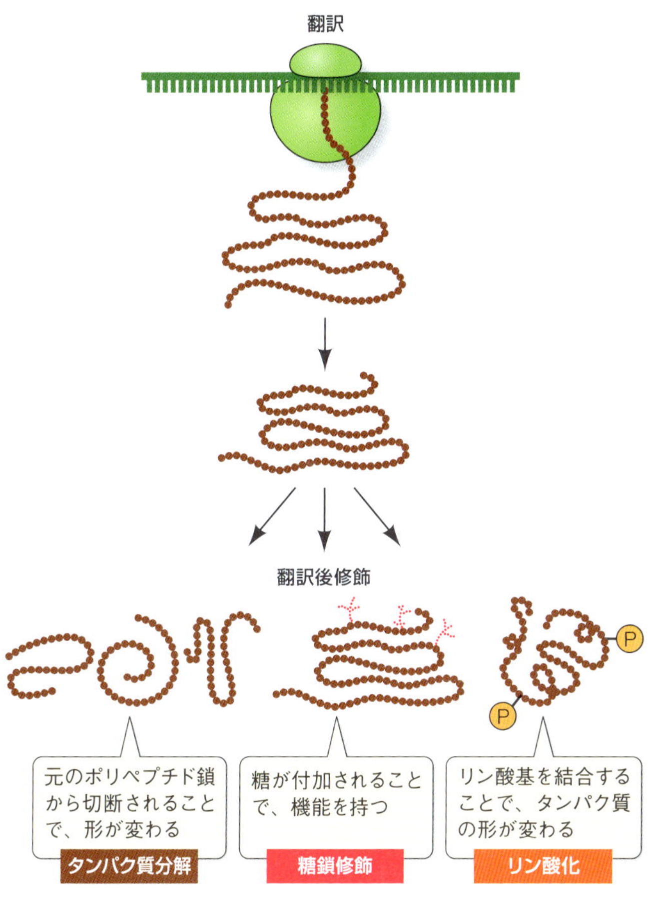

図9-19　タンパク質の翻訳後修飾
ポリペプチド鎖の大半は、翻訳後に修飾され機能を持つようになる。

ポリタンパク質（前駆体）と呼ばれている。

> ある種のウイルスにとってプロテアーゼは重要である。ウイルスのタンパク質はポリタンパク質として合成され、切断により分割されないと正しく折り畳まれないからである。エイズの治療薬には、HIVプロテアーゼを阻害しウイルスの複製を妨害するものもある。

■**糖鎖修飾**　小胞体やゴルジ装置で、ある特定のアミノ酸の側鎖に糖や短い糖鎖が修飾される。そのいくつかは、タンパク質の行き先を決める分子ともなることは、すでに述べた。他には、立体構造や細胞表面でのタンパク質機能に重要な役割を果たしたりする。植物の種子では、液胞のタンパク質を安定化させる役目も担う。

■**リン酸化**　タンパク質キナーゼによってタンパク質にリン酸基が付加されることもある。電荷を持つリン酸基の付加により立体構造変化が起こり、酵素の活性部位や他のタンパク質との結合部位が露出することが多い。

9.6 突然変異とは何か？

当然ながら、タンパク質が機能を持つのはアミノ酸配列が正しい場合の話である。その配列が正しくなければ、細胞機能すらも失われてしまうかもしれない。アミノ酸配列が異常となる最大の原因は、DNA配列の変化（突然変異）である。

第7章では、遺伝子の変化が突然変異であり、その結果新しくできた遺伝子が別の表現型を生み出す（例えば、短い茎のエンドウ）と述べた。今度は、突然変異をDNA、染色体レベルで考えてみよう。

DNA複製時のエラーは、どんな細胞でも細胞周期ごとに起こりうるし、そうした突然変異は娘細胞へと受け継がれていく。多細胞生物での突然変異には、体細胞で起こる体細胞突然変異と、配偶子を作る生殖系列細胞で起こる生殖細胞突然変異の2種類がある。

- **体細胞突然変異**は、有糸分裂後の娘細胞へと伝わり、分裂後の細胞に受け継がれていくが、生殖細胞へは受け継がれない。例えば、ヒトの皮膚の細胞で突然変異が起きても、それは皮膚のシミを作ることになるかもしれないが、子供へは伝わらない。子供にも同じようなシミができることはない。
- **生殖細胞突然変異**を持つ配偶子は、受精により新しい生命へと受け継がれる。

突然変異の中には、ある特別な条件のときのみ表現型が明らかになるが、それ以外のときは顕在化しないものがある。こうした**条件突然変異**の多くは、ある特定の温度環境のときのみ表現型を示す温度感受性突然変異であり（図7-18のウサギ参照）、温度変化で容易に変化する不安定な三次構造を持った酵素の遺伝子の突然変異である。

すべての突然変異がDNAのヌクレオチド配列の変化であり、**点突然変異**と**染色体の突然変異**の２つに分類される。

- 点突然変異とは単一の塩基のみが変化した変異である。したがって、１個の遺伝子のみの変異となる。対立遺伝子の片方のみが変異する。
- 染色体の突然変異は、染色体のある部分が欠落したり、重複したり、あるいは他の染色体と結合するといった大規模な遺伝子変異である。多数の遺伝子に同時に多彩な変異が生じ得る。

点突然変異は１塩基の突然変異である

点突然変異には、１塩基の挿入、欠失、置換の３種類が考えられる。これらの突然変異は、DNA複製時に校正されずに残ったエラーによって起こることもあるし、化学物質や放射線などによって引き起こされることもある。DNA上の点突然変異は、必ずmRNAの突然変異となるが、タンパク質への影響はさまざまである。

サイレント突然変異　遺伝暗号の重複のために、塩基置換してもアミノ酸は変わらないものもある。こうした突然変異は**サイレント突然変異**と呼ばれる。例えば、DNA突然変異によってmRNAがCCGからCCUに突然変異（つまりDNAでは、5′-CGG-3′が5′-AGG-3′に変化）しても、プロリンとなるmRNAのコドンはCCA、CCC、CCU、CCGの４つある（**図9-8**参照）ため、結局プロリンのまま変わらない。このため、サイレント突然変異は表現型には現れない遺伝的多様性を生み出すことになる。

サイレント突然変異

12番目の塩基がC→Aへと突然変異

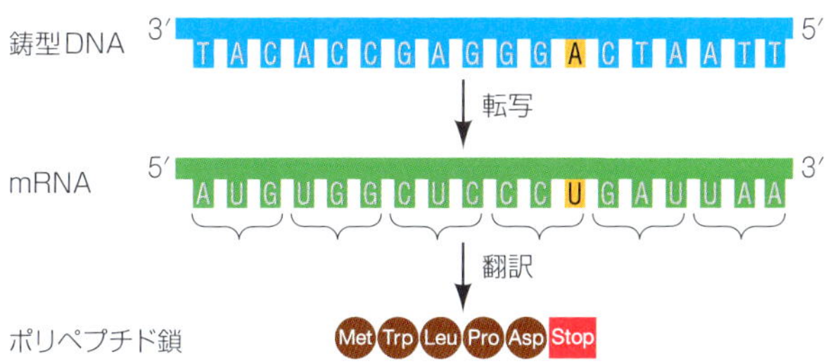

ミスセンス突然変異　同じ塩基置換であっても、サイレント突然変異とは異なりタンパク質のアミノ酸を1つ変化させる突然変異は**ミスセンス突然変異**と呼ばれる。

ミスセンス突然変異

14番目の塩基がT→Aへと突然変異

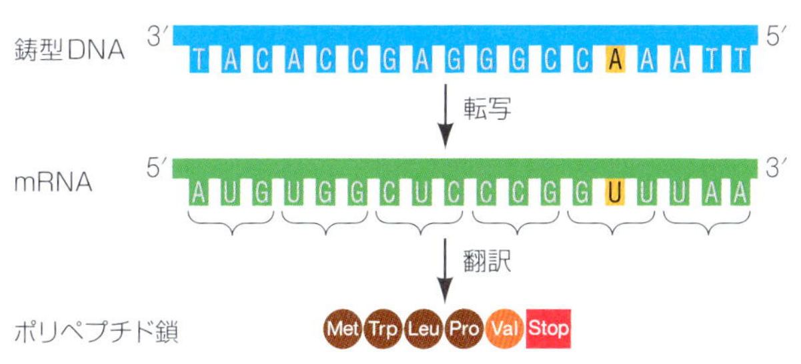

5番目のアミノ酸がAspからValへと突然変異

このミスセンス突然変異の代表例が、βグロビン突然変異による鎌状赤血球貧血症である。ヘモグロビンのサブユニットの

1つであるβグロビン遺伝子が突然変異を受け、その結果ある1つのアミノ酸が異なっている。この劣性の対立遺伝子を同型接合（ホモ）で持つと、赤血球が鎌状になり、酸素をうまく輸送できず循環動態が悪化し深刻な病態となる（**図9-20**）。

ミスセンス突然変異により、タンパク質機能は完全に失われるかもしれないが、その効率が低下するだけで済む場合もある。つまり、ミスセンス突然変異が起きても、たとえそれが生命に不可欠のタンパク質であっても、生存することが可能かもしれない。進化の過程では、ミスセンス突然変異のなかには効率を低下させるのではなくて、むしろ改善させるものもあっただろう。

鎌状赤血球

正常赤血球

図9-20　鎌状赤血球と正常赤血球
ヘモグロビンサブユニットのミスセンス突然変異による赤血球の奇形。

ナンセンス突然変異　これも塩基置換による突然変異なのだが、ミスセンス突然変異よりも破壊的である。**ナンセンス突然変異**は、塩基置換により終止コドンが新しくできてしまうような突然変異である。途中に終止コドンができるため、それ以降の翻訳が止まり、本来よりも短いタンパク質となる。このようなタンパク質は大抵機能を持ち合わせていない。

ナンセンス突然変異

５番目の塩基がＣ→Ｔへと突然変異

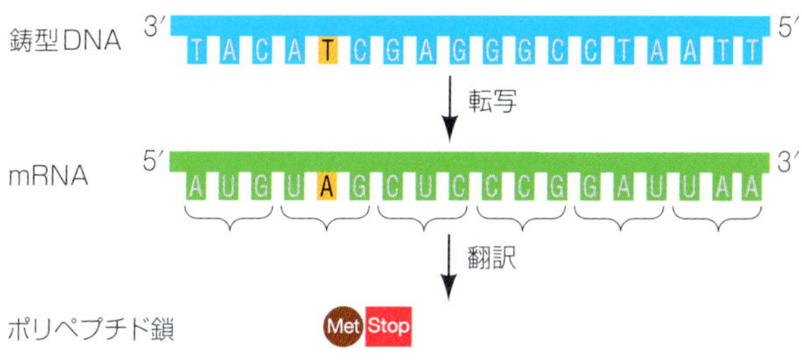

たった１つのアミノ酸だけが翻訳される

フレームシフト突然変異　今までの突然変異は塩基置換だが、ある１つの塩基が挿入または欠失する場合もある。この突然変異は、**フレームシフト突然変異**と呼ばれている。

フレームシフト突然変異

６番目と７番目の塩基のあいだにＴが入る

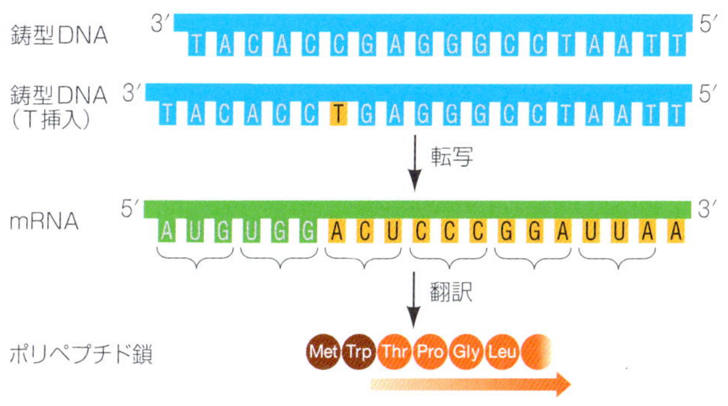

挿入以降のアミノ酸すべてが変わる

コドンは3文字であり、その3つ組にアミノ酸が対応している。翻訳はその3つ組コドンを次から次へと隙間なく進んでいく。もし1塩基がmRNAの途中に挿入されていたり、もしくは欠けていたりすると、その場所までは翻訳は正常に進むだろうが、その場所からのコドンは違うものになる。つまり、コドンの枠がずれてしまっているのだ。フレームシフト突然変異もまた、大抵の場合、タンパク質は機能を持たないものになる。

染色体の突然変異は遺伝物質に多大な変化をもたらす

点突然変異は全体から見ればたいした変化ではない。しかし、染色体全体が切断・再結合し、遺伝情報の並びが大いに乱されることもある。染色体の突然変異には、欠失・重複・逆位・転座の4種類ある。これらの突然変異は、突然変異原による染色体障害か染色体複製時の大規模なエラーにより起こる。

- **欠失**　染色体の一部の領域が除かれることである（**図9-21A**）。影響を受けた遺伝子がその細胞で不必要であるか、正常な対立遺伝子が存在し影響がない場合であれば問題ない。しかし、そうでない場合は深刻な結果となる。欠失は、DNA分子が2ヵ所で切断され、そのあいだのDNAを飛ばして断片同士が再結合することでできる。
- **重複**　欠失と同時にできうる（**図9-21B**）。相同染色体同士が、それぞれ異なった場所で切断され、互いに相手の断片と再結合することで起きる。そのため、できあがった2本の染色体のうち1本はDNA領域が欠け（欠失）、もう1本はその欠けたDNA領域を2つ持つ（重複）。
- **逆位**　これも染色体の切断と再結合によってできる。あるDNA領域が切り出され、再び同じ場所に挿入されるが、断片がひっくり返って逆向きに挿入されたものである（**図9-**

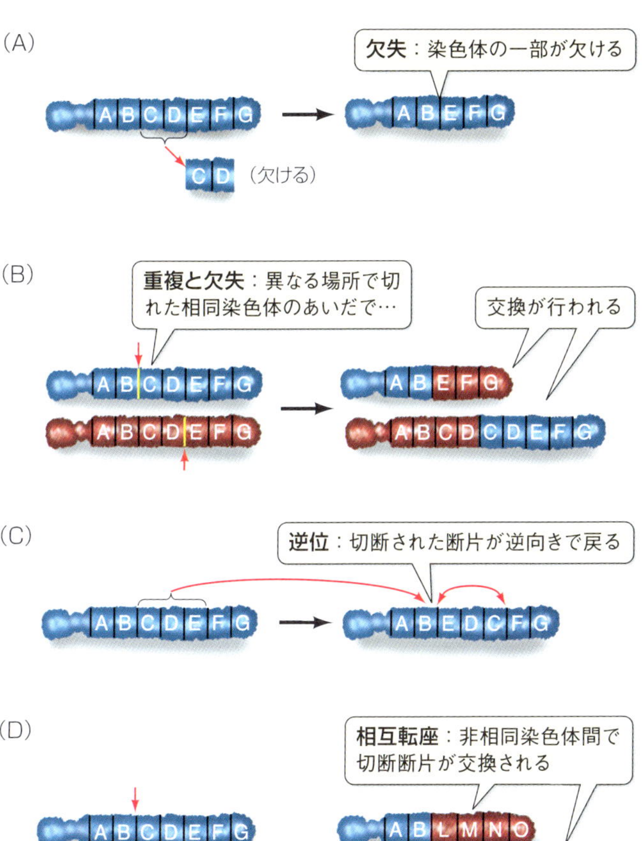

図9-21　染色体の突然変異
染色体は複製時に切断され、元とは異なった結合をしてしまうかもしれない。

21C)。もし切断箇所にタンパク質をコードする遺伝子が含まれていれば、そのタンパク質は劇的な変化を受け、多くの場合機能不全となる。

■ **転座**　DNAのある領域が切り出され、違う染色体へと挿入されてできる。転座には、図9-21Dのような相互転座と図9-21Bのような重複・欠失を含む非相互転座がある。転座は重複・欠失になることが多く、有糸分裂の際染色体同士がペアを組むことができず不妊となることもある。

突然変異は自発的にも起きるし、人為的に誘発させることもできる

突然変異はその原因によって**自発的突然変異**と**誘発的突然変異**の2種類に分類することができる。自発的突然変異は、外界からの影響なしに遺伝物質に恒常的に起きている。言い換えるなら、細胞という機械が単に不完全なために起きる。一方で、誘発的突然変異は、細胞外からの**突然変異原**がDNAに恒久的な変化をもたらすために起きる。

自発的突然変異の発生機構

■ **DNAの4つの塩基はいくぶん不安定である**　どの塩基も、1つはありふれた、1つはまれな、2つの形状になることが可能である（互変異性体）。まれな互変異性体になると、間違った塩基とペアを組むことがある。例えば、Cは通常ではGと塩基対を形成するが、Cがまれな互変異性体であると、Aと塩基対を形成する。もしDNA複製時にこれが起きると、G→Aの点突然変異になってしまう（図9-22A、C）。

■ **化学反応によって塩基は変わることもある**　例えば、シトシンのアミノ基が失われると（脱アミノ化）、ウラシルになっ

てしまう。DNA複製時であれば、シトシンのペアであるGの代わりに、ウラシルのペアとなるAが入り込んでしまい、G→Aの突然変異となる。

- **DNAポリメラーゼもまた複製時にエラーを起こす**（8.4節参照） 例えばGに対してTを入れてしまう。こうした突然変異の大半は、DNA複製複合体の校正機能によって修復されるが、中にはその監視を潜り抜けて恒常的な突然変異となるものもある。
- **減数分裂は完璧ではない**　減数分裂の際、染色体分離がうまくいかず、その結果、染色体数が多くなったり少なくなったりする（異数性、**図6-22**参照）。先に述べたように、ランダムな染色体の切断と再結合は、欠失や重複、逆位、非相同染色体同士であれば転座の原因となる。

突然変異原による誘発的突然変異の発生機構

- **ある種の化学物質は塩基を変える**　例えば、亜硝酸（HNO_2）とその類縁体は脱アミノ化（アミノ基（$-NH_2$）をケトン基（$-C{=}O$）に変換する）によってシトシンをウラシルに変えてしまう（**図9-22B、C**）。
- **ある種の化学物質は塩基に官能基を付加する**　例えば、煙草の煙に含まれるベンツピレンはグアニンに大きな官能基を結合させ、塩基対形成を阻害する。DNAポリメラーゼがそのように修飾されたグアニンに出会うと、そのペアとして4つの塩基のうちどれかを適当に入れてしまう。もちろん4分の3の確率で突然変異となる。
- **放射線は遺伝物質に障害を与える**　この方法には2種類ある。1つ目は、電離放射線（X線）によるラジカルという非常に反応性の高い化学物質の産生である。その物質によって

(A)自発的突然変異

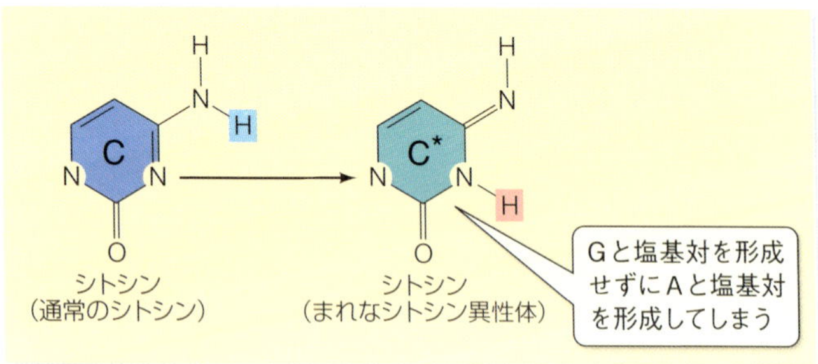

(B)誘発的突然変異

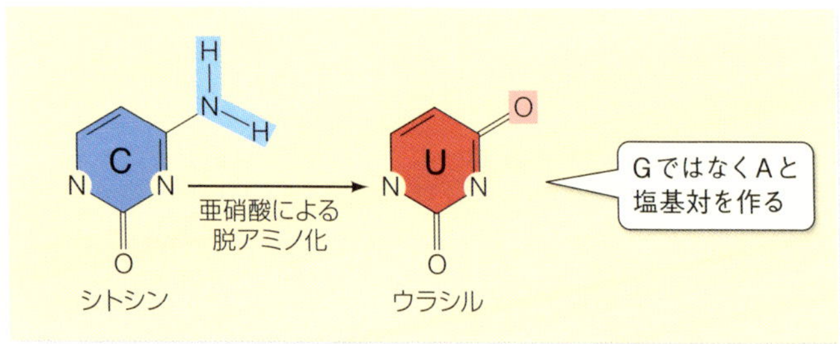

塩基がDNAポリメラーゼによって認識されないようなものに変えられてしまう。さらに、DNAの糖-リン酸骨格をも破壊し、染色体異常を引き起こしたりもする。2つ目は、太陽からの紫外線照射である。そのエネルギーがDNAのチミンに吸収されると、隣のヌクレオチドの塩基間で共有結合を形成しDNA複製を混乱させる。

突然変異には、犠牲もあれば恩恵もある。犠牲は自明であろ

(C)(A)、(B)の突然変異の続き

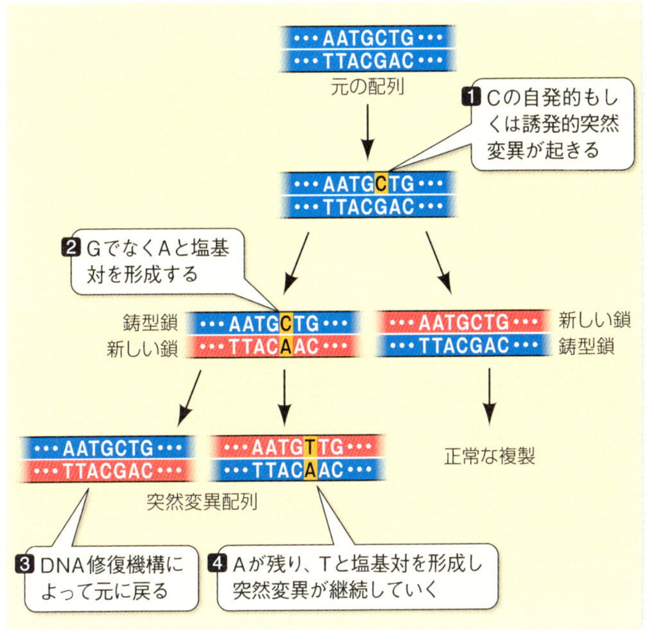

図9-22　自発的突然変異と誘発的突然変異
(A) DNAの塩基はどれも互変異性体を持つ。通常とは異なる互変異性体は異なる塩基と対を形成することができる。(B) 亜硝酸のような突然変異原は塩基そのものを変えてしまう。(C) 自発的であれ誘発的であれ、複製後も突然変異による塩基配列の変化は存在する。

う。突然変異によって現在の環境に適さない生命体が発生することがある。体細胞突然変異は癌を引き起こすことがある（第14章〈第3巻〉参照）。一方で、進化圧に対応する遺伝的多様性を作り出す生殖細胞突然変異は、生命にとって重要である。

突然変異は進化の礎である

突然変異なしでは、進化もまたありえない。突然変異は進化を必ずしも前進させるものではないが、自然選択や進化の力となる遺伝的多様性を生み出す。

基本的には突然変異はまれである。その頻度は生命体によって違うし、同じ生命体でも遺伝子によって異なってくる。大体、１回のDNA複製につき１万塩基対に１つ以下の割合で起こるが、10億塩基対に１つと低頻度のときもある。大半の突然変異が、DNA複製時に新しいDNA鎖を作る際に起こる塩基置換である。

突然変異はその生命体を傷つけることもあれば、なにもしない（生存能力や繁殖能力に影響がない）こともある。突然変異によって、生命体の環境への適応力が改善したり環境変化に都合がよかったりすることも、たまにある。

地球上にいる生物は、複雑なものほどより多くの遺伝子を持っているようである。例えばヒトは原核生物の20倍もの遺伝子を持っている。では、新しい遺伝子はどうやってできてきたのだろうか？　全遺伝子は重複によりできたという考え方がある。重複によって増えた遺伝子を使ってよりよいものを作ることができる。つまり、２コピーある遺伝子の１つに突然変異が起きても、残りの遺伝子が機能しているので生存には影響がない。そして、その遺伝子は突然変異を繰り返していく。

そのようなランダムな突然変異が蓄積し有用なタンパク質を合成するようになれば、自然選択され新しい遺伝子は永続するだろう。遺伝子の新しいコピーは第10章と第11章で扱うトランスポゾンによっても起こる。

チェックテスト (答えは1つ)

1. RNAとDNAの違いに関する以下の記述のうち、正しくないものはどれか?

ⓐRNAの塩基にはウラシルがあるが、DNAはチミンである。
ⓑRNAの糖はリボースであるが、DNAはデオキシリボースである。
ⓒRNAには5種類の塩基があるが、DNAは4種類である。
ⓓRNAは1本鎖であるが、DNAは2本鎖である。
ⓔRNAは、ヒトの染色体DNAよりも小さい。

2. 通常アカパンカビは20種類すべてのアミノ酸を合成することができる。今、ここに栄養最少培地では生育できないが、培地にロイシンを加えると生育可能になるアカパンカビの株がある。この株について正しいものはどれか?

ⓐエネルギーをロイシンに依存している。
ⓑタンパク質合成するための経路に影響するような突然変異がある。
ⓒ20種類のアミノ酸すべてを合成する経路に影響するような突然変異がある。
ⓓロイシンを合成する経路に影響するような突然変異がある。
ⓔロイシン以外の19種類のアミノ酸を合成する経路に影響するような突然変異がある。

3. ここに5′-AUGAAAUCCUAG-3′という配列のmRNAがある。ではこのmRNAの鋳型となったDNAの配列はどれか?

ⓐ5′-TACTTTAGGATC-3′
ⓑ5′-ATGAAATCCTAG-3′
ⓒ5′-GATCCTAAAGTA-3′
ⓓ5′-TACAAATCCTAG-3′
ⓔ5′-CTAGGATTTCAT-3′

4. 4文字表記の核酸を20文字のアミノ酸に翻訳する際に、アダプターとして対応するのは次のうちどの分子か?

ⓐアミノアシル-tRNA合成酵素
ⓑtRNA
ⓒrRNA
ⓓmRNA
ⓔリボソーム

5. ある遺伝子の非鋳型DNA鎖にGAAという配列があり、この読み枠で翻訳されている。いま、このGAAが突然変異してGAGに変わってしまった。このような突然変異を何と言うか？

ⓐサイレント突然変異
ⓑミスセンス突然変異
ⓒナンセンス突然変異
ⓓフレームシフト突然変異
ⓔ転座

6. 転写について正しいものはどれか？

ⓐmRNAのみを合成する。
ⓑリボソームを必要とする。
ⓒtRNAを必要とする。
ⓓ5′端から3′端へとRNAを合成する。
ⓔ真核生物の細胞のみでの反応である。

7. 翻訳に関する以下の記述のうち、正しくないものはどれか？

ⓐRNAから直接ポリペプチド鎖を合成することである。
ⓑmRNAは一度に一つのリボソームによる翻訳しかできない。
ⓒ大抵の生物や（翻訳が行われる）細胞内小器官で、遺伝暗号は共通である。
ⓓリボソームはどんなmRNAでも翻訳することができる。
ⓔ開始コドンから始まって終止コドンで終わる。

8. RNAに関する以下の記述のうち、正しくないものはどれか？

ⓐtRNAは翻訳時に使われる。
ⓑrRNAは翻訳時に使われる。
ⓒすべてのRNAは転写によって作られる。
ⓓmRNAはリボソーム上で作られる。
ⓔmRNA、tRNA、rRNAのすべては、DNAを鋳型としている。

9. 遺伝暗号に関する以下の記述のうち、正しいものはどれか？

ⓐ原核生物と真核生物では全然違っている。
ⓑ進化過程上、最近変化があった。
ⓒアミノ酸をコードするのに64種類のコドンで対応している。
ⓓ多くのアミノ酸で1種類以上のコドンが対応している。
ⓔ1種類のコドンから数種類のアミノ酸が作られることがある。

10. UGGというコドンがUAGというコドンに変化した突然変異を何と言うか？

ⓐナンセンス突然変異
ⓑミスセンス突然変異
ⓒフレームシフト突然変異
ⓓ大規模突然変異
ⓔ大したことは起きない

テストの答え　1.ⓒ　2.ⓓ　3.ⓔ　4.ⓑ　5.ⓐ
6.ⓓ　7.ⓑ　8.ⓓ　9.ⓓ　10.ⓐ

第10章

ウイルスと原核生物の遺伝学

トリウイルスが変異してヒトに感染する

香港のある3歳の男児が咳と熱を発症したのは1997年5月9日のことだった。抗生物質とアスピリンを飲んでも熱は高くなる一方で、5月15日には入院したものの、不幸なことにその6日後に呼吸器不全で死亡した。

死亡前に肺から採取した検体を哺乳類の腎臓由来の培養細胞に添加したところ、2日後にその培養細胞は死滅し、細胞からは大量のインフルエンザウイルスが放出されていた。香港病院の公衆衛生チームは、男児のインフルエンザウイルスは前年の冬に流行した株の1つであると考えて、ウイルスがヒトの細胞に吸着するためのウイルス表面の糖タンパク質を探した。しかし、何も見つからず、ヒトに感染する典型的なウイルスではないとしかわからなかった。

8月には、それまでニワトリにしか感染が知られていなかったH5N1型ウイルスであることが判明した。少年の保育園では子供の遊び相手として飼っていたニワトリも数羽死んでおり、そのウイルスと少年のウイルスのDNAが一致した。さ

図10-1　養鶏
極東全域にトリインフルエンザが広がり、養鶏は、ある意味“危険な”職業となりつつある。

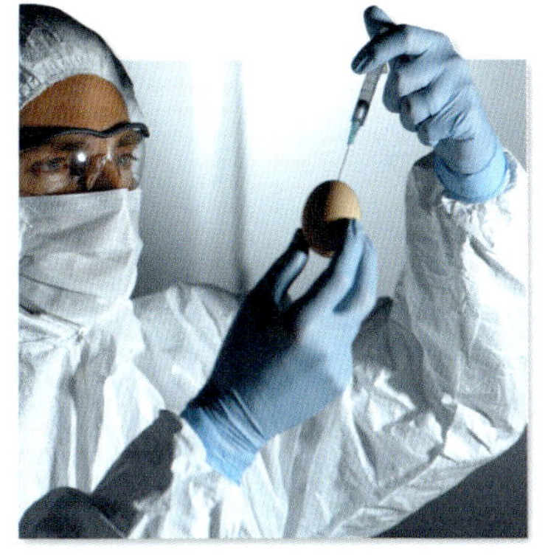

図10-2　ワクチンの探索
ワクチンの開発の一環でトリインフルエンザウイルスを卵に注入している。インフルエンザワクチンの開発は、常に時間との戦いである。ウイルスの進化速度は非常に速いため、新しいワクチンが常に必要となる。

らにウイルス表面の糖タンパク質の遺伝子に突然変異が見つかり、ヒトの細胞に吸着し感染することができるようになっていた。

香港のトリインフルエンザ患者はその後も増え続け、12月までに18人が感染し6人が死亡した。患者とトリインフルエンザを結びつけるものがはっきりしなかったが、犠牲者全員が、発症前に家畜用鳥の市場に出かけていた（**図10-1**）。そこで市場のニワトリを調査したところ、高い割合でH5N1型インフルエンザウイルスに感染していた。香港衛生局は、ただちに中国本土との境界を閉鎖し、すべてのニワトリの処分を指示した。数日のうちに、150万羽のニワトリが処分され、おかげで大規模感染をなんとか免れることができた。

しかし、トリインフルエンザウイルスは沈静化していなかった。H5N1型はアジア以外の大陸でニワトリ以外の鳥類からも見つかり、ヒトへの感染例もある。しかし、今のところ感染した鳥を迅速に処分することで、広範囲な感染の発生は防がれている。

人類は、いつも幸運なわけではない。1918年に流行した“スペイン風邪”は1人の兵士から始まり第一次世界大戦を戦っていたアメリカ軍によりヨーロッパに広がった。その結果、全世界で大流行し4000万人が死亡した。1957年と1968年のインフルエンザ大流行では、それぞれ100万人が死亡した。これらはどれも、インフルエンザウイルス遺伝子に起きたたった1つの変異が原因である（**図10-2**）。

インフルエンザの世界的流行は、今度は一体いつ起きるのだろうか？　その答えは、ウイルスの遺伝子変異とその進化次第である。

この章では ウイルスと細菌の増殖について解説する。まず、ウイルスの性質から宿主への感染、増殖、遺伝子発現について述べる。次に、原核生物がどのように遺伝子を交換し、遺伝子発現を調節しているのかを述べ、最後にDNA配列の解読によってわかったことを説明する。

10.1 ウイルスはどのようにして増殖し、遺伝子を子孫に伝えるのだろうか？

多くの原核生物やウイルスは、遺伝子の構造や機能、伝達方法を研究するモデルとして役立っている（**図10-3**）。次の点において、複雑な真核生物に比べてモデルとして優れている。

- ゲノムサイズが小さい。典型的な細菌でもヒトの細胞1個の1000分の1のDNA量であり、バクテリオファージでは細菌の100分の1のDNA量である。
- 増殖が速い。大腸菌（*E.coli*）は約20分ごとに2倍に増殖し、1mlの培養液中に10億個以上の生育が可能である。
- たいてい半数体であり、遺伝的解析が容易である。

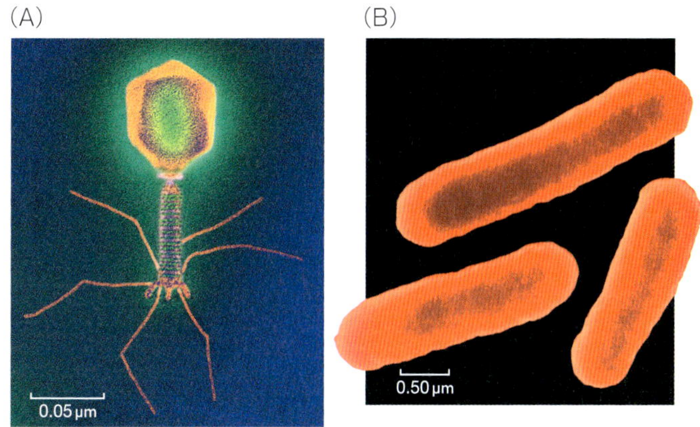

図10-3　モデル生物
ウイルスや細菌は遺伝学や分子生物学の研究にとって有用なモデル生物である。バクテリオファージT4（A）は、大腸菌（B）の約10分の1の大きさである。バクテリオファージT4はウイルス研究に使われ、大腸菌は細菌研究に通常使われる。

ウイルスは細胞ではない

古細菌、真正細菌、真核生物の3つからなる生命体と違って、**ウイルス**は「非細胞体」である。つまり、ウイルスは細胞ではなく、細胞からできているものでもない。多くのウイルスは核酸と数種類のタンパク質のみから構成されている。ウイルスは、外界との相互輸送や代謝という、細胞にとって基本的な機能をまったく行わない（できない、つまり栄養を摂取して老廃物を排出することがない）。

ウイルスの大半は、最も小さな細菌よりもはるかに小さい（**表10-1**）。ここ半世紀でウイルスの理解は大きく進んだが、その第一歩はロシア人植物学者ドミトリー・イワノフスキー（Dmitri Ivanovsky）によって1892年にもたらされた。彼は、タバコの葉にモザイク状の斑点ができるため光合成が阻害され、収穫が激減するタバコモザイク病の原因を突き止めようとしていた。イワノフスキーは、タバコモザイク病にかかった葉の抽出物を、当時細菌を単離するのに医者や獣医が使っていた磁器のフィルターに通してみた。

表10-1　微生物のサイズ

微生物	種類	サイズ(μm^3)
原生生物	真核生物	5,000～50,000
光合成細菌	原核生物	5～50
スピロヘータ	原核生物	0.1～2.0
マイコプラズマ	原核生物	0.01～0.1
ポックスウイルス	ウイルス	0.01
インフルエンザウイルス	ウイルス	0.0005
ポリオウイルス	ウイルス	0.00001

驚いたことに、フィルターには何も引っかからず、通過した抽出液に依然としてタバコモザイク病の原因が含まれていた。しかし、彼は、病原体は細菌よりも小さいと結論付けずに、フィルターが不完全なのだと考えた。ルイ・パスツール（Louis Pasteur）が説いた、病気の原因は細菌であるという考えが当時の主流であり、イワノフスキーはそれに疑いを抱かなかった。しかし、科学の世界ではよくあるように、すぐに追試が行われた。1898年、オランダ人微生物学者マルティヌス・ベイエリンク（Martinus Beijerinck）はイワノフスキーの実験を再試し、さらにタバコモザイク病の病原体は寒天ゲルをも通過することを示した。彼は、この微小な病原体を「生命を持った感染性の液体」(contagium vivum fluidum）と呼んだ。ウイ

ルス（virus）はこの言葉を短くしたものである。

約40年後にその病原体ウイルスはウェンデル・スタンレー（Wendell Stanley）によって結晶化された（この功績でノーベル賞を受賞している）。このウイルスは結晶となっても再融解すると病原性が戻り、まもなく核酸とタンパク質のみでできていることが明らかになった。ウイルスが細菌や他の生命体とどのように違うのかが明らかになったのは、1950年代に電子顕微鏡で直接観察できるようになってからである。

ウイルスは生きている細胞の助けなしには増殖できない

どんなウイルスであっても、自己のみでは増殖できず、偏性細胞内寄生体である。つまり、特定の宿主細胞の中でしか増殖できない。動物、植物、菌類、原生生物、原核生物（細菌と古細菌の両方）がその宿主となりうる。ウイルスは自己増殖のために、宿主細胞のDNA複製機構とタンパク質合成機構を利用し、その過程で宿主細胞を破壊する。そして宿主細胞から飛び出た新しいウイルスは、宿主となる違う細胞に感染する。

宿主細胞の外にあるウイルスは、**ビリオン**と呼ばれるウイルス粒子として存在し、中心にDNAかRNA（同時に両者が存在する例は知られていない）があり、その周りを1種類から数種類のタンパク質からなる**カプシド**（もしくは外殻）で包まれている。当然ながら、ウイルスには細菌の細胞壁やリボソームがないので、これらを標的とする抗生物質は効果がない。

ウイルスは次のような特徴に従って分類されている。

- ゲノムはDNAかRNAか。
- その核酸は、1本鎖か2本鎖か。
- ビリオンの形は単純か複雑か。
- ビリオンは膜によって包まれているかいないか。

図10-4にこうしたウイルスをいくつか示してある。

ウイルスが感染する生物の種類や感染様式も重要な特徴である。たいていのウイルスは感染後直ちに増殖するが、感染しても増殖条件がよくなるまで宿主細胞の中でじっと潜んでいるものもある。

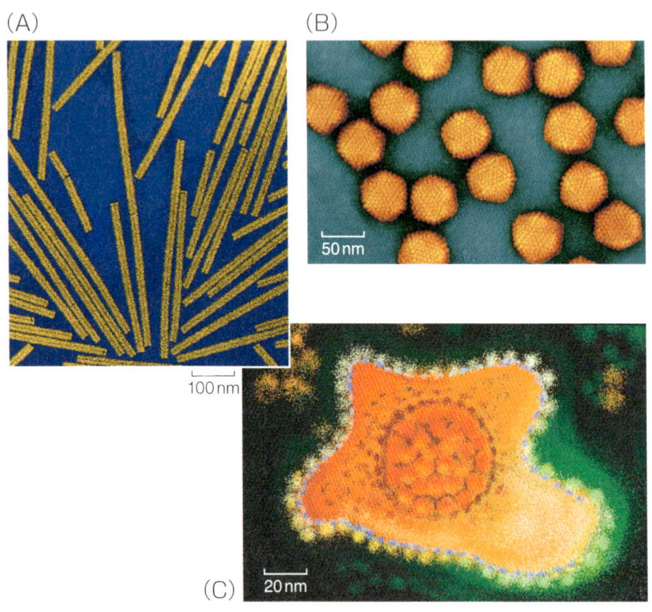

図10-4　ビリオンの形はさまざまである
(A) タバコモザイクウイルス（植物ウイルスの1つ）。らせん状に配置されたタンパク質の中に、1本鎖RNAがらせん状に存在する。(B) アデノウイルス。このウイルスのように多くの動物ウイルスは外殻としてカプシドを持ち、カプシドの内部にはタンパク質とDNAの球状の塊がある。(C) ヘルペスウイルス。このウイルスのように、カプシドの周りにエンベロープという膜状の構造を持つウイルスもいる。

バクテリオファージには溶菌サイクルと溶原サイクルがある

細菌に感染するウイルスを**バクテリオファージ**もしくは単に**ファージ**と呼ぶ（ギリシャ語でphagosは“食べる”を意味する）。カプシドにあるタンパク質は宿主細胞表面のタンパク質か糖鎖に結合し、尾部の構造体からは細菌内部へとファージの核酸を注入する。核酸が宿主細胞内に入った後は、ファージの種類によって異なり、次の２種類の経路をたどる。

- 直ちに増殖し宿主細胞（細菌）を殺す。
- 宿主細胞（細菌）のゲノムにウイルスの核酸を挿入したまま増殖しない。

ハーシーとチェイスの実験（**図8-6**参照）はまさしく**溶菌サイクル**と呼ばれるウイルス増殖サイクルである。溶菌という名前は、新たに合成したウイルスを放出する際に細菌がまさしく溶ける様子からついた。もう１つの様式が、**溶原サイクル**である。溶原サイクルでは、感染した細菌はすぐには溶けないが、代わりに自分のゲノム内にウイルスのDNAを保持する。そして、溶菌への引き金が引かれる条件になるまで、その状態で何世代も経過する。大半のウイルスは溶菌サイクルのみであるが、溶菌、溶原の両方の生活サイクルを持つものもある（**図10-5**）。

> 細菌がいるところにバクテリオファージあり。海水１mlに１億個以上のバクテリオファージが存在し、土壌の水にも同じくらいいる。細菌１個に10個のファージが感染していると推定されている。

溶菌サイクル　溶菌サイクルの生活環しかないウイルスは**ビルレント**ウイルス（溶菌ウイルス）と呼ばれる。溶菌ウイルス

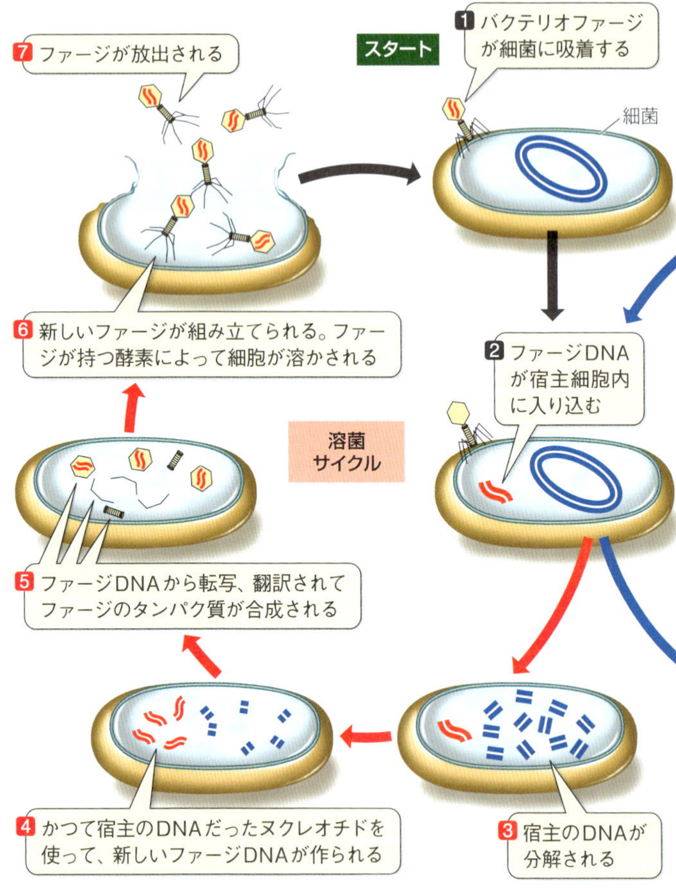
スタート
1 バクテリオファージが細菌に吸着する
細菌
2 ファージDNAが宿主細胞内に入り込む
3 宿主のDNAが分解される
4 かつて宿主のDNAだったヌクレオチドを使って、新しいファージDNAが作られる
5 ファージDNAから転写、翻訳されてファージのタンパク質が合成される
6 新しいファージが組み立てられる。ファージが持つ酵素によって細胞が溶かされる
7 ファージが放出される
溶菌サイクル

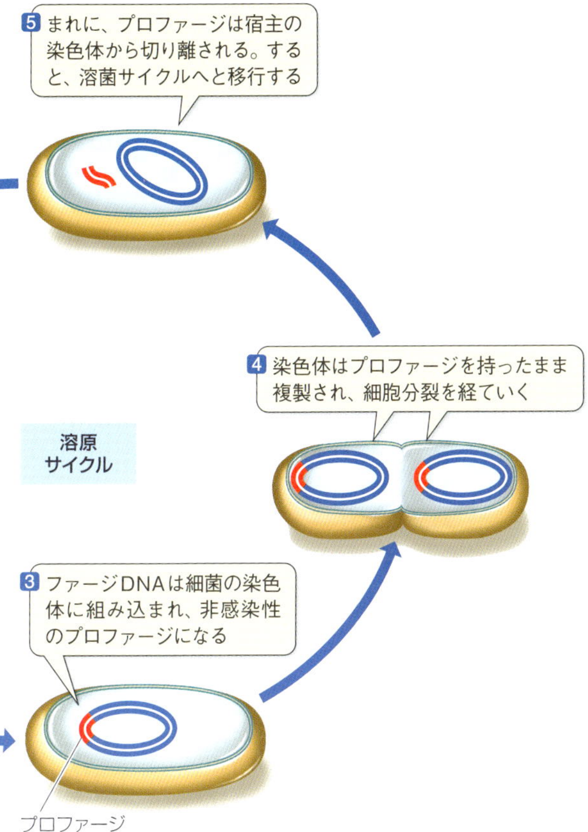

図10-5　バクテリオファージの溶菌サイクルと溶原サイクル
溶菌サイクルでは、感染後すぐにウイルスが増殖し宿主細胞を溶かしてしまう。溶原サイクルでは、不活性状態のプロファージが宿主の染色体の一部として複製される。

は、細菌に吸着して自分のDNAを注入すると、次の２段階を経て宿主の生合成機構をのっとる（**図10-6**）。

- ウイルスのゲノムには宿主のRNAポリメラーゼが結合するプロモーター領域がある。初期段階では、このプロモーター領域の隣にある遺伝子が転写される。こうした初期遺伝子には、宿主（この場合、細菌）の遺伝子の転写を停止させるタンパク質やウイルスゲノムの転写と翻訳を活性化させるタンパク質がコードされていることが多い。そして、ウイルスの核酸分解酵素により、宿主のDNAが分解され、ウイルスDNAを合成するための材料とされる。
- 後期段階では、ウイルスのカプシドのタンパク質や、新しいビリオンを放出するために細菌を溶かす（破壊する）タンパク質をコードする後期遺伝子が発現する。

吸着・感染からファージ放出までの全過程は、約30分であるが、転写の順序などは厳密に制御されている。もしビリオンが放出される前に宿主を中途半端に溶解すれば、さらなる感染は止まってしまうだろう。

１つの細胞に２つの溶菌ウイルスが同時に感染することは、可能ではある。しかし、溶菌サイクルに入ると、さらに感染する時間的余裕はほとんどない。また、最初に感染したウイルスのタンパク質によって次の感染が妨げられることもある。しかし、同じ宿主細胞に複数の種類のウイルスのDNAが存在すると、乗換えによって組換わる（真核生物の第一減数分裂の前期Ⅰ、**図6-20**参照）可能性があり、遺伝子が交換されて新しいウイルス株となるかもしれない。

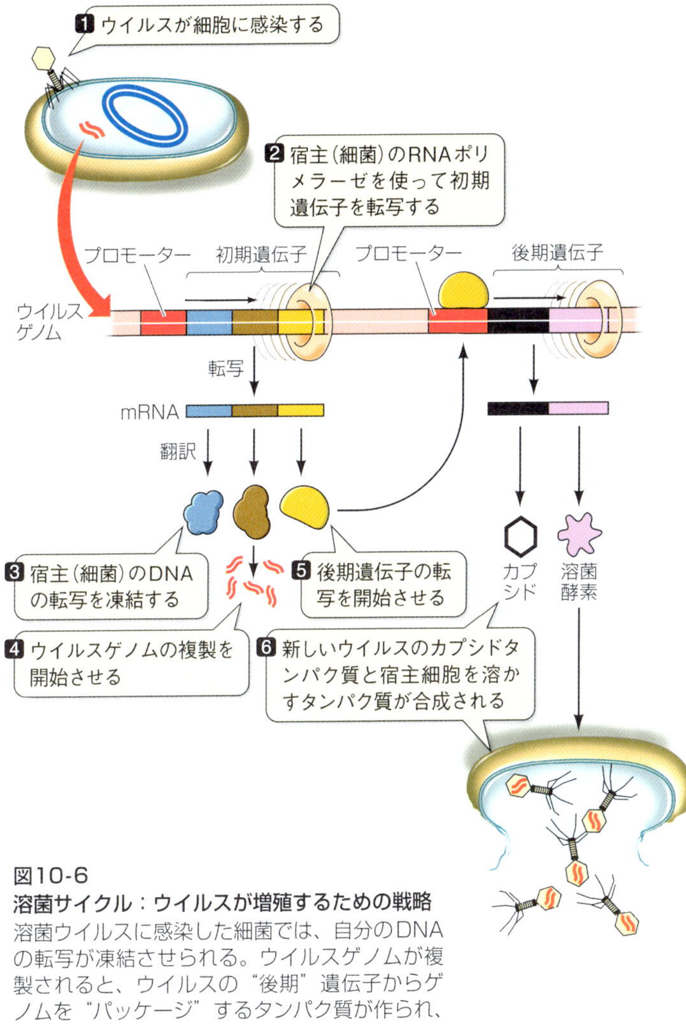

図10-6
溶菌サイクル：ウイルスが増殖するための戦略
溶菌ウイルスに感染した細菌では、自分のDNAの転写が凍結させられる。ウイルスゲノムが複製されると、ウイルスの“後期”遺伝子からゲノムを“パッケージ”するタンパク質が作られ、宿主細胞を溶かしていく。

溶原サイクル　ウイルス感染は常に宿主細胞を溶かすわけではない。まるでファージ株に対する“免疫”が細菌にあるかのように、ウイルスが培養液から消えたように見える。溶菌せずウイルスを保持している細菌を**溶原菌**といい、ウイルスを**テンペレート**ファージ（溶原ウイルス）という。

溶原菌の染色体に組み込まれたファージDNAを**プロファージ**と呼び（**図10-5**参照）、細胞分裂のときも細菌ゲノム内にあっておとなしくしている。しかし、たまにプロファージの活性化が誘導され、プロファージは細菌DNAから切り出され増殖を始め、溶菌サイクルへと移行する。

溶菌サイクルと溶原サイクルを行き来できると、増殖するのに一番よい機会をうかがうことができるので、ファージにとって非常に有用である。例えば、宿主細胞が急速に成長し増殖しているときは、ファージは溶原サイクルの過程にいるが、ストレスやダメージを受けると、プロファージは不活性状態から離脱し溶菌サイクルへと移行する（訳注：こうして数多くの宿主細胞から一斉にウイルスが誕生することになる）。

溶菌サイクルのバクテリオファージは細菌感染症の治療に役立つ

溶菌サイクルは宿主の細菌を破壊するので、細菌を原因とする病気の治療に役に立つかもしれないと考えられていた。フランス系カナダ人微生物学者のフェリックス・デレル（Felix d'Herelle）は1917年のある発見に注目していた（当時、抗生物質はまだ発見されていなかった）。それは赤痢患者が回復期にあるとき、赤痢菌の近くにあるファージは、病気がピークのときよりもはるかに多いということである。

デレルは、サルモネラ菌（*Salmonella gallinarum*）によるニワトリへの感染をファージで制御することを試みた。まず、ニワトリをファージ投与群と非投与群の２つのグループに分け、両群のニワトリに細菌を感染させたところ、ファージ投与群のニワトリは細菌感染しなかった。後に、彼はエジプトのペスト患者やインドのコレラ患者の治療を、ファージを使って成功させている。

抗生物質やファージ耐性菌の登場によって、ファージ治療への関心は薄れてしまったが、抗生物質耐性菌が一般的になりつつある現在、再び関心を集めている。また、果物や野菜を細菌汚染から防ぐための手段としてバクテリオファージを使うことも研究されている。バクテリオファージは細菌に感染するウイルスであるが、真核生物に感染するウイルス研究の突破口ともなった。

動物ウイルスにはさまざまな増殖様式がある

脊椎動物のほとんどがウイルス感染を受けるが、無脊椎動物では昆虫や甲殻類といった節足動物だけとされる。アルボウイルス（節足動物媒介性ウイルス）は、昆虫による咬傷で脊椎動物に感染する。このウイルスは、節足動物を宿主としてその細胞に入り込むが、宿主を傷つけることはなく、脊椎動物に感染したときのみ行動を起こす。つまり、節足動物は脊椎動物から他の脊椎動物へとウイルスを運ぶ**ベクター**（中間の運び屋）として働いている。

動物に感染するウイルスは、非常に多様性に富んでいる。核酸とそれを包むタンパク質から構成される粒子だけのものもあれば、宿主細胞の細胞膜由来の膜（エンベロープ）を持つものもある。また、遺伝物質がDNAであるものもあれば、RNAのものもある。多くの場合、ウイルスのゲノムは小さく、数種類のタンパク質をコードしているだけである。

バクテリオファージのように、細胞溶解性サイクル（宿主が細菌の場合の溶菌サイクルに相当）は初期段階と後期段階がある（**図10-6**参照）。細胞への侵入方法は次の３種類あり、そのどれかを使う。

- むき出しの（エンベロープの膜がない）ビリオンが、エンドサイトーシスによって細胞内に入り込む。小胞の膜が壊れ、細胞質内にビリオンが入り込む。カプシドのタンパク質が分解され、ウイルスの核酸が放出され宿主細胞を支配する。
- エンドサイトーシスによって取り込まれ小胞を経由して細胞質内に入るウイルスには、エンベロープウイルスもある（**図10-7**）。エンベロープウイルスのエンベロープ膜には、宿主細胞の細胞膜にあるタンパク質と結合するための糖タンパク質が埋め込まれている。
- エンベロープウイルスの宿主細胞内への侵入方法で最も一般的なものは、エンベロープの膜と宿主細胞の細胞膜が融合してウイルスの中身を細胞質内に放出する方法である（**図10-8**）。

エンベロープウイルスは増殖すると、芽が出るように宿主細胞から出てくる。その際、エンベロープの膜として宿主細胞の細胞膜を奪っていく。

インフルエンザウイルスもヒト免疫不全ウイルス（HIV）も、１本鎖RNAウイルスであるが、その生活環はまったく異なる。インフルエンザウイルスはエンドサイトーシスによって小胞内に取り込まれ、ウイルスの膜を小胞の膜に融合させ細胞内にビリオンを放出する（**図10-7**）。インフルエンザウイルスはRNA依存性RNAポリメラーゼ（RNAを鋳型にRNAを合成する。DNAを鋳型にRNAを作るものはDNA依存性RNAポリメラーゼ。9.3節参照）を持っており、合成されたRNA

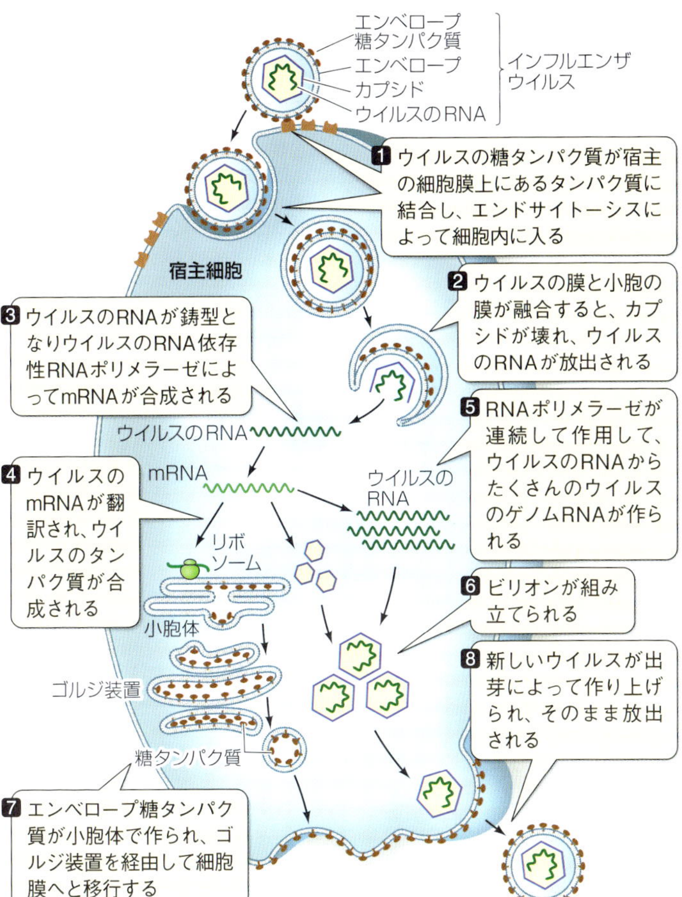

図10-7　インフルエンザウイルスの増殖サイクル
エンベロープを持ったインフルエンザウイルスは、エンドサイトーシスによって宿主細胞に取り込まれる。いったん中に入ると、小胞とウイルスの膜が融合してウイルスゲノムが細胞質内に放出され、転写が始まり、新しいビリオンが組み立てられていく。

は、mRNAとして使用される以外にウイルスゲノムRNAの複製時の鋳型としても使用される。

HIVのような**レトロウイルス**は、もっと複雑な増殖形態をとる（**図10-8**）。ウイルスのエンベロープ膜が宿主細胞の細胞膜と直接融合し、細胞内へ侵入する。レトロウイルスの最大の特徴は、**逆転写酵素**によるRNAを鋳型にしたDNA合成であり、ウイルスゲノムのRNAを鋳型にして相補的なDNAが作られる。このDNAを**プロウイルス**といい、宿主細胞のDNAに組み込まれる。プロウイルスは、宿主の染色体に居座り続けるが、時として宿主細胞の転写・翻訳システムを利用してプロウイルスからウイルスのタンパク質を合成し活性化する。合成されたウイルスタンパク質のうち糖タンパク質は宿主細胞の細胞膜へ挿入され、最終的にウイルスのエンベロープとなる。他のウイルスタンパク質は、カプシドを作り上げ、ウイルスゲノムとなるRNAを包み込む。そして、細胞からビリオンが出芽し放出される。原理的には、この一連の段階がすべてウイルス感染に対する治療の標的となる可能性があり、HIV感染によるエイズ治療にも生かされている（15.7節〈第３巻〉参照）。

動物ウイルスは、ヒトや動物に対して大きな影響を与えている。しかし、我々の生活は植物ウイルスにも脅かされている。

多くの植物ウイルスは、病原体媒介動物によって広がる

植物ウイルスは、水平方向（ある植物から他の植物）へも垂直方向（親から子）へも移行できるため、植物のウイルス感染症はありふれた現象である。植物細胞に感染するためには、ウイルスは細胞膜だけでなく細胞壁も通り抜けなければならないが、大半の植物ウイルスは、これを昆虫という媒介者を利用し解決している。昆虫が吻（ふん）と呼ばれる長い口のようなもので細胞

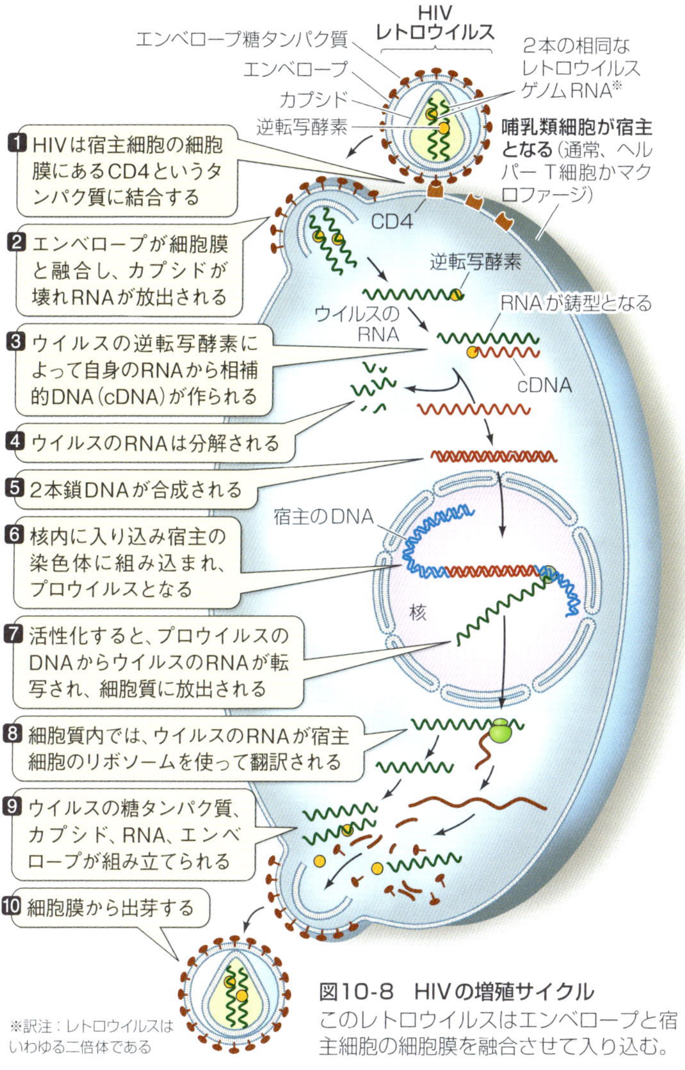

図10-8　HIVの増殖サイクル
このレトロウイルスはエンベロープと宿主細胞の細胞膜を融合させて入り込む。

を突き破るときに、ウイルスは昆虫から植物細胞内へと移動する。ひとたび植物細胞内に入れば、ウイルスは増殖し周りの細胞へと広がる。葉のような構造では、ウイルスは細胞間の原形質連絡を通って拡散する（**図12-22**〈第３巻〉参照）。

植物ウイルスのなかで経済的ダメージが大きいものにコムギ条斑モザイクウイルスがある。このウイルスはサビダニという非常に小さいダニ（体長１mm）から小麦の葉に感染する（**図10-9**）。感染が広がると、葉に黄色の縞模様が現れる。光合成を担う組織が破壊されるので、光合成によるエネルギーを産生できなくなり、結果として小麦の生産量が激減してしまう。この感染症は、1960年にカナダで最初に発見され、1964年にはアメリカ合衆国でも発見されているが、現在でもその対処方法は媒介する昆虫や感染植物の除去しかない。そのため、ウイルスを撒き散らすような食物供給崩壊を狙ったバイオテロは深刻な懸念材料でもある。

図10-9　コムギ条斑モザイクウイルス
（A）小さなダニが媒介者となる。（B）ウイルスに感染すると、光合成を行う組織に黄色の縞模様が現れる。

10.2 ウイルスの遺伝子発現はどのように調節されているのだろうか？

ファージはどのように溶菌サイクルと溶原サイクルを使い分け、そのタイミングを感知しているのだろうか？

ウイルスの遺伝子発現は宿主細胞のシステムを利用しているので、その制御機構も宿主細胞と似たものになる。ウイルスのような“単純”なものでも、宿主細胞内では“複雑”な問題に取り組んでいる。たとえば、ウイルスは宿主細胞の転写・翻訳を停止させるが、自己増殖や宿主細胞の破壊のために再稼働させる。しかも、この過程の遺伝子すべてを正しい順序で活性化している。自分のゲノム（か、そのコピー）を宿主細胞の染色体に組み込むようなテンペレートファージ（溶原ウイルス）の場合はもう１つ問題がある。プロウイルスはどのような時に宿主細胞の染色体から離れ、溶菌サイクルに移行するのだろうか？

バクテリオファージλ（ラムダ）（λファージ）は溶菌サイクルと溶原サイクルを持つウイルスである（**図10-5**参照）。培地が豊富にあって、宿主の細菌が急速に成長し増殖しているあいだは、プロファージでいるほうが有利なので溶原サイクルをとる。しかし、環境が悪化すると、プロファージはそれを感知し、生き残るために宿主の染色体から離れ溶菌サイクルへと移行する。

ファージには宿主内の状態を感知する“遺伝子スイッチ”ともいうべき機構があり、溶菌サイクルに移る時期を“知って”いる。cIとCroという２種類のタンパク質が、それぞれ溶原サイクルに関連する遺伝子、溶菌サイクルに関連する遺伝子の発現を制御しており、さらに互いの遺伝子のプロモーターを牽制し合っている（**図10-10**）。また、プロモーターのあいだには、隣接するプロモーターへのRNAポリメラーゼの結合を調節するタンパク質が結合するオペレーターと呼ばれるDNA配列がある。

ファージに感染すると、この2つの制御タンパク質の“レース”が始まる。宿主である大腸菌が健康であれば、Croタンパ

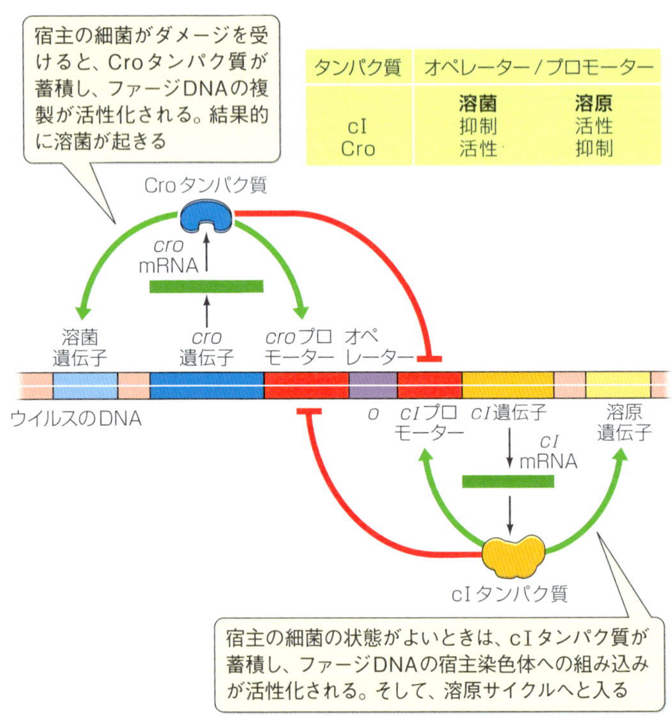

図10-10　λファージにおける溶菌と溶原の制御方法

2種類の制御タンパク質（CroとcI）は互いの遺伝子のプロモーターに結合するが、競合している。それぞれのプロモーターは溶菌、溶原に必要な遺伝子の転写を制御している（訳注：図中の緑の矢印は“促進”を、赤は“抑制”を表す）。

ク質の発現量は少なく、cIの“勝利”となり、溶原サイクルをとる。しかし、変異原やストレスによってダメージを受けると、Croタンパク質の発現量が増大しファージDNAやカプシドタンパク質合成が活性化され、溶菌が起きる。cIとCroタンパク質はファージ感染の最も初期の段階で合成される。

λファージの生活様式を、ここでは非常に単純化したが、生物学的にはウイルス感染のよい例である。先程述べた転写制御は、他のウイルス（たとえばHIV）でも同様である。

10.3 原核生物はどのように遺伝子を交換するのだろうか？

次は宿主側である原核生物について見ていこう。

ウイルスとは対照的に、原核生物（真正細菌や古細菌）には生命に必要な基本的な機能が備わっている（それのみで生存して増殖することができる）。通常、原核生物は無性生殖的だが自己の遺伝子の組換えを行う方法をいくつか持っている。真核生物の遺伝的組換えは、減数分裂時に相同染色体のあいだで起こるが、原核生物の組換えは、他の細胞由来の小型の部分遺伝子――DNA断片――とゲノムとのあいだで起こる。

原核生物にとって、増殖とはクローンを作ることである

原核生物の増殖とは、多くの場合1つの細胞が分裂して2つの細胞に分かれることである（**図6-4**参照）。これだと、元の細胞のクローン――遺伝的にまったく同一の個体の集団――を

作り出していることになる。原核生物は非常に速く増殖する。前述のとおり、大腸菌は環境条件がよければ約20分ごとに倍増する。この増殖速度は、大腸菌がモデル生物として研究に広く用いられる理由の1つである。

細菌の細胞1つを単離してから、研究用に増殖させるために、簡単で信頼できる方法が確立されている。一般的な細菌は糖やミネラル、塩化アンモニウムなどの窒素源を含んだ寒天の最少栄養培地上で純粋培養される（**図10-11**）。培地上にまいた細菌の数が少なければ、細菌はすぐに増殖し小さな細菌コロニーを形成する。細菌の数が多ければ、ひと続きの層状――菌叢――となる。もちろん細菌は液体培地でも増殖可能である。

細菌の遺伝子を組換える方法

遺伝学者にとって、細菌の遺伝子の変異率は非常に有用であった。しかし、個体間で遺伝情報を交換することがなければ、遺伝子工学にはほとんど役に立たなかっただろう。無性生殖で増殖する生命体はどのように遺伝情報を交換しているのだろうか？

接合　細菌が遺伝子を組換える方法のなかで最も重要なものである。1946年にジョシュア・レーダーバーグ（Joshua Lederberg）とエドワード・テータム（Edward Tatum）によって、接合はまれにではあるが実際に起きていることが示された。

当初、レーダーバーグとテータムは大腸菌の2種類の栄養要求株について調べていた。ビードルとテータムのアカパンカビの実験（**図9-3**参照）と同じように、これらの株は最少栄養培地では生育しないが、栄養を添加すれば生育する。

- 変異体1は、メチオニン（アミノ酸の1つ）とビオチン（ビ

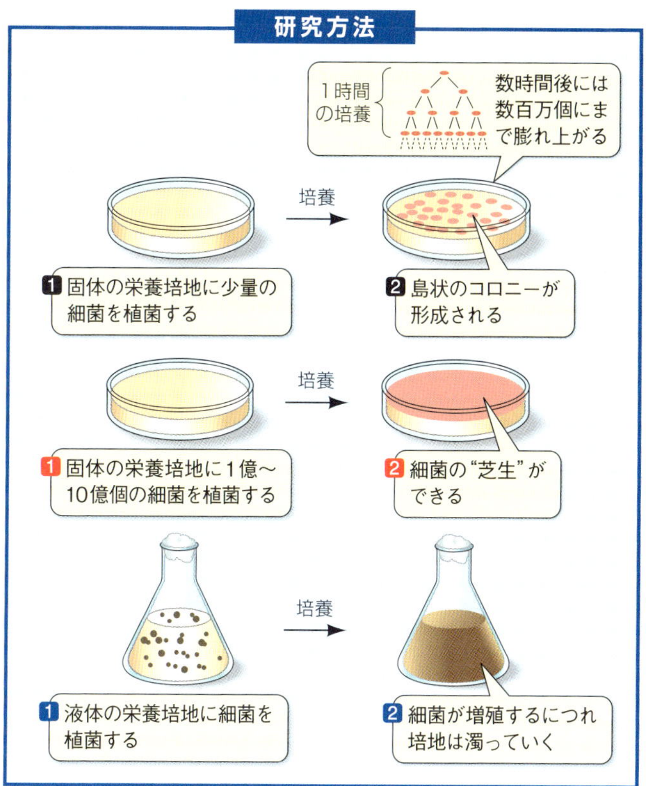

図10-11　実験室レベルでの細菌の培養
大腸菌は実験室で培養すると20分ごとに倍増する。培養方法には3種類あり、それぞれ違う用途に使われる。

タミンの1つ）を最少栄養培地に添加しないと生育しない。が、トレオニンとロイシンは自分で合成できる。つまり、表現型（と遺伝子型）は $met^{-}\,bio^{-}\,thr^{+}\,leu^{+}$ と表記できる。

■ 変異体2は、メチオニンとビオチンを添加する必要はないが、トレオニンとロイシンがないと生育できない。つまり、表現型は $met^+ bio^+ thr^- leu^-$ となる。

レーダーバーグとテータムはこの２つの変異体株を混ぜ合わせ、両株とも生育可能なようにメチオニン、ビオチン、トレオ

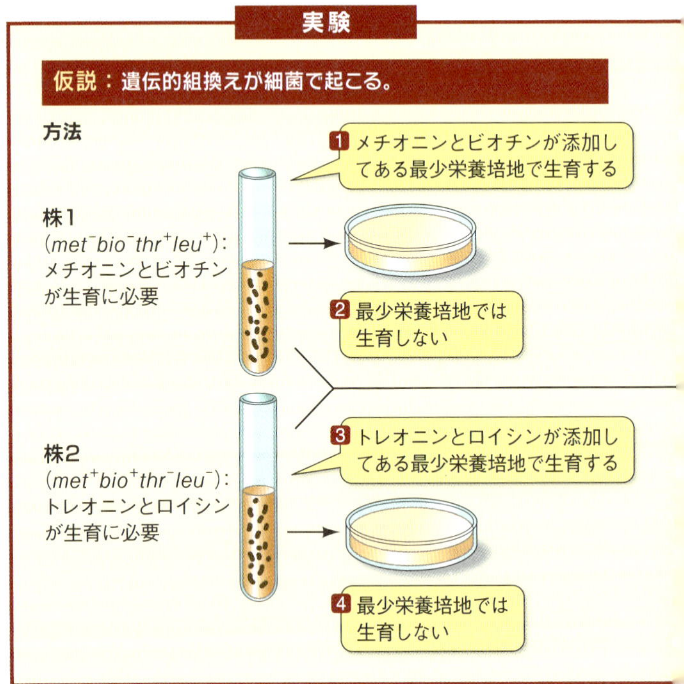

図10-12　レーダーバーグとテータムの実験
大腸菌の２種類の栄養要求株を混ぜて培養すると、元の大腸菌とは異なった栄養要求株（この場合は原栄養株）のコロニーがわずかだができる。この実験は原核生物のあいだで遺伝的組換えが起こることを証明している。

ニン、ロイシンを液体の最少栄養培地に加えて数時間培養した。遠心して細菌を沈殿させ、再び最少栄養培地にまいてみた。添加物なしの最少栄養培地であるので、変異体１も変異体２も生育できないはずである。しかし、１と２を一緒に培養すると、数個ではあるが細菌のコロニーが形成された（**図10-12**）。最

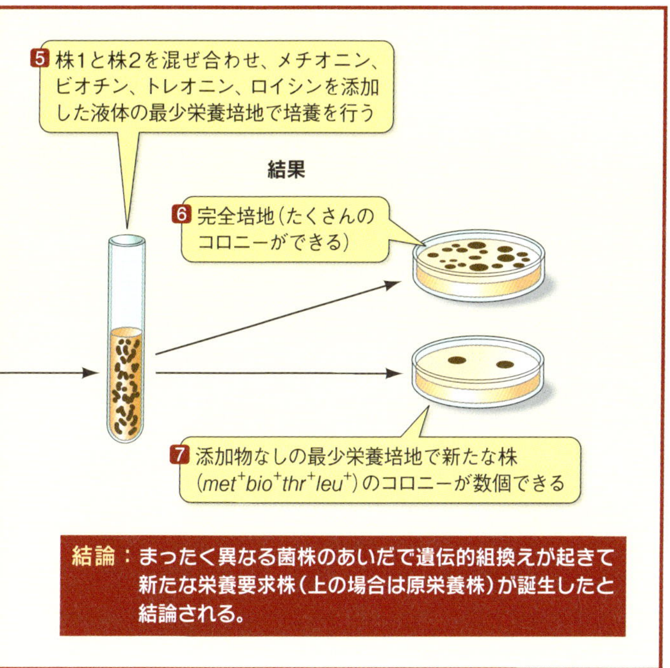

発展研究：逆突然変異（$met^{-}bio^{-}thr^{+}leu^{+}$が$met^{+}bio^{+}thr^{+}leu^{+}$に、つまり突然変異が起きて野生型に戻る）と上の実験の組換えを区別するためには、どのような実験を組めばよいだろうか？

少栄養培地で生育しているのだから、この出現した細菌は $met^{+}bio^{+}thr^{+}leu^{+}$ つまり原栄養株となる。こうしたコロニーは1000万分の1の確率で出現した。

この原栄養株はどこからやってきたのだろうか？　レーダーバーグとテータムによって、新しく突然変異が起きた可能性は否定された。さらに、他の研究者によって形質転換（詳しくは8.1節参照、さらに詳しくはこのあとすぐに述べる）でもないことが示された。そして第3の可能性は、この2つの大腸菌株のあいだで遺伝物質が交換されたというものであった。つまり、変異体2由来の $met^{+}bio^{+}$ の遺伝子型と変異体1由来の thr^{+} leu^{+} の遺伝子型を持つ細菌が作られた。後の実験によってこうした交換が実際に行われていることが証明され、**接合**と呼ばれた。DNAを受け取った細菌を受容菌、与えた細菌を供与菌という。

接合には細菌同士の物理的な接触が必要であることが、電子顕微鏡による観察でわかる（**図10-13**）。**性線毛**と呼ばれる細い突起物によって細菌同士が近接すると、**接合管**と呼ばれる細菌の細胞質同士を結ぶ細い橋を渡ってDNAの移動が起きる。

細菌のゲノムは環状であるので、接合管を移動する前に（切断されて）線状にならなければならない。細菌同士が接触している時間は短く、供与菌のゲノム全部が受容菌に入る時間的余裕はないため、供与菌の一部のDNAしか受容菌に入らないのが普通である。

一旦、供与菌のDNA断片が受容菌に入り込んだら、その断片は受容菌のゲノムと組換わることができる。減数分裂の前期Ⅰに染色体が対になって遺伝子が並ぶように、供与菌からのDNA断片が受容菌の相同な遺伝子のそばに並ぶと、乗換えが起きる。DNAを切断したり再結合したりする酵素は細菌にもあるので、供与菌由来のDNAが受容菌のゲノムに完全に組み

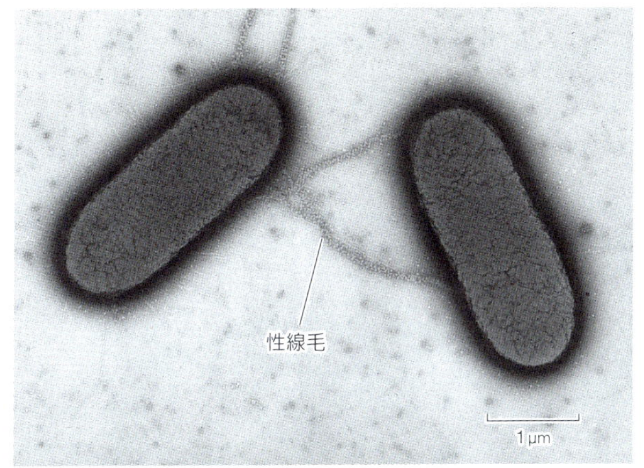

図10-13　細菌の接合
性線毛によって2つの細菌が引きよせられている。接合管が形成され、DNAが一方の細胞から他方の細胞へと移動する。

込まれる（**図10-14**）。このように組み込まれるのは、移動したDNAのうち約半分であるが、組み込まれれば受容菌の遺伝子型を変えてしまう。

形質転換　この現象は、75年以上も前にフレデリック・グリフィス（Frederick Griffith）によって見出されていた（**図8-3**参照）。グリフィスの発見は、病原性肺炎球菌のDNAが非病原性の肺炎球菌に取り込まれ、その結果非病原性から病原性になるという**形質転換**を意味している。同様の形質転換は、自然界でもある種の細菌で起きている（**図10-15A**）。DNAが細胞内に入り込めば、組換えに似たことが起き、新しい遺伝子が染色体に組み込まれる。

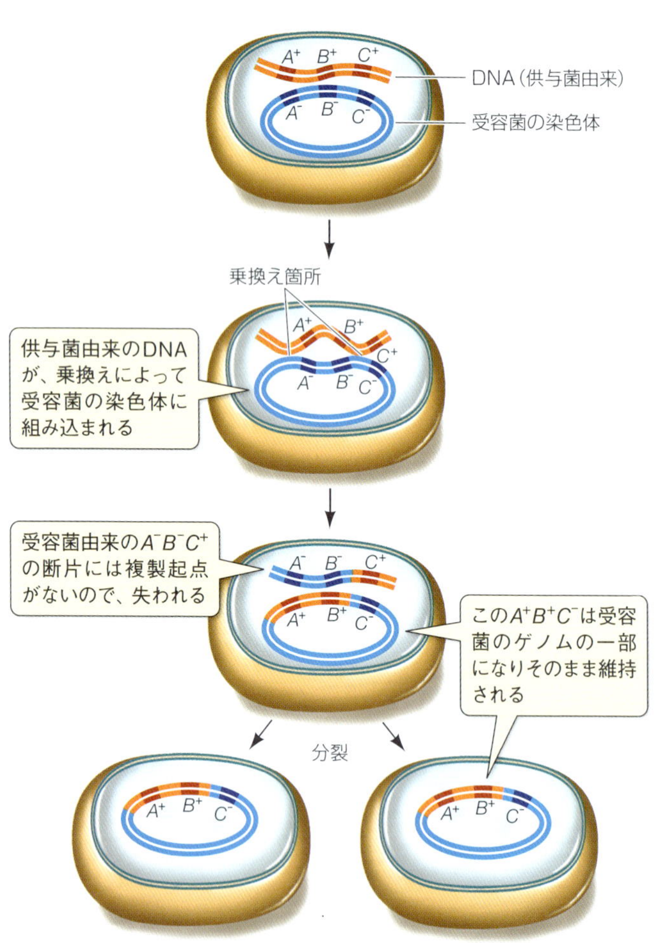

図10-14　接合後の組換え
供与菌からのDNAが、乗換えによって受容菌の染色体に組み込まれる。この組換えは、図10-12で示したレーダーバーグとテータムの実験の結果をうまく説明している。

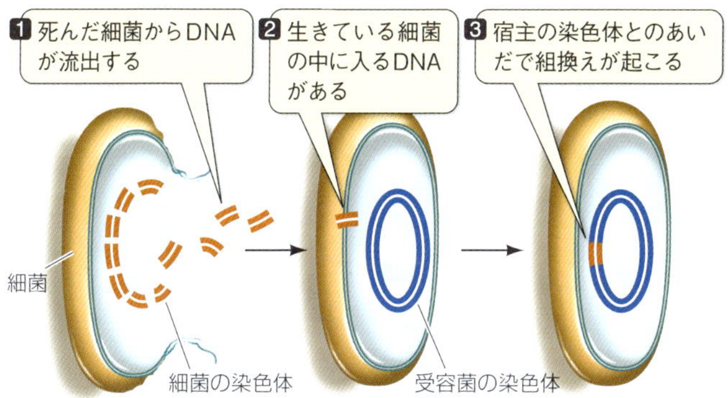

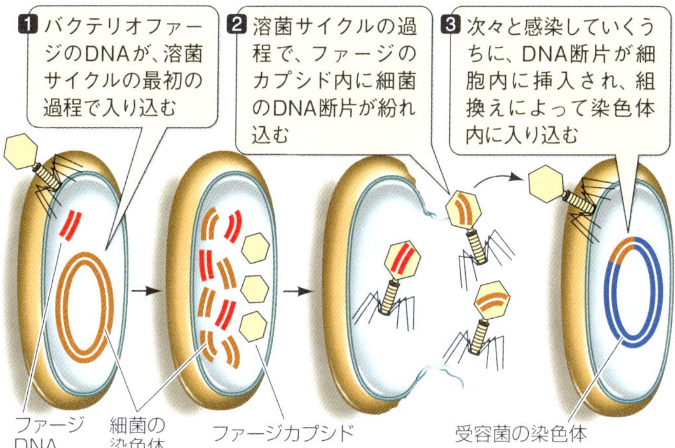

図10-15　形質転換と形質導入

外部のDNA断片が細菌の中に入ると、組換えが起こりうる。(A) 死んだ細菌から流出したDNA断片が生きている細菌の中に入り、染色体に取り込まれて、新しい遺伝子を獲得することを形質転換という。(B) ウイルスによってDNA断片がやり取りされることを形質導入という。

形質導入　バクテリオファージが溶菌サイクルに移行すると、10.1節で述べたようにファージは自分のゲノムDNAをカプシドの中に格納する。一般的にカプシドはゲノムDNAを挿入する前に作られるため、時折細菌のDNA断片がファージのゲノムDNAの代わりに、もしくは一緒にカプシド内に入り込んでしまう（**図10-15B**）。そのビリオンが他の細菌に感染すれば、元の細菌のDNAが新しい細胞へ導入されることになる。こうしたDNAの移動を**形質導入**といい、言うまでもなくウイルスが感染することにはならない。代わりに、新しいDNA断片が染色体に組み込まれる。

細菌はプラスミドを持つ

多くの細菌は自分の染色体に加えて、**プラスミド**という環状の小さいDNAを隠し持っている。プラスミドには、多くても数十個の遺伝子しかないが、重要なことは複製起点（*ori*：DNA複製を開始するためのDNA配列）を持っていることである。通常、染色体と同時に複製されるが、毎回複製されるわけではない。

プラスミドはウイルスではない。細胞の分子機構をのっとったり、細胞から細胞へと移るためのカプシドを作ったりはしない。その代わり、接合しているときに細胞間を移動することはできる。つまり、受容菌へと新しい遺伝子を渡すことが可能となる（**図10-16**）。プラスミドは染色体とは独立して存在するので、染色体との組換えなしで受容菌に移動できる。

プラスミドにはいくつかのタイプがあり、含まれる遺伝子の種類が異なる。分解酵素をコードするものもあれば、接合に関するもの、抗生物質耐性などの遺伝子をコードするものもある。

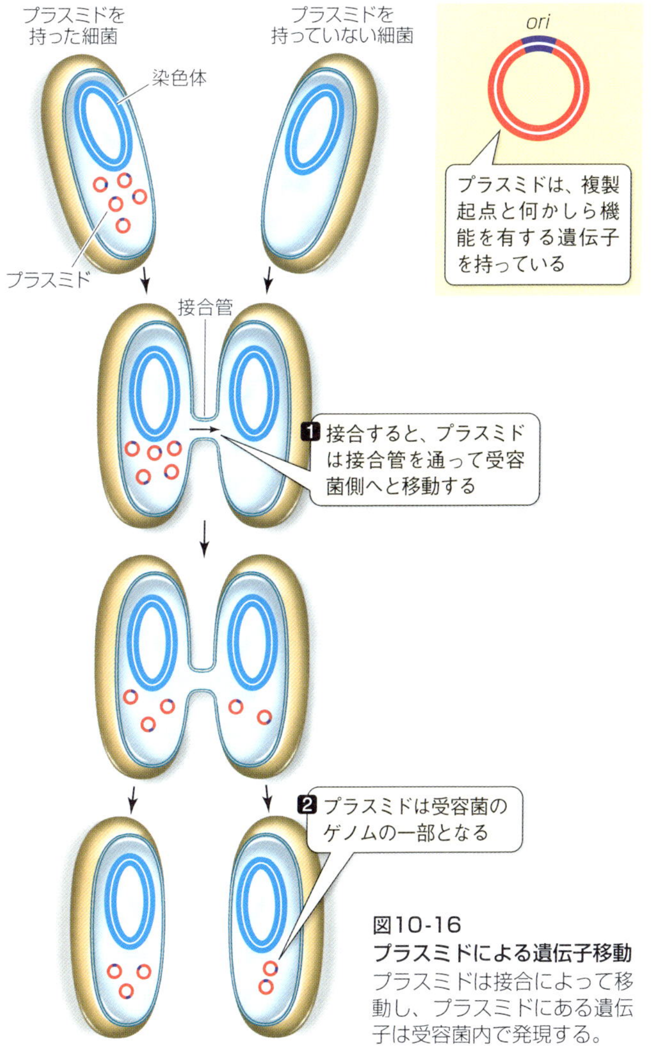

図10-16
プラスミドによる遺伝子移動
プラスミドは接合によって移動し、プラスミドにある遺伝子は受容菌内で発現する。

特別な遺伝子を持つプラスミド　**代謝因子**と呼ばれるプラスミドは、珍しい代謝反応を行うための遺伝子を持つ。例えば、油汚れの中にある炭化水素を炭素源として使って育つ細菌がいるが、その細菌は炭化水素を分解する酵素の遺伝子を含むプラスミドを持っている。

> フェニロバクテリウムという細菌は、油を無害なCO_2に分解する。汚染場所にこうした細菌とその成長促進のための栄養を加えて行う環境浄化はバイオ・レメディエーション（生物による環境修復技術）と呼ばれ、大規模な油汚れの除去や都市部の浄化に役立っている。

F因子（稔性因子）と呼ばれるプラスミドは、接合に必要な遺伝子を持っている。F因子には約25個の遺伝子があり、性線毛や接合管を作るものが含まれる。F因子を持っている細菌はF^+と表記され、F因子を持たないF^-へF因子を移動させる（受容菌F^-はF^+となる）。時々、F因子は染色体に組み込まれることがあり（プラスミドでなくなる）、こうなると、接合時に染色体の別の遺伝子をも受容菌へ移動させることができるようになる。

耐性遺伝子を持つプラスミド　「R因子」や「Rプラスミド」とも呼ばれる**耐性因子**は、抗生物質を無効にするタンパク質の遺伝子を持っている。重金属に対する抵抗性を示すR因子もある。1957年に赤痢が日本で流行した際、赤痢を引き起こす「シゲラ菌」のなかに抗生物質に耐性を持つ株があることが発見され、R因子として注目を浴びた。染色体の遺伝子には変化がなくても、抗生物質全般に対する耐性が接合によって伝わることが発見され、最終的にプラスミドによって伝播していることが判明した。そのプラスミドがR因子そのものであり、特定の抗生物質に対して耐性をもたらす遺伝子を数種類持ち、接合によって他の遺伝子とともに受容菌へと伝わっていく。生物学者に言わせれば、抗生物質が発見され臨床に使用されるずっと前から抗生物質に対して抵抗性を持たせるR因子は存在していた。しかし、現代になってR因子は数を増してきているように思える。それは、臨床や畜産（養殖）で抗生物質が過剰に使用されたため、抗生物質に耐性を持つ細菌が選択されたからだろう。

抗生物質耐性は人間の健康に対して深刻な脅威をもたらしており、抗生物質の不適切な使用により助長されている。ウイルスか細菌が原因でのどが腫れたら、医者のところに行くだろう。症状の原因を決定する一番よい方法は、のどからサンプルを採取して、培養して細菌を同定することだが、結果が出るまで数日かかり、それまで待つことなんてできないと思うだろう。耐え切れずに、症状を良くする何かが欲しいと医者に頼む。そうすると、医者は抗生物質を処方する。のどの腫れは次第に良くなり、抗生物質が効いたのだと思うだろう。

しかし、ウイルスによる感染だと仮定してみよう。この場合、抗生物質は感染には何もせず、そのまま通り抜けていく。むしろ、なにか有害なことをするかもしれない。体内にいる普通の細菌を殺してしまい、R因子を持つ細菌だけが生き残るかもしれない。こうした細菌は抗生物質があっても生き残り、すばやく増殖し大量繁殖する。こうした細菌を保持し、他の人に渡してしまうかもしれない。次回、細菌に感染したとき、体内には耐性菌がすっかり整っているかもしれない。その場合、抗生物質は効かなくなってしまう。

病原性細菌による抗生物質に対する耐性の獲得は、進化のいい例とも言える。20世紀に発見されて以来、抗生物質は何千年も人類を苦しめてきたコレラ、結核、ハンセン病といった病気との戦いに勝利してきた。しかし、そのような時代は終わり、耐性菌が出現してきた。細菌にも遺伝的多様性があり、抗生物質の猛攻撃から生き残った細菌は抗生物質に耐性のある遺伝的性質を持つ。まさに典型的な自然選択である。

転位因子はプラスミドや染色体のあいだで遺伝子を動かす

プラスミドやウイルス、ファージのカプシド（形質導入の場合）を使った遺伝子輸送は、ある細菌から他の細菌への輸送であった。この“遺伝子輸送”には、もう1つ別のタイプがある。それは同一細胞内での“輸送”である。この輸送は、同じ染色体の新しい場所や違う染色体に入り込むことができるDNA配列に依存している。このDNA配列を**転位因子**といい、ある遺伝子の中に入り込むとその遺伝子を破壊し、表現型を変えてしまう（**図10-17A**）。

転位因子は1000から2000塩基対の比較的短い配列であり、大腸菌の染色体内にも多く見つかっている。転位因子は染色体の残りの部分とは独立して複製され、そのコピーはランダムな場所に勝手に入り込む。この挿入に必要な酵素の遺伝子を持つ転位因子もあれば、自己複製なしで、元の場所から切り出され他の場所に入り込む転位因子もある。もっと長い転位因子（約5000塩基対）はもっと多くの遺伝子を運び、**トランスポゾン**と呼ばれる（**図10-17B**）。

転位因子はプラスミドの進化に貢献してきた。R因子は、転位因子活性を通して抗生物質耐性遺伝子を獲得したのだろう。R因子の耐性遺伝子がもともとはトランスポゾンの一部分だったことは、その証拠の1つである。

原核生物の巨大なクローン集団形成は急速な無性生殖増殖により可能である。こうした遺伝的に同一の細胞集団は、環境変化に対しても同じように影響を受けやすい。接合や形質転換、形質導入による組換え、プラスミドや転位因子による新しい遺伝子の獲得によって細菌集団にも遺伝的多様性が作られており、その多様性のおかげで環境変化を生き残る細胞があるのかもしれない。

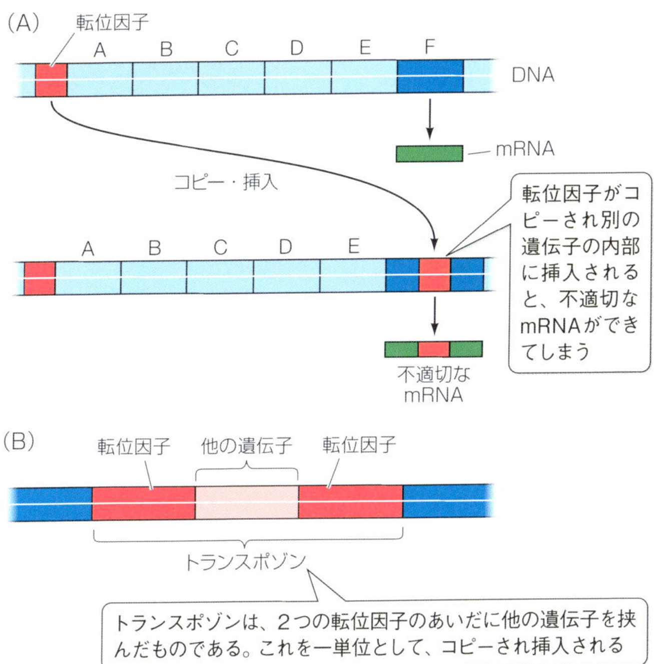

図10-17　転位因子とトランスポゾン
(A) 転位因子は同一の染色体や別の染色体の新しい場所に挿入されるDNA断片である。(B) トランスポゾンは転位因子と別の遺伝子が結合したものである。

10.4 原核生物の遺伝子発現はどのように調節されているのか？

原核生物にとって抗生物質だけが脅威なわけではなく、温度変化や栄養不足など数多くの脅威が存在する。こうした脅威に対して、原核生物は遺伝子を交換するだけでなく、遺伝子発現を調節して対処する。

原核生物は必要なときのみタンパク質を合成し、エネルギーや栄養を節約する。つまり、周囲の環境が保証されているあいだにすばやく細菌内のタンパク質量を変化させることができる。また、不必要なタンパク質の供給を止めるための次のような方法を持っている。

- そのタンパク質のmRNAの転写を低下させる。
- 合成されたがまだ翻訳に進んでいないmRNAを分解する。
- リボソームでmRNAが翻訳されるのを阻害する。
- 合成されたタンパク質を分解する。
- タンパク質の機能を阻害する。

上のどの方法をとっても、次の2つは必須条件である。

- 環境からのシグナル（情報）に反応する（チャイムが鳴ったら玄関に向かう）。
- 効率的である（玄関のチャイムが鳴っているのに風呂場に行っても無駄である）。

タンパク質合成過程のより早い段階で干渉できれば、無駄なエネルギーはより少なくなる。遺伝子からの転写を選択的にブロックすることは、翻訳されたあとのタンパク質を分解したり阻害したりすることよりはるかに効率的である。タンパク質量を調節する機構として先の5つすべてが自然界で見つかっているが、一般的に原核生物は最も効率の良いものを使う。それは、転写制御である。

転写を制御することはエネルギーの節約になる

大腸菌はヒトの大腸に普通に生息しており、化学的な環境における突然の変化に対処しなければならない。宿主であるヒトは、突然絶食したり、大食いしたり、あるいはカップ麵ばかり食べるかもしれない。こうした環境（大腸菌にとっての食糧事情）の変化に、代謝的に対応する必要がある。グルコースは最も代謝されやすい糖類なので、エネルギー源としてより好まれる。しかし、いつも十分なグルコースが食事に入っているとは限らない。例えば、細菌が突然牛乳の大洪水にあうかもしれない。牛乳に豊富な糖類はラクトースである。ラクトースは、グルコースとガラクトースが結合した二糖（βガラクトシド）である。ラクトースが大腸菌に吸収され代謝されるためには、次の3つのタンパク質が必要である。

- βガラクトシドパーミアーゼ：細胞膜を通過し細胞内へラクトースを輸送する。
- βガラクトシダーゼ：ラクトースをグルコースとガラクトースに加水分解する。
- βガラクトシドトランスアセチラーゼ：βガラクトシドにアセチルCoAからのアセチル基を付加する（この酵素のラクトース代謝における役割は明らかでない）。

大腸菌が、グルコースを含みラクトースや他のβガラクトシドを含まない培地で成長しているときは、これらの3つのタンパク質レベルは非常に低い——つまり不必要な酵素を作る無駄なエネルギーや資源を費やさない。しかし、ラクトースが広く利用可能であるけれどグルコースがほとんどない環境に変わると、即座にこれらのタンパク質の合成が開始され、豊富になる。例えば、培地中にグルコースがあるときは、大腸菌細胞内にβガラクトシダーゼは2分子しかないが、グルコースが欠乏し、ラクトースが存在する環境では3000分子まで作られる。

ラクトースが大腸菌の周りから消えると、これらのタンパク質の合成もただちに停止する。すでに作られていたものは消失せず、細胞分裂が続くあいだに、その濃度がただ薄まっていき、元の低いレベルに落ち着く。

タンパク質合成を誘導する化合物（先の例ではラクトース）を**インデューサー**という（**図10-18**）。このようにして作られるタンパク質を**誘導**タンパク質とよび、逆に一定の割合で常時作られているタンパク質を**構成（恒常）的**タンパク質という。

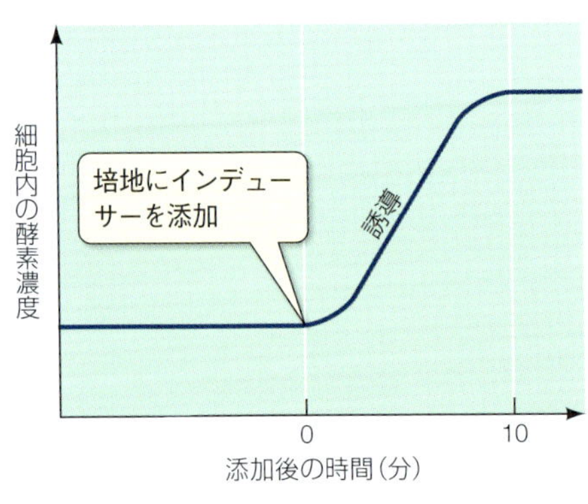

図10-18　インデューサーによって、酵素の合成が刺激される
必要なときのみ、酵素の合成を行うほうが細胞にとって効率的である。いくつかの酵素は、その酵素が作用する物質があるときに誘導される（βガラクトシダーゼはラクトースがあるときに誘導される）。

これで、代謝経路を制御する２つの基本的な方法を見たことになる。１つは、3.5節（第１巻）で述べた酵素活性のアロステリックな調節（酵素の触媒反応を調節する）であり、すばやく巧みな調節を可能とする。もう１つが、タンパク質合成の調節——酵素の濃度を調節する——であり、これはゆっくりとしたものだが、エネルギーの大きな節約となる。**図10-19**は、この２つを比較したものである。

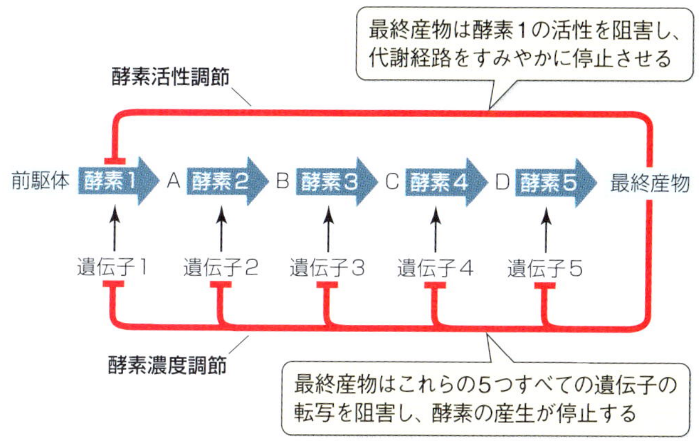

図10-19　代謝経路を調節する２つの方法
最終産物のフィードバックにより、酵素活性が阻害される（アロステリック調節）か、酵素をコードする遺伝子の転写が停止する（転写調節）。

１つのプロモーターで近傍の遺伝子群の転写をコントロールする

先ほどのラクトース代謝を行う酵素をコードする遺伝子を**構造遺伝子**といい、この３つの構造遺伝子は大腸菌の染色体上に隣同士で並んでいる。この配置は偶然ではない。これら３つの構造遺伝子は１本のmRNAに転写される。このひと続きのmRNA

からラクトース代謝の３種類の酵素が翻訳されるので、これらのタンパク質の合成は同期していて１本のmRNAの有無に依存している。

この３つの構造遺伝子は１つのプロモーターを共有している。9.3節で述べたように、プロモーターとはRNAポリメラーゼが結合して転写を開始するDNA配列である。さらに、ほかよりも転写開始を強力に行うプロモーターがあるとも述べたが、上記の３つの大腸菌の構造遺伝子のプロモーターは、まさしくこれに該当し、最大時におけるmRNA合成能は非常に高い。しかし、不必要な場合に備えて、mRNA合成を停止させるための配列も備わっている。これら一連の配列は「オペロン」と呼ばれ、フランソワ・ジャコブ（François Jacob）とジャック・モノー（Jacques Monod）によって提唱された。

オペロンは原核生物の転写単位である

原核生物は、プロモーターと構造遺伝子のあいだにある種の障害物を置くことで転写を停止させる。この場所には、**オペレーター**と呼ばれる短いDNA領域があり、**リプレッサー**という特殊なタンパク質が強固に結合することで、障害物となる。

- リプレッサーがオペレーターに結合しているときは、転写は抑制される。
- リプレッサーがオペレーターに触れていないあいだは、mRNAはずっと合成される。

隣接した構造遺伝子とその転写を制御するDNA配列を構成する１つの単位を**オペロン**という。１つのオペロンは、プロモーターとオペレーター、２つ以上の構造遺伝子から構成されている（**図10-20**）。プロモーターとオペレーターは、タンパク

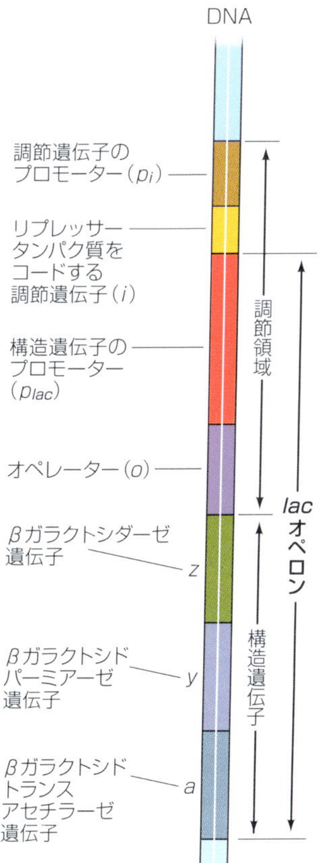

図10-20
大腸菌の*lac*オペロン
大腸菌の*lac*オペロンには、プロモーター、オペレーター、ラクトース代謝を担う３種類の酵素をコードする構造遺伝子群が含まれる。

質が結合するDNA領域であり転写されない。

大腸菌には、オペロンの転写をコントロールする機構が数多くある。ここでは、そのうちの３つについて述べよう。そのうち２つは、オペレーターに結合したリプレッサータンパク質によって制御されるが、残る１つはプロモーターに結合したタンパク質によって制御される。

lac オペロンの転写は、オペレーター・リプレッサー制御により誘導される

ラクトースを代謝する大腸菌のタンパク質群の遺伝子を含むオペロンをラクトースオペロン（*lac* オペロン）という（**図10-20**参照）。先に述べたように、RNAポリメラーゼはプロモーターに結合し、リプレッサータンパク質はオペレーターに結合する。

リプレッサータンパク質には、オペレーターに結合する部位とインデューサーに結合する部位がある。*lac* オペロンのインデューサーはラクトースとなる。インデューサーと結合するとリプレッサータンパク質の立体構造が変化し（アロステリックな調節、3.5節〈第1巻〉参照）、オペレーターと結合できなくなる（**図10-21**）。その結果、RNAポリメラーゼがプロモーターに結合し、*lac* オペロンの構造遺伝子の転写を開始する。mRNAは、リボソーム上で翻訳され、ラクトース代謝に必要な3つのタンパク質が合成される。

ラクトースの濃度が低下するとどうなるだろうか？　インデューサー（ラクトース）がリプレッサーから離れ、リプレッサーは元の立体構造に戻り、オペレーターに結合するため、*lac* オペロンの転写は停止する。すでに作られたmRNAもすぐに壊され、翻訳もすぐに止まってしまう。このように、ラクトース（インデューサー）の有無によってリプレッサーのオペレーターへの結合を制御し、代謝に必要なタンパク質の合成を調節している。*lac* オペロンは誘導システムであるといえる。

リプレッサータンパク質は**調節遺伝子**によってコードされている。*lac* オペロンのリプレッサーをコードしている調節遺伝

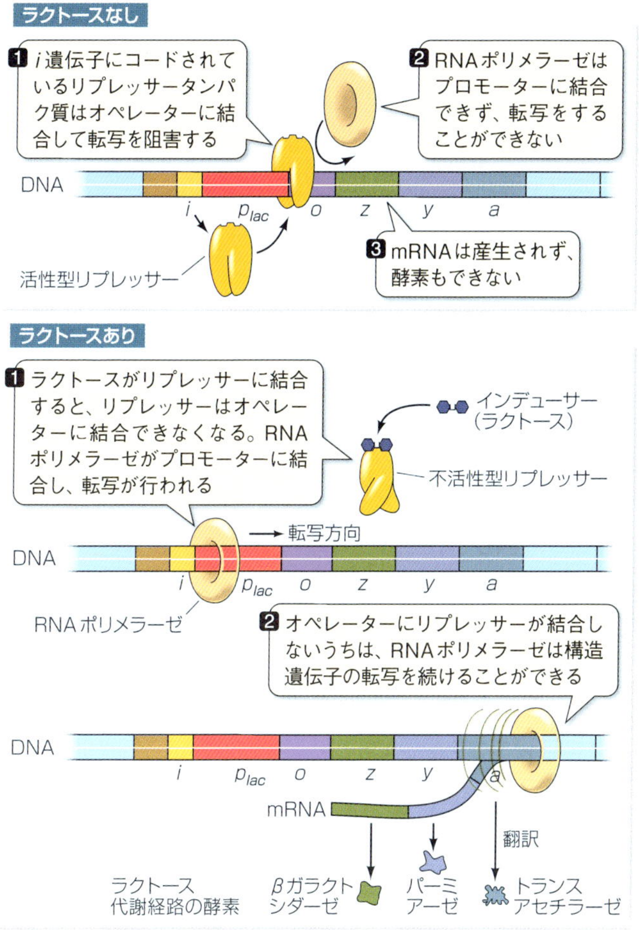

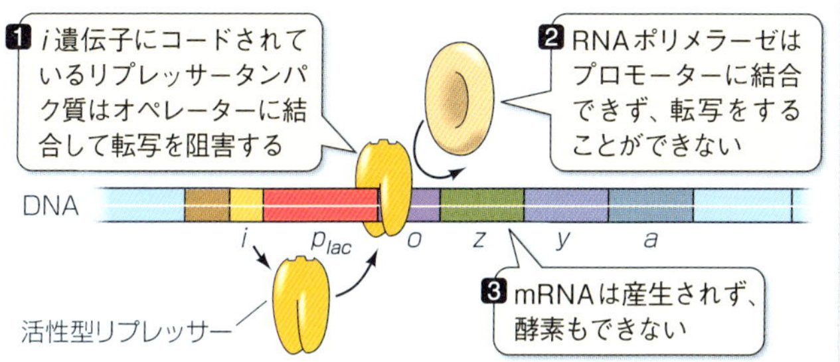

図10-21　*lac*オペロン：誘導システム

ラクトース（インデューサー）は、リプレッサータンパク質（転写を停止させている）がオペレーターに結合するのを阻害することでラクトース代謝経路の酵素群の合成を誘導する。

子は、*i*遺伝子（*i*はinducibility＝誘導能の略）と呼ばれる。この*i*遺伝子はたまたま制御する*lac*オペロンの近くに存在するが（**図10-20**参照）、オペロンから離れている調節遺伝子もある。*i*遺伝子にもプロモーター（p_i）があるが、このプロモーターはRNAポリメラーゼを効率よく結合させることができず、1世代で作られるリプレッサータンパク質は1細胞あたり約10分子である。この分子数でオペロンを調節するのには十分であり、これ以上作るとエネルギーの無駄になってしまう。p_iと*i*遺伝子のあいだにはオペレーターは存在しない。つまり、*lac*オペロンのリプレッサータンパク質は、どんな環境下でも一定量作られる。

*lac*オペロンのような誘導システムの重要な特徴をまとめると以下のようになる。

- インデューサー不在では、オペロンの転写は起きない。
- オペロンの転写が起きないのは、リプレッサーという調節タンパク質に抑制されているからである。
- インデューサーを加えるとリプレッサーが変化し、オペロンの転写が開始される。
- 調節遺伝子からは他の遺伝子発現を調節する機能のみを持つタンパク質が作られる。
- オペレーターとプロモーターはタンパク質をコードすることはなく、調節タンパク質などの結合領域である。

*trp*オペロンの転写はオペレーター・リプレッサー制御により抑制される

ラクトース存在下のみラクトース代謝システムをオンにするという誘導システムのメリットについて述べてきた。最終産物が十分にたまると、その合成経路をオフにできることも細菌にとって等しく重要なことである。タンパク質の重要な構成成分であるアミノ酸のトリプトファンの場合を考えてみよう。トリプトファンが豊富にあるときは、トリプトファンを合成する酵素を作らないほうが都合がよい。つまり、この酵素は**抑制可能**としたい。

トリプトファンオペロン（*trp* オペロン）のような抑制システムでは、リプレッサータンパク質だけではオペロンを停止させることはできない。**コリプレッサー**という最終代謝産物（この場合トリプトファン）かその類似物質がリプレッサータンパク質に結合して初めてオペロンを止めることができる（**図10-22**）。もし最終産物がなくなれば、リプレッサーはオペレーターに結合できなくなり、オペロンは最大速度で転写されていく。最終産物が存在すれば、リプレッサーはオペレーターに結合しオペロンは鎮静化する。

誘導システムと抑制システムの違いはわずかであるが、重要である。

- 誘導システムでは、代謝経路の基質がインデューサーとして調節タンパク質（リプレッサー）と結合すると、リプレッサータンパク質がオペレーターに結合できなくなる。結果、転写が進む。
- 抑制システムでは、代謝経路の産物がコリプレッサーとして調節タンパク質（リプレッサー）に結合すると、リプレッサータンパク質がオペレーターに結合できるようになる。結果、転写が止まる。

一般的に、誘導システムは異化経路（分解経路、基質を利用できるときだけオンになる）を担い、抑制システムは同化経路（合成経路、産物がなくなるまでオフのまま）を担う。両シス

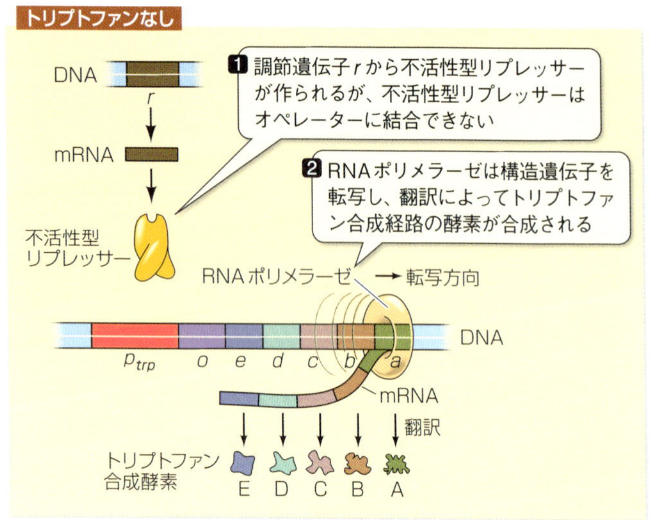

図10-22　*trp*オペロン：抑制システム
トリプトファンはリプレッサーを活性状態にするので、コリプレッサーと呼ばれる。

テムとも、オペレーターに調節タンパク質が結合することで機能している。次は、プロモーターに結合して調節する例について述べよう。

タンパク質合成はプロモーターの効率によってコントロールされている

大腸菌はエネルギー源として一番良いグルコースの供給を十分に得られず、代わりに違う糖であるラクトースがあると、*lac*オペロンにコードされているラクトース異化酵素のプロモーターの効率が上がり、転写も増加する（**図10-23**）。

*lac*オペロンやそれに似たオペロンでは、一連の段階でプロモ

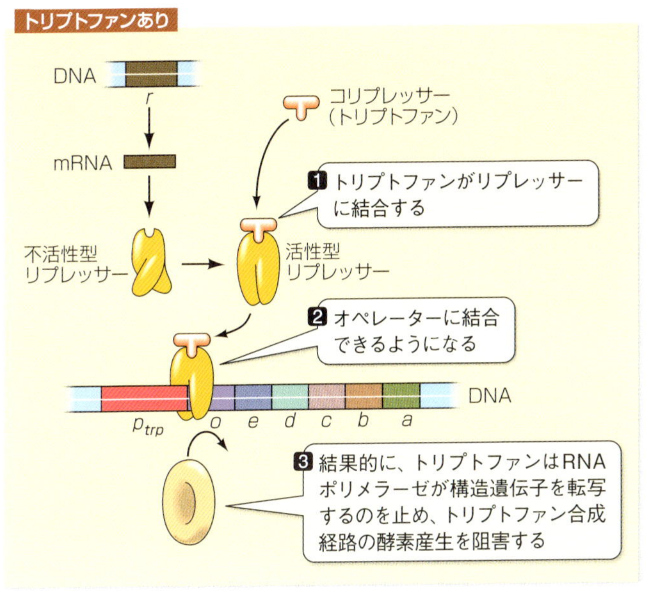

ーターにRNAポリメラーゼが結合する。最初に、CRP（cAMP受容体タンパク質）と呼ばれる調節タンパク質がアデノシン3′,5′-環状一リン酸（環状AMP、cAMP）を結合する。次に、CRP-cAMP複合体がプロモーターの上流（5′側）のDNAに結合する。そうすると、RNAポリメラーゼが効率よくプロモーターに結合できるようになり、結果として構造遺伝子の転写レベルが上昇する。

グルコースが培地中に豊富に存在すると、細菌はエネルギー源となる他の分子を代謝する必要がない。つまり、こうした分子を代謝するための酵素の合成を減少させるか止めてしまう。グルコースの存在が、細胞内のcAMP濃度を減少させこれら

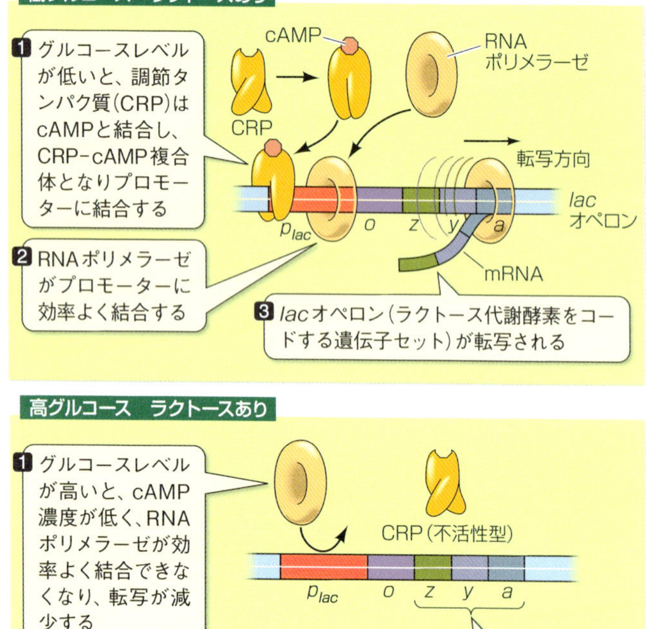

図10-23　カタボライト抑制は*lac*オペロンを調節する
*lac*オペロンのプロモーターは、cAMPがない（グルコースレベルが高いときこの状態になる）と効率よく機能しない。高グルコースレベルだと、ラクトースの代謝が抑制される。

の酵素の合成を低下させる。cAMPが低濃度になると、プロモーターに結合しているCRPが減少し、RNAポリメラーゼも効率よく結合できなくなり、構造遺伝子の転写も減少する。このメカニズムを**カタボライト抑制**という。

CRPは他の多くのオペロンに結合するRNAポリメラーゼの効率も調節する。たとえば、アラビノースやガラクトースの代謝などがある。一般的に、十分量のグルコースがあれば、大腸菌はCRPシステムを使ってグルコース以外のエネルギー源分子の代謝経路を止める。cAMPは原核生物だけでなく真核生物でもシグナル分子として広範囲に使われる分子である。細菌のグルコース応答からヒトの空腹感知に至るまで、cAMPはさまざまな状況で共通して使われている。

誘導的である*lac*システムも抑制的である*trp*システムもオペレーター・リプレッサーシステムである。調節タンパク質（リプレッサー）が場合に応じて転写を阻害するという**負の制御**である一方、カタボライト抑制は、調節分子（CRP-cAMP複合体）によって転写が活性化するという**正の制御**である。**表10-2**は*lac*オペロンにおける調節の様子である。

表10-2　*lac*オペロンの正の制御と負の制御

グルコース	あり	あり	なし	なし
cAMPレベル	低	低	高	高
RNAポリメラーゼのプロモーター結合能	なし	あり（不十分）	あり（十分）	なし
ラクトース	なし	あり	あり	なし
***lac*リプレッサー**	活性型（オペレーターに結合する）	不活性型（オペレーターに結合しない）	不活性型（オペレーターに結合しない）	活性型（オペレーターに結合する）
***lac*遺伝子の転写**	なし	低レベル	高レベル	なし
ラクトース代謝	なし	なし	あり	なし

負の制御は赤字で示した。

調節タンパク質による遺伝子発現のコントロールは原核生物だけのものではない。先に述べたウイルスでも起こるし、次章で述べる真核生物の場合では特に重要である。自然界においてゲノムには転写される配列だけでなく、タンパク質が結合して特定の遺伝子の転写を決定するような非転写配列も含まれる。

10.5 原核生物のゲノム解読から何を学んだのか？

原核生物のゲノムに関して驚くほど解明されているのは明らかだが、今後もDNA解読やゲノム操作技術の進化により特定の原核生物の遺伝子とその機能について多くの知見が得られるだろう。

1970年代後半にDNA配列の解読の最初のターゲットになったのは、最も単純なウイルスであった。すぐに、動物や植物に病原性を持つウイルスなど150種類以上のウイルスのゲノムが解読され、ウイルスが宿主にどのように感染して増殖するのかを知る手がかりとなった。ウイルスのゲノム解読は手動（人海戦術）でも可能であったが、原核生物や真核生物のゲノムは小さいものでもバクテリオファージの100倍あり、手動の解読は厳しかった。しかし、ここ10年のうちに8.5節で述べたような自動のDNA配列解読技術により、多くの原核生物のゲノムが解読された。

1995年にクレイグ・ヴェンター（Craig Venter）とハミルトン・スミス（Hamilton Smith）のチームによって、生命体として初めてインフルエンザ菌のゲノムが決定されて以来、多くの原核生物のゲノムが解読されている。こうした情報から、原核生物が持つさまざまな機能に関する遺伝子がどのように配分してあるかだけでなく、どのように働いているのかも明らかになった。

当初、ゲノム解読から得られた知見は次の3つである。

- 読み枠：タンパク質をコードしている遺伝子の翻訳の開始と終了のあいだの領域である。
- タンパク質のアミノ酸配列：遺伝暗号の法則（**図9-8**参照）を読み枠のDNA配列に適用すれば導き出せる。
- 調節配列：転写のためのプロモーターやターミネーター（11.2節参照）など。

> ゲノム解読速度の記録は、おそらくSARS（重症急性呼吸器症候群）を引き起こしたウイルスのゲノム解読だろう。バンクーバーにあるブリティッシュ・コロンビア癌センターのスティーヴン・ジョーンズ（Steven Jones）のチームは2週間足らずで解読してしまった。

機能ゲノム学　**機能ゲノム学**とは、ゲノム解読を通して遺伝子産物の機能を研究する学問である。ここ10年で大半の生物学者が、この分野から得られた情報をもとに研究を進めるようになった。インフルエンザ菌について見てみよう。

インフルエンザ菌の唯一の宿主はヒトである。この細菌は上気道に常在するが、耳に感染して中耳炎を起こすことがある。ひどいときは小児の髄膜炎も引き起こす。183万137塩基対の環状染色体があり（**図10-24**）、複製起点や、rRNAやtRNAとなる遺伝子に加えて、転写に必要な領域（プロモーター）や翻訳に必要な領域（開始コドンや終止コドン）と1743個のタンパク質をコードする遺伝子が存在する。

最初に報告されたとき、インフルエンザ菌の遺伝子のうち

58%の1007個のタンパク質のアミノ酸配列は、すでに機能が判明している他のタンパク質のアミノ酸配列と一致が見られた。つまり、容易に機能が特定できるのは58%の遺伝子だけであって、残りの42%の遺伝子はまったく未知であった。今では、その大半の役割が**アノテーション**（生物学的意味付け）という方法により判明している。

タンパク質の機能と遺伝子配列を関連付けた（アノテーションされた）データベースから、解糖系や、発酵、電子伝達鎖といった経路を担う酵素の遺伝子も明らかになり、1世紀にわたってなされた、細菌の酵素の経路についての生化学的記述が正しいことが裏付けられた。まだタンパク質が明らかになってい

図10-24　インフルエンザ菌のゲノムマップ
全長は183万137塩基対である。

ない遺伝子配列もいくつか残っているが、高い感染力のインフルエンザ菌株には菌表面にあるヒトの気道に吸着するタンパク質をコードする遺伝子があり、非感染株にはこうした遺伝子が欠けていることが判明したことは、重要な発見であった。

比較ゲノム学　インフルエンザ菌のゲノム配列が発表されてすぐに、マイコプラズマ・ゲニタリウム（58万70塩基対）と大腸菌（463万9221塩基対）のゲノム配列の解読も完了した。この時、生物学では新しい時代の幕が開いた。**比較ゲノム学**の時代である。比較ゲノム学では異なる種のゲノム配列を比較し、種間に差がある遺伝子情報と生理的機能を結びつける。

たとえば、マイコプラズマ・ゲニタリウムはアミノ酸合成に関する遺伝子を持っていないが、大腸菌やインフルエンザ菌はこの遺伝子を持っている。このことから、マイコプラズマ・ゲニタリウムは周囲（ヒトの泌尿生殖器）からすべてのアミノ酸を得なければならないことが明らかになった。大腸菌の場合、転写活性化因子をコードしている遺伝子が55個あり、転写抑制因子の遺伝子が58個あるが、マイコプラズマ・ゲニタリウムには転写活性化因子の遺伝子がたった3個あるのみである。こうした点を比較することは、その生命体の生活環を解明する手がかりとなる。

原核生物のゲノム配列は宝の山である

原核生物のゲノム配列を解読することは、単に生態系に含まれている微生物としてだけでなく病気を引き起こす微生物に関しても知識を与えてくれる。以下にそうした例を見てみよう。

- トラコーマ・クラミジアはアメリカ合衆国で最も一般的な性感染症の病原菌である。この病原菌は細胞内に共生するので、研究することが非常に難しい。この細菌はATPを合成できないと考えられていたが、900個の遺伝子のなかには、ATP合成に関するものがいくつか存在している。

■発疹チフスリケッチアは、チフスを引き起こす病原菌であり、媒介動物であるシラミに噛まれると感染する。634個の遺伝子のうち、病原性に重要なものは6個であり、ワクチン開発に使われている。

■北大西洋のサルガッソー海に関して多くのことが知られているわけではないが、暖かい海水が流れずにとどまっているため、ホンダワラ属の海藻（サルガッスム）が密生し、相対的に他の生き物はほとんど見つかっていなかった。この海水の微生物のゲノム塩基配列を片っ端から解析することにより、それまでまったく知られていなかった1000種類以上の細菌がサルガッスム密生環境に適応しているといった独自の生態系を持っていることが明らかになった。地球上の海には200万種類、陸上には400万種類の原核生物がいると言われている。その99%について、生態系における役割はわからないままである。ゲノムを解読することで、得られる答えがあるかもしれない。

■結核菌は結核を引き起こす病原菌である。原核生物にしては大きなゲノムを持ち、4000個のタンパク質をコードしている。そのうち250個以上が脂質代謝に関するものであり、脂質代謝が結核菌の主要なエネルギー産生経路なのかもしれない。また、まだ同定されていない細胞表面のタンパク質をコードしていると考えられる遺伝子もあり、ワクチンのターゲットとなるかもしれない。

■ストレプトマイセス・セリカラーなどのストレプトマイセス属細菌は、現在臨床で使われている抗生物質（ストレプトマイシン、テトラサイクリン、エリスロマイシンなど）の3分の2を作ることができる。ゲノム解読から、抗生物質産生に関与する遺伝子が22種類あり、そのうち以前から知られているのはたったの4種類であることが明らかになった。これらの情報を生かせば、耐性病原菌に対するもっと強力な抗生物質を発見できるかもしれない。

- 二酸化炭素以外に“温室効果”を引き起こし地球温暖化に関与するガスがメタン（CH_4）である。メタノコッカスなどの細菌は牛の胃の中でメタンガスを作り出す。一方で、メチロコッカスなどはメタンガスをエネルギー源として使用し、空気中から除去する。両方の細菌のゲノムはすでに解読されていて、メタンガスを産生したり酸化したりする遺伝子の情報は、地球温暖化対策に役立つかもしれない。
- 腸管出血性大腸菌（O157：H7）は、食べ物から感染し深刻な病気を引き起こす。アメリカ合衆国では、年間で7万人以上が発症している。そのゲノムには5416個の遺伝子があり、そのうち1387個は研究室レベルで使われる無毒な菌株の遺伝子とのあいだに違いが見られる。この遺伝子の多くは、サルモネラ菌や赤痢菌など他の病原性細菌にもある。これらの種間で広範にわたって遺伝子の交換が行われているのかもしれず、近い将来に超強力な細菌が出現するかもしれない。

細胞の生命維持に必要な遺伝子がわかれば、人工的に生命を作れるだろうか？

原核生物と真核生物のゲノム配列比較から驚くべきことが判明した。すべての生物に共通する普遍的な遺伝子があるということである。さらに、遺伝子の一部が共通している場合もある。たとえば、多くの生物の多くの遺伝子にATP結合部位をコードする領域が存在している。このことは、古代から続くDNA配列の最小単位があることを示唆している。この最小単位をゲノム配列からバイオインフォマティクス（生物情報学）を駆使して見出すことができるかもしれない。

最小ゲノムを決定するもう1つの方法は、最も単純なゲノムを持つ生命体を見つけることである。そして、意図的にある1つの遺伝子を欠失させ、何が起こるのか観察する。マイコプラズマ・ゲニタリウムには482個の遺伝子しかなく、現在知られているなかで最も小さいゲノムである。それでも、遺伝子のいくつかは、特定の環境下で必要なくなる。例えば、グルコースとフルクトースを代謝する遺伝子である。実験室レベルでの培養で、どちらかの糖が培地に加えてあればマイコプラズマ・ゲニタリウムは生育できる。結果、加えていない糖の代謝に関係する遺伝子は不要となる。他の遺伝子はどうだろうか？　トランスポゾンを使った実験がこの問題へのアプローチに使われた。細菌をトランスポゾンに曝露すると、ランダムに遺伝子の中に入り込み、遺伝子を変化させたり不活性化したりする（**図10-25**）。影響を受けた遺伝子を突き止めたうえで、細菌の生育や生存との関連について調べる。

こうした研究から驚くべき結果が出た。それは、マイコプラズマ・ゲニタリウムは100個程度の遺伝子がなくなっても生存できるということである（つまり、最小ゲノムは382個の遺伝子！）。しかし、これで生存可能な生命体を果たして作れるのだろうか？　その答えを出す唯一の方法は、実際にゲノムを作ってみることである。クレイグ・ヴェンターが率いるある民間企業のチームがこの問題に挑戦している。人工DNAの合成は可能であり、またマイコプラズマ・ゲニタリウムの遺伝子はすべて判明しているので、実験室でゲノムを合成して組み立てる

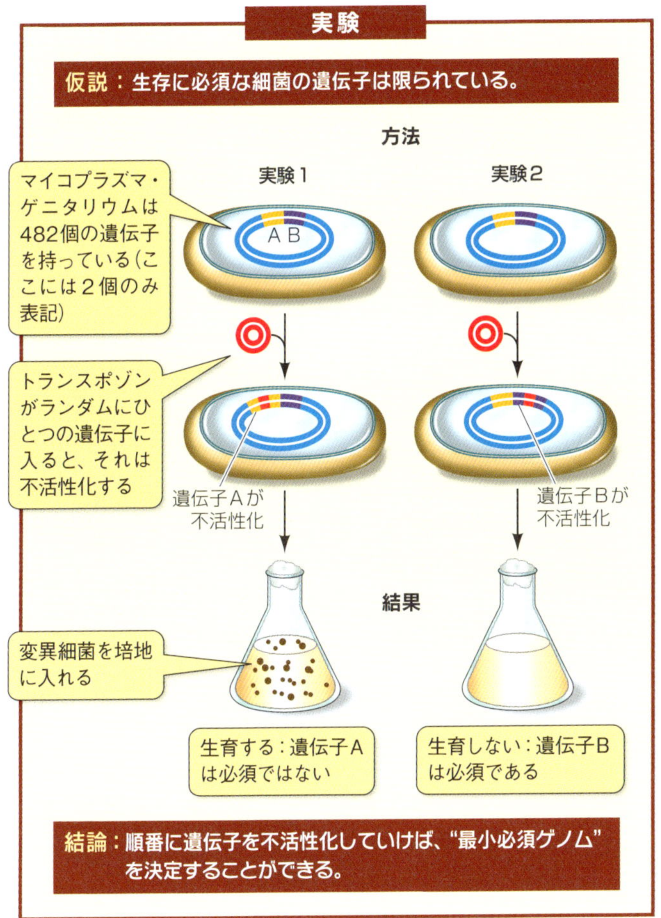

図10-25　最小ゲノムを決定するのにトランスポゾンを使う
細菌の遺伝子を一個一個不活性化すれば、どの遺伝子が生存に必須なのかを調べることができる。

ことは簡単である。そのDNAを本来のゲノムを除去した空の細菌細胞に挿入する。転写が始まりタンパク質が作られ始めたら、その細胞は生きていることになる。もしそうなら、人工生命体が現実的なものになるだろう（訳注：2008年末で、遺伝子全体を人工合成することまでは論文報告されている）。

人工生命体を作る技術は多くの重要なことに応用が可能である。完全に新しい能力を持った新しい微生物も作製できる。たとえば、油を分解するものや、繊維を合成するもの、虫歯を減らすもの、セルロースを変換して燃料となるエタノールを作るものなどである。一方で、こうした知識の悪用や手違いに対する懸念も事実無根とは言えない。人や植物、動物に対して毒性を持つような有害な合成細菌が作られ、生物戦争やバイオテロに使われる可能性も同じようにある。本章の最初に述べたように、トリインフルエンザウイルスが変化して人間に致死的な病原性を持つようになることは、小さいとはいえ新しい種が時々突きつける危険性である。人類はすでにゲノムの精霊を、良くも悪くも、ランプから擦り出してしまっている。

チェックテスト（答えは1つ）

1. *lac* オペロンに関する以下の記述のうち、正しくないものはどれか？

ⓐラクトースがリプレッサーに結合すると、リプレッサーはもはやオペレーターには結合できない。
ⓑラクトースがオペレーターに結合すると、転写が刺激される。
ⓒリプレッサーがオペレーターに結合すると、転写が阻害される。
ⓓラクトースがリプレッサーに結合すると、リプレッサーの形が変化する。
ⓔリプレッサーは、変異によってオペレーターに結合できなくなる可能性がある。

2. 以下の記述のうち、現在のところ発見されていないものはどれか？

ⓐ溶菌サイクルのDNAウイルス
ⓑ溶原サイクルのDNAウイルス
ⓒ中間体として2本鎖RNAをつくるRNAウイルス
ⓓ逆転写によりcDNAを合成するRNAウイルス
ⓔtRNAとして作用するRNAウイルス

3. バクテリオファージλの溶原サイクルについて正しいのはどれか？

ⓐリプレッサーであるcIが溶菌サイクルへの移行をブロックしている。
ⓑ細菌間のDNAを運んでいる。
ⓒ初期ファージ遺伝子も後期ファージ遺伝子も転写された状態にある。
ⓓウイルスゲノムをRNAにして宿主細胞内にとどまらせている。
ⓔ宿主細胞の状態に関係なく新しいウイルスが合成されている。

4. オペロンについて正しいのはどれか？

ⓐ遺伝子のオン・オフを調節する分子である。
ⓑリプレッサーに結合するインデューサーである。
ⓒタンパク質をコードしている遺伝子の転写をコントロールする調節配列である。
ⓓあらゆる長さのDNAのことである。
ⓔプロモーター、オペレーターとそれにリンクした構造遺伝子群のことである。

5. 形質転換と形質導入の両方にあてはまるのはどれか？

ⓐ DNAがウイルスと細菌のあいだを移動する。
ⓑ 自然界では両方とも起こらない。
ⓒ ある細胞から他の細胞にDNAの小さな断片が移動する。
ⓓ 入り込んだDNAと宿主細胞のDNAのあいだで組換えは起きない。
ⓔ DNAを移動するために細胞間の接合管が使われる。

6. プラスミドについて正しいのはどれか？

ⓐ 環状のタンパク質のことである。
ⓑ 細菌にとって必須なものである。
ⓒ 微小な細菌のことである。
ⓓ 細菌の抗生物質耐性獲得メカニズムの1つである。
ⓔ 転位因子の形態の1つである。

7. ある原核生物にとっての最小ゲノムをどうやって導きだすか？

ⓐ 遺伝子の総数を数える。
ⓑ 比較ゲノム学を駆使する。
ⓒ 大体5000個の遺伝子である。
ⓓ トランスポゾンを使って遺伝子を1つずつ変異させる。
ⓔ tRNAをコードしている遺伝子を除外する。

8. ある細菌の細胞内でトリプトファンが蓄積するとどうなるか？

ⓐ オペレーターに結合して、周辺の遺伝子の転写を阻害する。
ⓑ プロモーターに結合して、周辺の遺伝子の転写を促す。
ⓒ リプレッサーに結合して、リプレッサーがオペレーターに結合できるようにする。
ⓓ 酵素自体をコードする遺伝子に結合する。
ⓔ RNAに結合して、転写を減少させるネガティブフィードバックを起動する。

9. *lac* オペロンにあるプロモーターについて正しいのはどれか？

ⓐ リプレッサーに結合する領域のことである。
ⓑ RNAポリメラーゼが結合する領域のことである。
ⓒ リプレッサーをコードする遺伝子のことである。
ⓓ 構造遺伝子のことである。
ⓔ オペロンの1つである。

10. CRP-cAMPシステムについて正しいのはどれか？

ⓐ多くの異化産物を産生する。
ⓑリボソームを必要とする。
ⓒオペレーター・リプレッサー機構を制御する。
ⓓ転写の正の制御の一例である。
ⓔオペレーター依存的である。

テストの答え　1.ⓑ　2.ⓔ　3.ⓐ　4.ⓔ　5.ⓒ
6.ⓓ　7.ⓓ　8.ⓒ　9.ⓑ　10.ⓓ

第11章

真核生物のゲノムと遺伝子発現

絶滅の危機にあるゲノム

チーターは、流線型をしたたくましい体つきのネコ科の動物であるが、その一般名と学名（*Acinonyx jubatus*）の由来について、話をしよう（**図11-1**）。

- チーターは黄色の毛皮に小さな黒い斑点があり、その語源は、ヒンディー語の*chiita*（まだら模様の意）である。
- 学名の*Acinonyx*は、ギリシア語で“動かないつめ”を意味し、ネコ科のなかではチーターだけがつめを引っ込めることができない（速く疾走するときと狩りのときは利点となる）。
- 学名の*jubatus*は、ラテン語で“たてがみ”を意味し、チーターの幼獣はたてがみが特徴である。

チーターは孤独なハンターであり、ガゼル（シカに似たウシ科動物）や野ウサギなどの小動物を捕食する。10mから30mほどまで獲物に忍び寄り、疾走する時間は通常1分かそこらであるが、時速110km以上のスピードで獲物を追いかける。

図11-1　最速の猫
チーターは、地球上の動物で最も速く走ることができる。現在、野生のチーターは1万2000頭ほどだが、約1万年前に数頭を残して絶滅したため、その大半がほぼ同じ遺伝子配列を持っている。

現在の総数は1万2000頭ほどで、そのほとんどがアフリカに生息している。チーターの個体数減少の一因は人間にあり、家畜の牛殺しを（間違って）疑い、数多くのチーターを殺した。しかし、個体数減少の原因は他にもある。数多くのチーターのDNA配列を比較したところ、非常に高い相同性が見られた。タンパク質をコードしている領域の配列は、同じ種ならほぼ同じであるが、それ以外の領域の配列は各個体で異なる。だからこそ遺伝子のDNA鑑定による個人識別が可能なのである。しかし、すべてのチーターが同じ親の兄弟姉妹であるかのように、遺伝子以外のDNA配列もほとんど同じであった。

チーターやすでに絶滅したネコ科の動物の化石から、チーターの著しい遺伝的相同性を説明できる。現在のチーターの祖先は、約1500万年前にアフリカで現れ、アジアや北アメリカへと広がっていった。最後の氷河期が終わるまで（約1万年前）、チーターの分布は広がりつづけ、ある時、"何か"（その何かがわからないのだが）が起きた。多くのチーターに近い種（例えばサーベルタイガー）が絶滅したのだが、チーターは数少ないながらもなんとか生き残った。現在生きているチーターのゲノムは、その数少ない個体に由来すると推測されている。こうした出来事は、「ボトルネック」と呼ばれる。

ゲノムが均一であるため、悪条件でも「どれかが」生き残れるような遺伝的多様性がチーターには欠けている。そのため、例えば、新規の病原体に抵抗できず、病気にかかりやすく全滅してしまう危険性がある。大多数はその病原体に著しく弱いかもしれないが、遺伝的多様性があれば、なかには「へそ曲がり」で生き残るやつがいるのだ。画一社会が崩壊するのと同じである。雑多な集団が強いのである。

遺伝子が均一な種はチーターだけではない。フロリダパンサ

図11-2
危機にさらされている猫
フロリダパンサー（*Felis concolor coryi*）は、北アメリカに生息し、絶滅の危機にある。米国魚類野生動物庁は、大人のフロリダパンサーの生息数を30頭から50頭と見積もっている。

ーのDNA配列も同じように相同性が高く、病気や遺伝的欠損によって、一族郎党がすべてやられてしまう危険がある（**図11-2**）。しかし、フロリダパンサーの個体数減少は最近のことであり、その原因は完全に人間にある。フロリダパンサーは、19世紀に乱獲され、20世紀にはアメリカ合衆国南東部の生息場所が人間によってどんどん狭められ、ほとんどない状態になってしまった。

遺伝子に多様性があると、遺伝子産物であるタンパク質にも多様性が生まれる。遺伝子からタンパク質までの複雑な過程が、本章の主題である。

この章では 真核生物と原核生物のゲノムの相違点に焦点をあてて、モデル生物におけるゲノム構成と遺伝子発現について述べる。後半では、転写から翻訳に至るあらゆる過程での遺伝子発現調節が複雑に行われていることについて述べる。

11.1 真核生物のゲノムの特徴は？

ゲノム解読後に遺伝子発現が研究され、タンパク質の機能が遺伝子にアノテーション（生物学的意味付け）されるにつれ、真核生物と原核生物のゲノムには数多くの大きな相違があることが明らかになってきた（**表11-1**）。その差とは、次のようなものである。

- 真核生物のゲノムは、原核生物のものよりもはるかに大きい。多細胞生物であれば、細胞には多くの種類と多様な役割があり、その役割を担う多くのタンパク質（すべてDNAにコードされている）が必要であることを考えれば、この相違はそれほど驚くことではない。典型的なウイルスのゲノムは、数個のタンパク質をコードする長さ（1万塩基対）のDNAで十分だが、大腸菌（原核生物）は数千個のタンパク質をコードするのに十分なDNAを持っている（460万塩基対以上）。ヒトに至っては、はるかに多くの遺伝子と調節配列を持っており、60億塩基対（直線にすると2mになる）のDNAが細胞に二倍体として詰めこまれている（訳注：ヒトは一倍体あたり32億塩基対）。しかし、ゲノムサイズが生物の複雑さと常に相関しているわけではない。ユリのゲノムサイズはヒトの18倍もある（しかし、いくら美しい花を春に咲かせるといっても、タンパク質数はヒトよりも少ない）。
- 真核生物のゲノムには、原核生物よりもずっと多くの調節配列がある。真核生物は複雑であるために、それだけより多くの制御機構が必要となる。
- 真核生物のゲノムの大半は、非コード領域である。真核生物のゲノムには、mRNAへと転写されないさまざまなDNA配列が散在している。さらに、mRNAへと転写されるコード領域にも、タンパク質に翻訳されない配列が存在する。

- 真核生物の染色体は複数本ある。真核生物のゲノム“百科事典”は“巻”に分かれている。このため、“巻”に相当する各染色体には、３種類のDNA配列が最低限必要となる。それは①複製起点（*ori*）、②体細胞分裂の際必要になる動原体、③染色体の端のテロメア配列である。
- 真核生物では、転写と翻訳の場所は物理的に離れている。DNAが核膜内に存在するので、転写は核内で行われ、翻訳は細胞質内のリボソームによって行われる。また、転写直後のmRNAは前駆体であり、そこから成熟したmRNAまでプロセッシングされる。翻訳が始まる前に、多くの過程を経るのでさまざまな調節を行うことが可能である（**図11-3**）。

表11-1　原核生物と真核生物のゲノム比較

特徴	原核生物	真核生物
ゲノムサイズ	10^4～10^7	10^8～10^{11}
反復配列	ほとんどない	多い
遺伝子内の翻訳されない領域	まれ	一般的
細胞内での転写場所と翻訳場所	同じ	離れている
核内に隔離されて	いない	いる
タンパク質が結合する領域	数ヵ所	広範囲にわたる
プロモーター	ある	ある
エンハンサー・サイレンサー	まれ	一般的
mRNAの両端の修飾	なし	あり
RNAスプライシング（スプライソーム）	まれ	一般的
染色体数	１本	多数

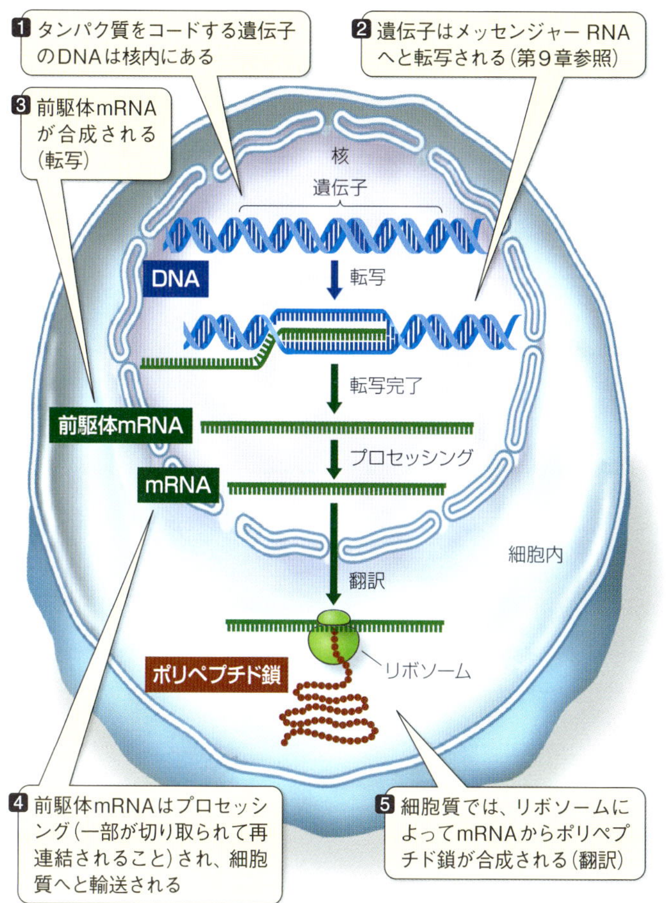

図11-3　真核生物の転写は核内で行われ、翻訳は細胞質で行われる
図9-5の原核生物の遺伝子発現ロードマップと比較してみよう。

真核生物のゲノムの特徴はモデル生物によって明らかにされた

真核生物のゲノムに関する知識は、よく研究されてきた単純なモデル生物から得られた。代表的なモデル生物は、酵母（*Saccharomyces cerevisiae*）や、線形動物の線虫（*Caenorhabditis elegans*）、ショウジョウバエ（*Drosophila melanogaster*）、植物ではシロイヌナズナ（*Arabidopsis thaliana*）である。

> フグ（*Fugu rubripes*）のゲノムは脊椎動物で知られているなかで最も小さい。ヒトとほぼ同数の遺伝子を持ちながら、ゲノムのサイズは約８分の１である。２つのゲノムはよく似ていてシドニー・ブレナー（Sydney Brenner）いわく、「そのゲノムはまさしく“ヒトのダイジェスト版”である」。

酵母：最も単純なモデル生物　酵母は単細胞の真核生物である。多くの真核生物と同じように、核や小胞体といった膜系細胞内小器官を持つ。また、その生活環には半数体と二倍体の両方の世代がある（**図6-16**参照）。

大腸菌のゲノムは、460万塩基対の１本の環状染色体であるが、出芽酵母のゲノムは16本の線状染色体であり、半数体分が1200万塩基対以上になる。世界中の600人以上の研究者が協力して酵母ゲノムの解読を行い、マップが作成された。酵母ゲノム解読が始まったときは、まだ1000個ほどの酵母遺伝子しか知られていなかったが、終わる頃には5800個が明らかになり、その役割も大体推測された。原核生物の遺伝子に相同性のある遺伝子もあったが、大半はそうではなかった。

大腸菌のゲノムと酵母ゲノムの特筆すべき違いは、タンパク質のターゲティング（選別と配送）に関与している遺伝子の数である（**表11-2**）。両方とも単細胞生物であるので、細胞の基本機能を担うタンパク質の遺伝子数はほぼ同じであるが、真核生物の細胞は細胞内小器官によって区画化されているので、その分多くの遺伝子が必要となる。真核生物の細胞の複雑さを、遺伝子数は定量的に示すものともいえる。たとえば、次のようなタンパク質の遺伝子は、原核生物にはない。

- ヌクレオソームのヒストン
- 細胞分裂に関与するサイクリン依存性キナーゼ
- mRNAのプロセッシングを行うタンパク質

表11-2　大腸菌と酵母のゲノム比較

	大腸菌	酵母
ゲノム長（塩基対）	4,640,000	12,068,000
タンパク質をコードする遺伝子数	4,300	5,800
タンパク質の種類：		
代謝	650	650
エネルギー産生・貯留	240	175
膜輸送	280	250
DNA複製・修復・組換え	120	175
転写	230	400
翻訳	180	350
タンパク質のターゲティング	35	430
細胞骨格	180	250

線虫：真核生物の発生過程を明らかにした　1965年、mRNAを初めて単離したシドニー・ブレナーは、多細胞生物研究のための単純な生物として体長1mmほどの線形動物である線虫を使うプロジェクトを始めた。線虫は通常土壌に生息しているが、実験室でも飼うことが可能で、発生生物学にとって適したモデル生物であった（16.4節〈第3巻〉参照）。線虫は透明な体を

しているので、受精後３日目から細胞1000個ほどの大人の線虫になるまでのすべての過程を観察することが可能であった。線虫の細胞数は少ないながらも、神経系があり、食物を消化し、生殖をし、老化もする。線虫のゲノム解読に多大な努力がはらわれたのは、当然ともいえる。

線虫のゲノムサイズは、酵母の８倍ほど（9700万塩基対）であり、タンパク質をコードする遺伝子の数は４倍ほど（１万9099個）と、ゲノム解読が始まったころの予想（6000個）よりもはるかに多かった。そのうち3000個ほどの遺伝子は酵母と相同性があり、真核生物の基本的な細胞機能に関するものであった。その他は何をしているのだろうか？

単細胞生物のように分裂、成長するのに加えて、多細胞生物には分化、組織形成、細胞間連絡のための遺伝子がなくてはならない（**表11-3**）。酵母になく線虫にある遺伝子の多くは、こうしたものである。

表11-3　多細胞生物としての線虫の遺伝子概観

機能	タンパク質やドメイン	遺伝子数
転写	Znフィンガー、 ホメオボックス	540
RNAプロセッシング	RNA結合ドメイン	100
神経伝達	イオンチャネル	80
組織形成	コラーゲン	170
細胞間相互作用	細胞外ドメイン、糖転移酵素	330
細胞間シグナル伝達	Gタンパク質共役受容体、 リン酸化酵素（キナーゼ）、 脱リン酸化酵素（ホスファターゼ）	1,290

ショウジョウバエ：ゲノム学と遺伝学を結びつけた　ショウジョウバエは、遺伝学の多くの法則が解明されるに至ったモデル生物である（7.4節参照）。ショウジョウバエのゲノム配列解読が1990年代に始まる前に、すでに2500以上の突然変異が知られており、ゲノム配列解読を行うだけの価値が十分にあった。ショウジョウバエは、線虫よりサイズも大きく（10倍以上の細胞数）複雑であり、卵から幼虫、蛹（さなぎ）へと変態して成虫になる。

ショウジョウバエのゲノム（1億8000万塩基対）が線虫よりも大きいのは驚くほどのことではないが、先に述べたようにゲノムサイズが必ずしも遺伝子数と相関するわけではなく、ショウジョウバエの遺伝子数（1万3449個）は線虫よりも若干少ない。**図11-4**はショウジョウバエ遺伝子の機能の概観であり、複雑な真核生物に典型的な機能分布をしている。

ショウジョウバエゲノムから、次のような注目すべき発見がなされた。

- 1万3449個の遺伝子から1万8941種類のmRNAが転写されており、遺伝子数以上のタンパク質の存在が示唆された。このことは、ヒトを含む他の種のゲノムを理解する上で重要な発見となった。
- 514個の遺伝子がタンパク質に翻訳されないRNAをコードしていた。こうしたRNAの代表的なものは機能が明確であったtRNAとrRNA（第9章参照）であるが、123個については核内の低分子RNAであった。その役割については、本章の後半で述べる。
- 比較ゲノム学により、種を超えて似ているタンパク質をコードする多くの配列が明らかになった。もちろんショウジョウバエの種間の相同性が最も高いが、ヒトの病気に関する遺伝子の半分ほどもショウジョウバエのものと似ている。ショウジョウバエを研究することが、ヒトのそうした遺伝子産物の機能解明に繋がるかもしれない。

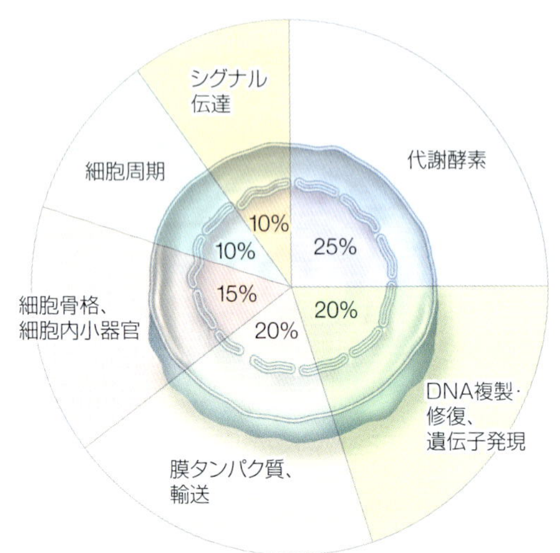

図11-4　真核生物の遺伝子の機能別割合
ショウジョウバエのタンパク質をコードする遺伝子数の配分は、複雑な生物の典型例である。

シロイヌナズナ：植物のゲノム研究　地球上に被子植物は約25万種類存在する。しかし、生命の進化のなかでその歴史は驚くほど新しく約2億年前からである。突然変異や遺伝的変化の速度を考えると、植物間の差は相対的に小さいようだ。植物のゲノム配列解読は食料や繊維原料にとって重要であるが、植物ゲノム解読の最初の対象に、巨大ゲノムを持つ小麦（160億塩基対）やトウモロコシ（30億塩基対）が選ばれずに、単純な植物が選ばれたのは、種間の差が少ないと考えられていたからである。

シロイヌナズナはアブラナ科の植物で、植物生物学者によって長いあいだ研究されてきたモデル生物である。小さく（A4サイズのスペースに何百本も育つ）、扱いやすく、ゲノムサイズも小さい（1億1900万塩基対）。

シロイヌナズナのゲノムには、タンパク質をコードする遺伝子が約2万6000個あるが、その多くが重複しており、進化の過程で染色体再配列が盛んに行われたようである。こうした重複する遺伝子を除くと、1万5000個ほどになり、ショウジョウバエや線虫の遺伝子数と同レベルになる。実際、動物の遺伝子と相同性の高い遺伝子が植物にも多くあり、植物と動物が共通の祖先を持つことを示している。

当然であるが、シロイヌナズナには光合成や、根と植物全体への水分の輸送、細胞壁の構築、無機物の代謝、草食動物から身を守るための分子の合成に関与するものなど植物らしい遺伝子もある（**表11-4**）。

表11-4　植物特有のシロイヌナズナの遺伝子概観

機能	遺伝子数
細胞壁、細胞成長	420
水輸送	300
光合成	139
生体防御、代謝	94

こうした“植物らしい”遺伝子は、世界の30億人の主食となる最も重要な穀物であるイネ（*Oryza sativa*）のゲノムにも存在している。現在、中国や熱帯アジアで生育するイネ（*O. sativa indica*）と日本やアメリカ合衆国などで栽培されているイネ（*O. sativa japonica*）のゲノム配列が解読されている。両

方のゲノムサイズは同程度であり（4億3000万塩基対）、シロイヌナズナによく似た遺伝子構成が見られる（**表11-5**）。

表11-5　イネとシロイヌナズナのゲノム比較

機能	割合（%）	
	イネ	シロイヌナズナ
細胞骨格	9	10
酵素	21	20
リガンドと結合	10	10
DNAと結合	10	10
シグナル伝達	3	3
膜輸送	5	5
細胞成長・維持	24	22
その他	18	20

もちろん、イネも独自の遺伝子を持っている。*O. sativa indica*の遺伝子数は、4万6000個から5万5000個、*O. sativa japonica*は3万2000個から5万個であり、両方ともシロイヌナズナよりもはるかに多い。これらの遺伝子には、イネらしい性質を形成するものが含まれ、たとえば水浸しでも生育するような性質や、人間にとって大事な栄養、病気やカビやウイルス感染に対する耐性などがあげられる。イネの遺伝子を解析することは、間違いなくイネの品種改良に繋がり、また他の穀物の品種改良にも繋がる。

真核生物のゲノムには、多くの反復配列がある

モデル生物のゲノム研究から、真核生物のゲノムにはタンパク質をコードしていない反復配列が数多く存在することが明らかになった。

高頻度反復配列　非常に繰り返しの多い配列には、次の２つのタイプがある。

- ミニサテライトDNAは、10塩基から40塩基が何千回も繰り返されている配列を持っている。DNAポリメラーゼは、こうした反復配列を複製するときにエラーする傾向があるので、反復回数は個体によって異なる。ある人がある遺伝子座に300回繰り返されるミニサテライトDNAを持っていても、他の人は500回繰り返されていることがある。このため、ミニサテライトDNAは個体識別の分子遺伝マーカーに使われる（13.1節〈第３巻〉参照）。
- マイクロサテライトDNAは非常に短い（１塩基から３塩基）配列で、15回から100回の繰り返しで存在する。こうした反復配列はゲノム全域に散在して存在していて、単純反復配列ともいう。

このような非コードの反復配列を“サテライト”と呼ぶのはなぜだろうか？　前にも述べたが、GとCの塩基間の水素結合は３本だが、AとTの塩基間は２本である。このためGCの塩基対はATよりも強固であり、GCリッチ配列（GとCに富んだ配列）はATリッチ配列よりも密度が大きくなる。反復配列のGC含有率がそれ以外の部分と異なれば、密度も変わってくる。密度の異なるDNAは遠心による分離が可能であり、反復配列は他のDNA領域から容易に分離することから“衛星／サテライト”（大部分を占める他のDNA領域を惑星として、そこから分離した衛星に例える）と呼ばれた。

こうした高頻度反復配列は、遺伝学の研究に利用されているが、転写されず生理的役割は不明なままである。

中頻度反復配列 高頻度反復配列は転写されないが、中頻度の繰り返し配列は転写されることがある。tRNAやrRNAである。

細胞は常にtRNAやrRNAを作っているが、それをコードする領域が1コピーしかゲノム上になかったら、いくら転写を最大速度で行っても大量に供給するには不十分である。そこで、tRNAやrRNAをコードする領域のコピーが多数存在する。RNAへと転写されるので、rRNAやtRNAをコードする"遺伝子"といえる。

哺乳類には、18S rRNA、5.8S rRNA、28S rRNA、5S rRNAの4種類のrRNAが存在する（Sはスベドベリ単位を表し、遠心による単位加速度に対する沈降速度で、物質の大きさと相関する）。18S rRNA、5.8S rRNA、28S rRNAは、1つの反復配列単位から1本の前駆体RNAとして転写され、その後、数段階を経て最終的に3つになる（**図11-5**）。非コード領域の"スペーサー"RNAはそのまま捨てられる。この反復配列単位は5つの染色体内に存在し、合計で280コピーとなる。

トランスポゾン rRNA以外の中頻度反復配列の大半は、ゲノムの中でじっとせずにあっちこっちと動きまわる。先に述べた転位因子や**トランスポゾン**である。トランスポゾンはヒトゲノムの40％以上を占めており、他の真核生物の3％から10％に比べると非常に高い。

真核生物のトランスポゾンには主に4つの種類がある。

①SINE（short interspersed elements、短鎖散在反復配列）は、500塩基対以下で、転写はされるが翻訳はされない配列である。ヒトゲノムに150万塩基対ほど存在し、15％を占めている。そのなかでも300塩基対ほどのAlu因子は、100万コピーが全染色体に散らばっていて、ヒトゲノムの11％を

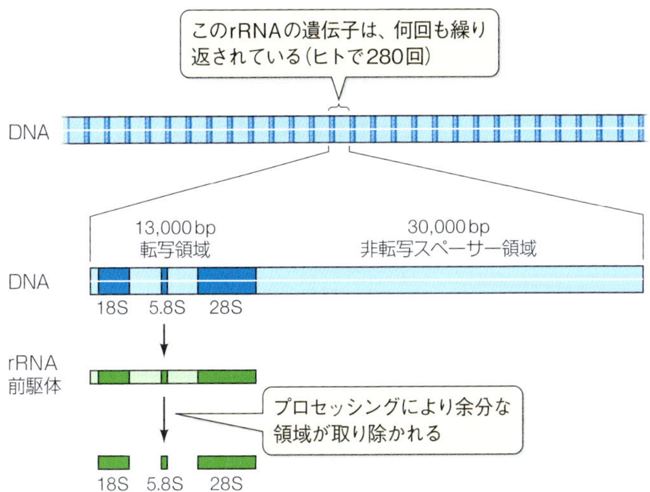

図11-5　rRNAの遺伝子は中頻度反復配列である
非転写スペーサー領域も加えたrRNAの遺伝子は繰り返されており、ヒトで5つの染色体にわたり合計280回になる。転写されると、転写後修飾のプロセッシングによって、薄い緑色の領域が除かれ、最終的に3つのrRNAとなる。

占めている。

②LINE（long interspersed elements、長鎖散在反復配列）は、7000塩基対以下の配列で、転写も翻訳もされてタンパク質が作られる。これはヒトゲノムの17％を占めている。

両反復配列はそれぞれ10万コピー以上存在し、独特な方法でゲノムの中を動きまわる。まず自分自身のRNAのコピーを作り、それを鋳型として新しいDNAを作り、それがゲノムの新しい場所に入り込む。こうした“コピー＆ペースト”により、新しい場所にコピーが挿入されていく。

③レトロトランスポゾンは自分のRNAコピーを作って、ゲノ

ムの中を動きまわる。ヒトゲノムの約８％を占めていて、自分の移動に必要なタンパク質をコードしているものもある。

④DNAトランスポゾンはRNAを中間体として使わず、複製なしで新しい場所にそのまま移動する（**図11-6**）。

これらの動きまわる配列※は、どのような役割をしているのだろうか？　この問題に対する解答は現時点でほとんど得られていない。最も可能性の高いのは、トランスポゾンは単に自分を複製するだけの細胞内共生体であるというものだ。複製によるトランスポゾンの挿入は重要な結果を招く。つまり、トランスポゾンがある遺伝子のコード領域に挿入されると、結果的に突然変異となる（**図11-6**参照）。血友病や筋ジストロフィーなどの遺伝病のいくつかは、これが原因である。トランスポゾンの挿入が生殖細胞系列で起こると、突然変異を持った配偶子ができることになる。体細胞で起こると、癌を引き起こすかもしれない。

もしトランスポゾンが自分自身だけでなく周辺の遺伝子もまきこんで複製すると、その遺伝子も重複となる。トランスポゾンは、遺伝子を、もしくはその一部を新しい場所に移動させ、ゲノムを入れ替えたり新しい遺伝子を作ったりする。こうして、遺伝的多様性に寄与している。

※**訳注**：動きまわると言っても、細胞分裂していない細胞で片っ端から動くこともなく、また、受精卵から個体が形成されるあいだにも動きまわるようなことはほとんどない。状況によって（生物種によって異なるが）、数百世代を経て１ヵ所が「動く」程度である。

1.5節（第１巻）では細胞内共生について説明し、真核生物の細胞内の葉緑体やミトコンドリアが、かつては単独で生きていた原核生物の子孫であると述べた。トランスポゾンはこうした細胞内共生にも一役買っているかもしれない。葉緑体やミトコンドリアも、一応自前のDNAを持っているが、その細胞内

小器官自体に存在するタンパク質の遺伝子のほとんどは、核内のDNAにある。その細胞内小器官が独立していたのであれば、そうした遺伝子すべてを自分で持っていたはずである。では、どのようにして核内のDNAに移動したのだろうか？　細胞内小器官と核のあいだで転位が行われたのかもしれない。また、それは現在も行われているのだろう。

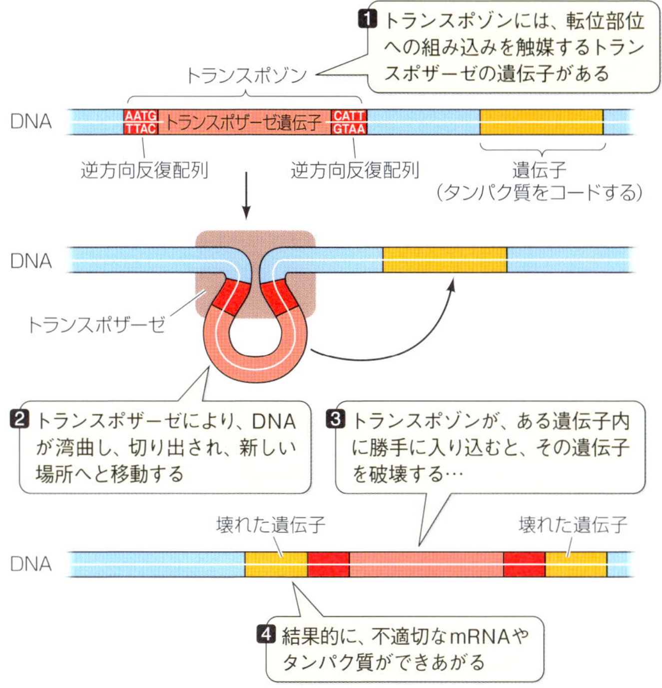

図11-6　トランスポゾンDNAと転位
トランスポゾンの両端には逆方向の反復配列があり、これを使って転位する。

11.2 真核生物の遺伝子の特徴は何だろうか？

次はタンパク質をコードする遺伝子とその遺伝子内にも捨てられる領域が存在するという話に移ろう。

原核生物と同じように、真核生物もタンパク質をコードする多くの遺伝子は半数体ゲノムにつき1コピーである。しかし、真核生物の遺伝子には、次のような原核生物にはない独特の特徴が2つある。

- 遺伝子内部に最終的にタンパク質へと翻訳されない配列がある。
- 遺伝子ファミリー（タンパク質の構造や機能が似た“いとこ”のようなもの）がある。

遺伝子の中には翻訳されない領域がある

図11-7は、典型的な真核生物の遺伝子の構造と転写の流れである。遺伝子の前にはプロモーターが存在し、RNAポリメラーゼが結合し転写が始まる。しかし原核生物のRNAポリメラーゼとは異なり、真核生物のポリメラーゼはそれ自身でプロモーター配列を認識せず、他の分子の力を借りる。遺伝子の後ろの端には、転写を終了させるDNA配列（**ターミネーター**）がある。ターミネーターと終止コドンは間違えやすいが、次のようにまったく別のものである。

- ターミネーター配列は、通常終止コドンの後ろにあり、RNAポリメラーゼによる転写を終わらせるシグナルである。
- 終止コドンは、タンパク質のアミノ酸配列をコードするコード領域の中にあり、mRNAのリボソームによる翻訳を終わらせるシグナルである。

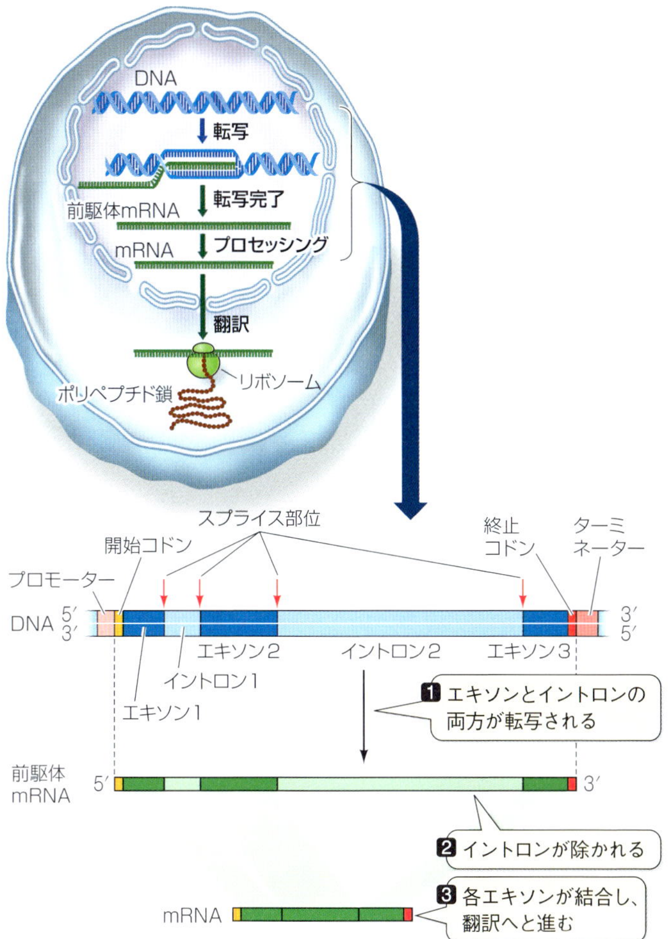

図11-7　真核生物の転写

βグロビン遺伝子の長さは約1600塩基対である。3つのエキソン（合計441塩基対、146アミノ酸残基のコドンと終止コドンを含んでいる）と2つのイントロン（合計1000塩基対）が転写され、前駆体mRNAとなる。2つのイントロンは前駆体mRNAから除かれる。

真核生物の遺伝子にある翻訳されない領域は**イントロン**と呼ばれ、翻訳される領域は**エキソン**と呼ばれる。イントロンは最初のmRNAである**前駆体mRNA**へは転写されるが、核外へ移行し翻訳される時のmRNAである成熟mRNAにはない。前駆体mRNAのプロセッシングにより、イントロンは取り除かれ、残るエキソンが連結される。

遺伝子内のイントロンを検出する最も簡単な方法が**ハイブリダイゼーション法**で、この方法により初めてイントロンの存在が明らかになった（**図11-8**）。ハイブリダイゼーション法は、真核生物の遺伝子とその転写産物の関連を調べるうえで欠かせないものになっている。その方法には次の２段階ある。

- 標的DNAを変性させ、塩基対間の水素結合を壊して２本鎖を分離する。
- 調べたい配列を持つ１本鎖DNA（**プローブ**）を、先ほど変性させたDNAと混合する。プローブは、相補的な配列に結合し、塩基対間で水素結合を形成して２本鎖となる。こうしてできた２本鎖は、由来が異なるもの同士でできているので、ハイブリッドと呼ばれる。

生物学者はハイブリダイゼーション法を使ってβグロビン（ヘモグロビンのグロビンタンパク質）の遺伝子を調べた（**図11-9**）。まずβグロビン遺伝子のDNAにゆっくりと熱を加え変性させ、そしてあらかじめ単離しておいたβグロビンの成熟mRNAを加える。mRNAは相補的な配列のDNAと塩基対を形成し結合する。つまり、mRNAとコード領域DNAとの１対１のRNA-DNAハイブリッドが形成される。同時に、イントロン領域はmRNAと相補鎖を形成しないので、ループ構造となる。後の研究から、前駆体mRNAはDNAと完全にハイブリ

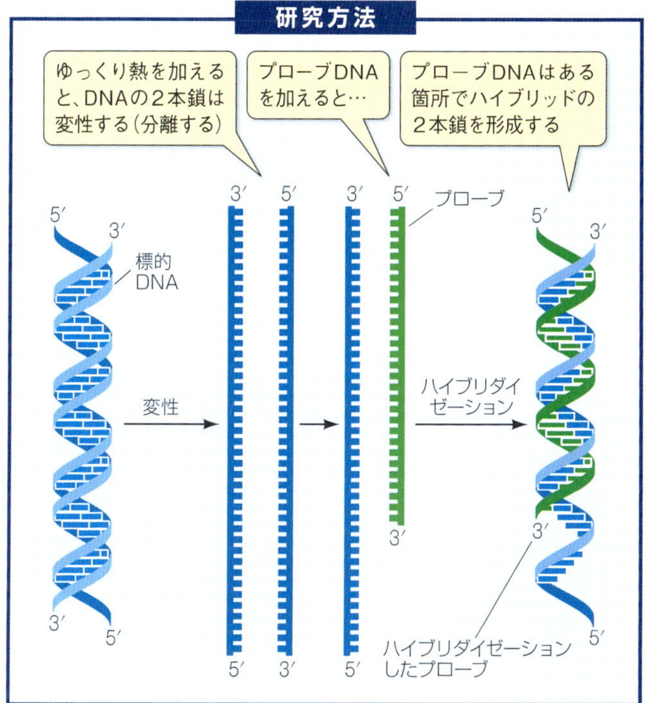

図11-8　核酸ハイブリダイゼーション
プローブと塩基対を形成するため、プローブの配列に相補的な配列を持つ場所がわかる。

ダイゼーションすることが判明し、イントロンは前駆体mRNAの一部分となっていることがわかった。前駆体mRNAのイントロン領域が除去され、エキソン領域が繋がれるスプライシングの機構については、次節で述べる。

多くの真核生物と同様に、脊椎動物の遺伝子も大半（すべてではない）がイントロンを持っている（原核生物でさえも、わ

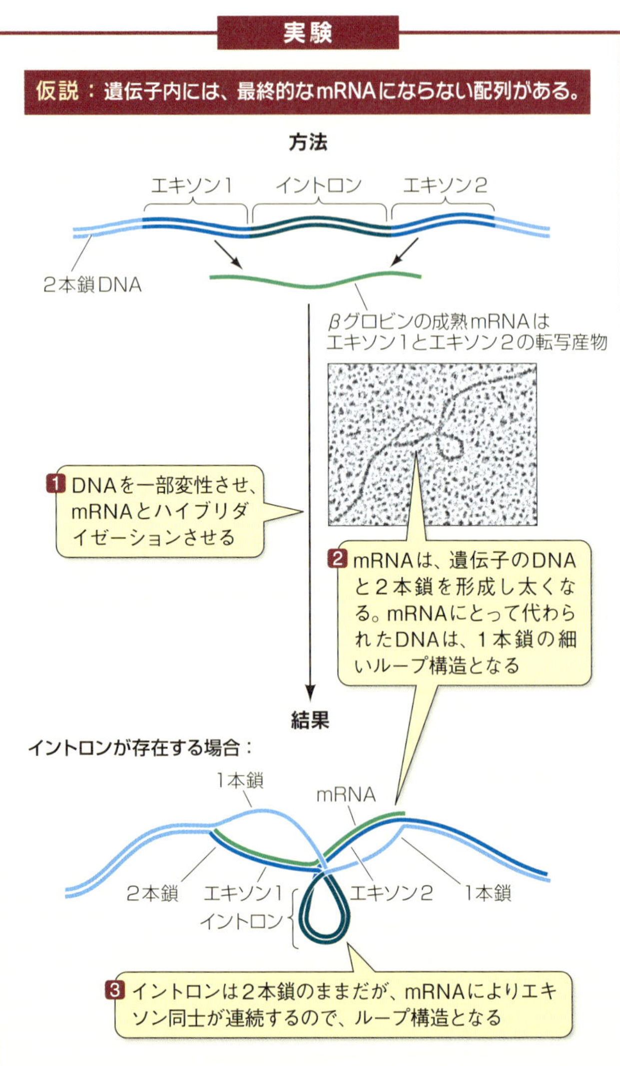
実験
仮説：遺伝子内には、最終的なmRNAにならない配列がある。
方法
エキソン1
イントロン
エキソン2
2本鎖DNA
βグロビンの成熟mRNAは
エキソン1とエキソン2の転写産物
1 DNAを一部変性させ、mRNAとハイブリダイゼーションさせる
2 mRNAは、遺伝子のDNAと2本鎖を形成し太くなる。mRNAにとって代わられたDNAは、1本鎖の細いループ構造となる
結果
イントロンが存在する場合：
1本鎖
mRNA
2本鎖
エキソン1
イントロン
エキソン2
1本鎖
3 イントロンは2本鎖のままだが、mRNAによりエキソン同士が連続するので、ループ構造となる

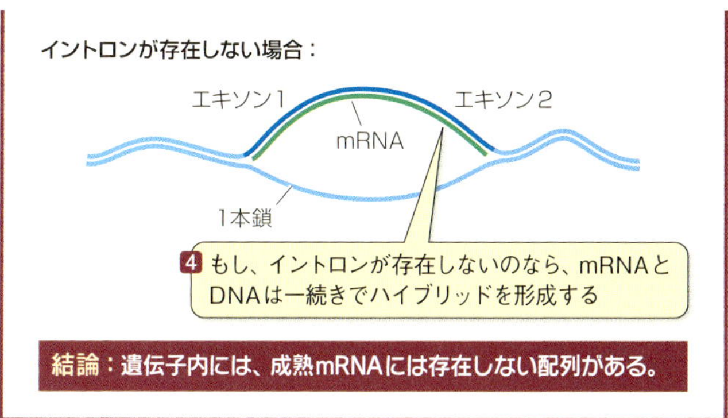

図11-9
ハイブリダイゼーションによりイントロンの存在が明らかになった
βグロビン遺伝子の成熟mRNAを遺伝子DNAとハイブリダイゼーションさせたとき、遺伝子内のイントロンは“ループ”する。つまり、真核生物の遺伝子には、成熟mRNAには存在しない配列が存在する。

ずかながら持っている)。ヒトで最大の遺伝子は筋肉タンパク質のタイチン（ギリシア神話の巨人族タイタンにちなむ）の遺伝子で、363個のエキソンがあり、3万8138個のアミノ酸をコードしている。1つのタンパク質の中で特定の機能を持った領域をドメインというが、時としてドメインごとに異なるエキソンにコードされている（訳注：タンパク質〈ポリペプチド鎖〉の機能単位とエキソンは必ずしも合致しない)。たとえば、グロビンのポリペプチド鎖には、ヘム※に結合する領域と他のグロビンに結合する領域があるが、これらのドメインはそれぞれ異なったエキソンにコードされている。

※**訳注**：酵素の活性にはタンパク質成分以外の補因子が必要なことがある。ヘムはヘモグロビンなどと酸素の結合を介在する鉄イオンを含んだ補因子である。

遺伝子ファミリーは進化や細胞の特殊化に重要である

タンパク質をコードする真核生物の遺伝子のうち、半数体ゲノムにつき1コピー（つまり、体細胞では2コピー）の遺伝子以外はマルチコピーである。進化のなかで、ある遺伝子のコピーは、それぞれ別々の突然変異を受けていき、結果として非常に似た遺伝子グループ（**遺伝子ファミリー**）ができあがった。遺伝子ファミリーのなかには、数種類の遺伝子しか含まれないものもあれば（グロビン遺伝子のファミリーなど）、何百種類も含まれるものもある（免疫グロブリン遺伝子のファミリーなど）。

通常、ファミリー内の遺伝子のDNA配列は異なる。ある遺伝子が元のDNA配列を保持し、適切なタンパク質が機能している限り、ファミリー内のその他の遺伝子は突然変異が大きくても小さくても、また突然変異が起きなくても構わない。そうした"エキストラ"遺伝子の存在は進化の"実験"において重要である。突然変異を受けた遺伝子が役に立つものであれば、選ばれるかもしれない。役立たないものなら、機能している遺伝子は依然として残るだろう。

グロビンファミリーは、脊椎動物の遺伝子ファミリーのよい例である。筋肉の酸素結合タンパク質であるミオグロビンも、このファミリーに属する。グロビンファミリーに属するすべての遺伝子は、共通の祖先となるある1つの遺伝子に由来している。成人のヘモグロビン分子は、2つのαグロビンサブユニットと2つのβグロビンサブユニットの四量体で、ヘムはサブユニット1つにつき1個結合しており合計4つある。αグロビン遺伝子クラスターには3種類の遺伝子があり、βグロビン遺伝子クラスターには5種類の遺伝子がある（**図11-10**）。

ヒトの発生過程で、それぞれのグロビン遺伝子は、別々の時期に別々の組織で発現する（**図11-11**）。この遺伝子発現の差

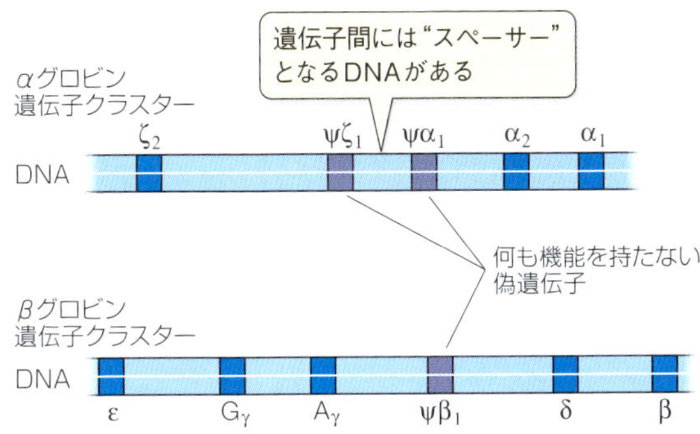

図11-10　グロビン遺伝子ファミリー
ヒトのαグロビン遺伝子クラスターとβグロビン遺伝子クラスターは異なる染色体上にある。それぞれのクラスターの遺伝子間には、転写されない“スペーサー”DNAがある。何も機能を持たない偽遺伝子はギリシア文字のΨで示してある。γ遺伝子にはA_γとG_γの2つのバリアント（亜種）があることがわかる。

異は、生理的機能にとって重要である。たとえば、γグロビンを持つ胎児のヘモグロビンは、成人のヘモグロビンよりも酸素を強固に結合する。母体と胎児の循環血液が近接する胎盤では、この酸素結合力の差により酸素が母体側から胎児側へと移行する。出生直前に、肝臓での胎児型ヘモグロビンの産生は停止し、骨髄細胞由来の成人型ヘモグロビンへと引き継がれていく。

遺伝子ファミリーには、タンパク質をコードする遺伝子だけではなく突然変異によって機能欠損した**偽遺伝子**（ギリシア文字Ψで表記する、**図11-10**参照）も含まれ、この偽遺伝子は遺伝子ファミリーにとって“異端者”である。偽遺伝子のDNA配列は、同じファミリーの他の遺伝子とそれほど違わず、単なるプロモーター欠損による転写不能や、イントロン除去に必要な認識配列の欠如による成熟mRNAの形成不全などがある。また、偽遺伝子のほうが機能的遺伝子よりも多い遺伝子ファミリーもある。十分に機能している遺伝子があるために、偽遺伝子を除去するための進化の選択圧をそれほど受けなかったのだろう※。

※**訳注**：偽遺伝子とされているものでも、それを除去すると異常となる事例が報告された。そう単純に不要なモノとは言い切れないようである。

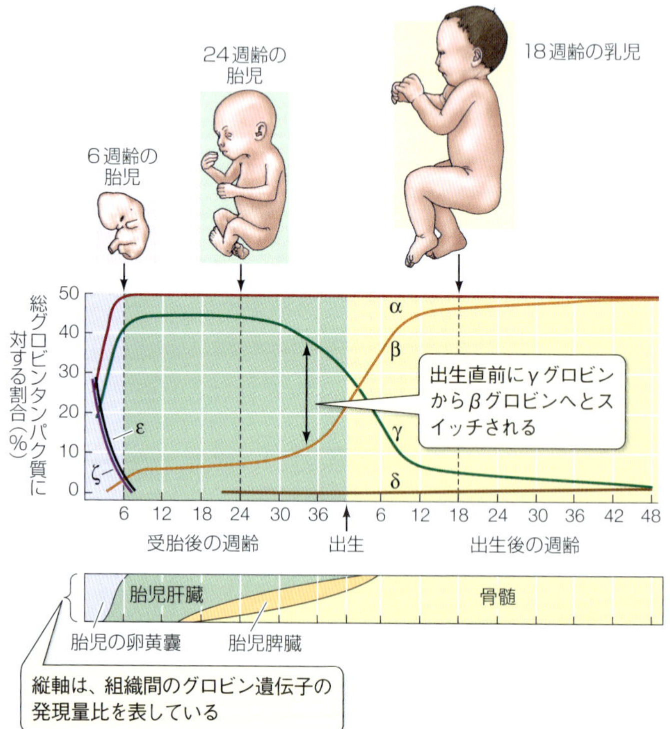

図11-11　グロビン遺伝子ファミリーの発現変動
ヒトの発生過程で、グロビン遺伝子ファミリーの遺伝子発現は、時期と組織によって異なる。

11.3 mRNAのプロセッシングはどのように起こるのか？

次はイントロンがどのように前駆体mRNAから除去され、成熟mRNAになるのか見ていこう。

真核生物の遺伝子の一次転写産物である前駆体mRNAは、核から細胞質に輸送される前に、両端の修飾とイントロンの除去という2種類の修飾を受ける。

前駆体mRNAの両端修飾

前駆体mRNAの両端は、それぞれ次のような修飾を受ける（**図11-12**）。

- 5′末端には、メチル化されたGTPが付加される（**Gキャップ**という）。これにより、mRNAはリボソームに結合しやすくなり、またリボヌクレアーゼによる分解を防いでいる。
- 3′末端には、100個から300個のアデニン塩基が付加される（**ポリAテール**という）。前駆体mRNAの3′末端側にはAAUAAAという配列があり、この配列を認識する酵素によりアデニンが付加される。ポリAテールは、mRNAの核外への輸送を手助けし、mRNAの安定性に重要な役割をしている。

前駆体mRNAからイントロンを除去する（スプライシング）

両端が修飾された前駆体mRNAは、次にイントロンが除去される。もし、イントロンが除去されないと、mRNAからはまったく異なった（そして、おそらく機能を持たない）タンパク質が翻訳されることになる。イントロンが除去されてエキソンが繋がれる過程は、**RNAスプライシング**と呼ばれる。

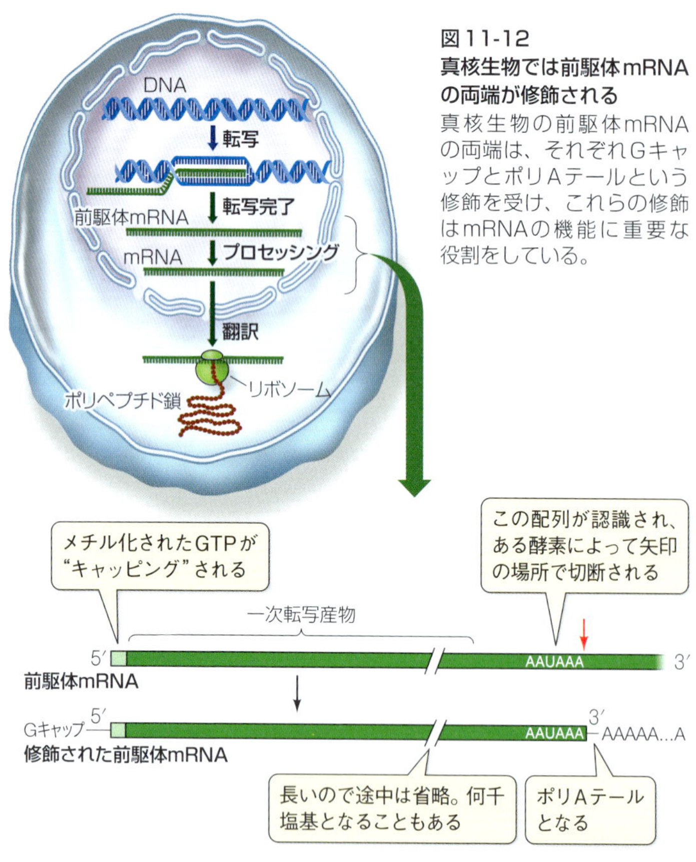

図11-12
真核生物では前駆体mRNAの両端が修飾される
真核生物の前駆体mRNAの両端は、それぞれGキャップとポリAテールという修飾を受け、これらの修飾はmRNAの機能に重要な役割をしている。

前駆体mRNAが合成されるとすぐに、**核内低分子リボ核タンパク質粒子**（small nuclear ribonucleoprotein particles、**snRNP**、スナープと読む）が結合する。この粒子はRNAとタンパク質からできており、核内には数種類が存在する。

イントロンとエキソンの境界には短い**コンセンサス配列**が存

在し、多くの遺伝子で一致（コンセンサス）している。snRNP内にあるRNAは、エキソン-イントロンの境界の5′側のコンセンサス配列に相補的な配列を持っており、snRNPは、それをもって前駆体mRNAと結合する。また、別のsnRNPはイントロン-エキソン境界の3′側のコンセンサス配列と結合する（**図11-13**）。

次に、ATPエネルギーにより、**スプライソソーム**と呼ばれる巨大なRNA-タンパク質複合体が形成される。このスプライソソームにより、前駆体mRNAからイントロンが除去され、エキソンの端が結合し成熟mRNAが作られる。

コンセンサス配列やスプライシング機構は、ヒトの遺伝病に関する研究から明らかになった。βサラセミアという遺伝病があるが、この病気はヘモグロビンのβグロビンサブユニットが不十分なために正常な赤血球が足りなくなり、深刻な貧血となる。βサラセミアのなかには、βグロビン遺伝子のコンセンサス配列が突然変異し、その結果βグロビンの前駆体mRNAのスプライシング異常となるものがある。

これは、生物学にとっては因果関係の解明のよい例とも言える。2つの現象（コンセンサス配列とスプライシング）をただ単に関連性があるとするだけでは、一方が他方に必要であるかどうかを証明することはできない。実験によって、一方の現象（コンセンサス配列）を変化させて、他方の現象（スプライシング）に何が起こるかを観察する。βサラセミアの突然変異は、まさに自然による実験とも言えるわけである。

核内でのスプライシングが終結すると、TAPというタンパク質が成熟mRNAの5′末端に結合し、最終的に核孔にある受容体に認識され、核外へと輸送される。前駆体mRNAやスプライシングが不十分なmRNAは、そのまま核内に残る。

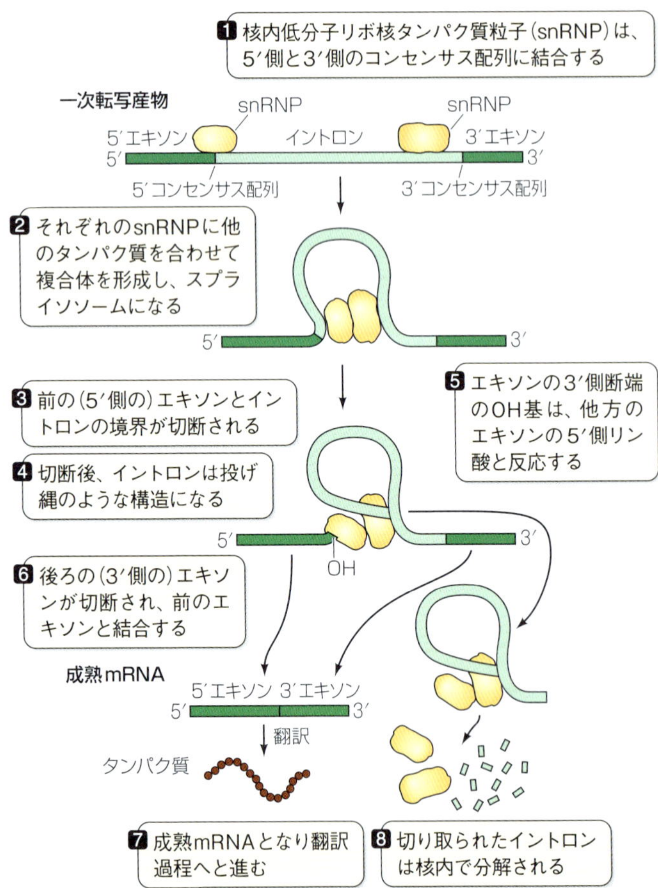

図11-13　スプライソソーム：RNAスプライシング機構

snRNPは、エキソンとの境界近くのイントロンにあるコンセンサス配列（認識配列）に結合する。さらに、他のタンパク質とも結合して、スプライソソームを形成する。この複合体は、驚くほど正確に前駆体mRNAを切断する。

11.4 真核生物の遺伝子発現はどのように調節されているのか?

次は、遺伝子発現がどのようにコントロールされているのかについて述べる。

多細胞生物で正常に発生が行われ、適切な機能を細胞が維持するためには、タンパク質は正しい時期に正しい細胞でのみ合成されなければならない。そのために、真核生物の遺伝子発現は正確にコントロールされていて、DNA複製のようにすべての細胞で全か無かの法則で調節されるのではなく非常に選択的である。

遺伝子発現は、遺伝子が転写、翻訳されてタンパク質になるまでの数多くの過程で調節されうる(**図11-14**)。本節では、そのなかで転写調節機構について述べる。このなかには、染色体の機能や構造を変える核タンパク質が関与しているものもあれば、転写の鋳型となる遺伝子が複製されたり染色体が再配置されたりとDNA自体を変化させる場合もある。

遺伝子は選択的に転写される

マウスの脳の細胞と肝臓の細胞は共通のタンパク質も発現しているが、それぞれの細胞に特異的なものも発現している。もちろん、両方の細胞には、同じDNA配列、同じ遺伝子が存在している。では、その差は遺伝子の転写が異なるからなのだろうか?　それとも、いったんすべての遺伝子が転写され、転写後になにか差異を生み出す機構があるのだろうか?

この転写調節と転写後調節という2つの違いは、それぞれの細胞の核内にあるmRNAを調べれば区別をつけることができ、結果、主なのは転写時の調節機構であると判明した。脳の細胞

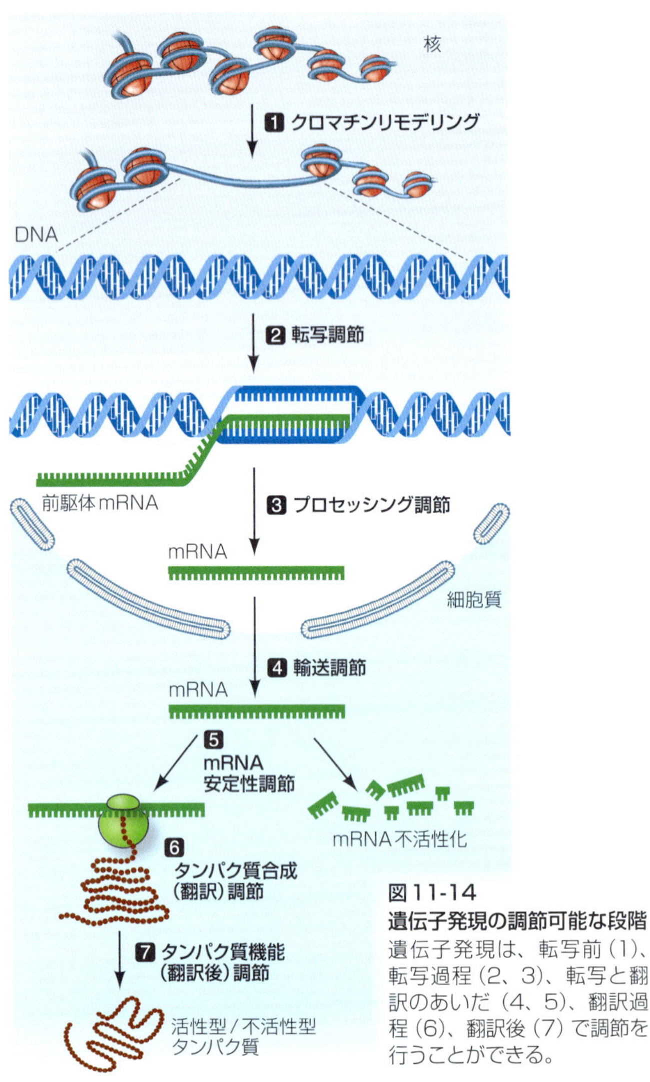

図 11-14
遺伝子発現の調節可能な段階
遺伝子発現は、転写前（1）、転写過程（2、3）、転写と翻訳のあいだ（4、5）、翻訳過程（6）、翻訳後（7）で調節を行うことができる。

にも肝臓の細胞にも、基本的な代謝に関与する遺伝子（“ハウスキーピング”遺伝子、たとえば解糖系の酵素など）が発現している。しかし、肝臓の細胞には、肝臓特異的タンパク質となる遺伝子発現があり、脳の細胞にも脳特異的タンパク質となる遺伝子発現がある。もちろん、両細胞に発現していない遺伝子も存在し、それらは筋肉や血球、骨、その他さまざまな細胞に特異的なタンパク質の遺伝子である。

真核生物と原核生物との比較　機能的に関連のある遺伝子がオペロンという１つの転写ユニットになっている原核生物とは異なり、真核生物の遺伝子は孤立している。そのため、一度に複数の遺伝子発現を調節するためには、同一のシグナルに反応する共通の調節要素がそれぞれの遺伝子に必要となる。

細菌には１種類のRNAポリメラーゼしか存在しないのとは対照的に、真核生物には３種類のRNAポリメラーゼが存在する。それぞれのRNAポリメラーゼは、転写する遺伝子の種類によって使い分けられており、タンパク質をコードする遺伝子の転写を担うのはRNAポリメラーゼⅡのみである。RNAポリメラーゼⅠはrRNAの転写を担い、RNAポリメラーゼⅢはtRNAや低分子核内RNAの転写を担う。

真核生物のプロモーターは、転写率を調節する配列があるなど、原核生物のプロモーターよりも多様であり、複雑な配列である。転写は、プロモーターのDNA配列や結合するタンパク質といったあらゆる要素により総合的に判断される。こうした多くの要素が、転写調節可能ポイントとなる。

最後に、原核生物ではRNAポリメラーゼ自身が直接プロモーターを認識するが、真核生物の転写開始には、多くのタンパク質が関与している。これからの話は、主にタンパク質をコードする遺伝子の転写を担うRNAポリメラーゼⅡに関するものであるが、その機構は他のRNAポリメラーゼも似たようなものである。

転写因子 10.4節で述べたように、原核生物のプロモーターはコード領域かオペロンの5′側近くにあり、2つの重要な配列を持っている。1つ目は、RNAポリメラーゼによる**認識配列**であり、2つ目は、転写開始場所近くにある**TATAボックス**（A塩基とT塩基が豊富にあることからこう名付けられた）というDNAが最初に変性し鋳型鎖がむき出しになる場所である。

植物の中には、細菌や菌類に栄養を与えて引き寄せ、その微生物に「Nod因子」と呼ばれるオリゴ糖を生産させるものがある。Nod因子には植物の2種類の転写因子を活性化させる役割があり、互いに有益な共生関係を築いている。

真核生物の場合は異なる。真核生物のRNAポリメラーゼⅡだけではプロモーターに結合して転写を開始できず、**転写因子**と呼ばれるさまざまな調節タンパク質が組み立てられて初めて開始できる（**図11-15**）。まず、TFⅡDという転写因子がTATAボックスに結合する。すると、自分自身の立体構造やDNAの構造を変化させ、他の転写因子と結合し、転写複合体を形成する。この複合体にさらに転写因子が結合して、ようやくRNAポリメラーゼⅡが結合可能となる。

プロモーターのDNA配列には、TATAボックスのように多くの遺伝子のプロモーターに存在し、すべての細胞にある転写因子に認識される共通したものもあれば、数種類の遺伝子のプロモーターにしか存在せず、特定の組織にある転写因子にのみ認識される配列も存在する。こうした転写因子と配列は、発生段階で細胞を運命付ける分化にとって特に重要である。

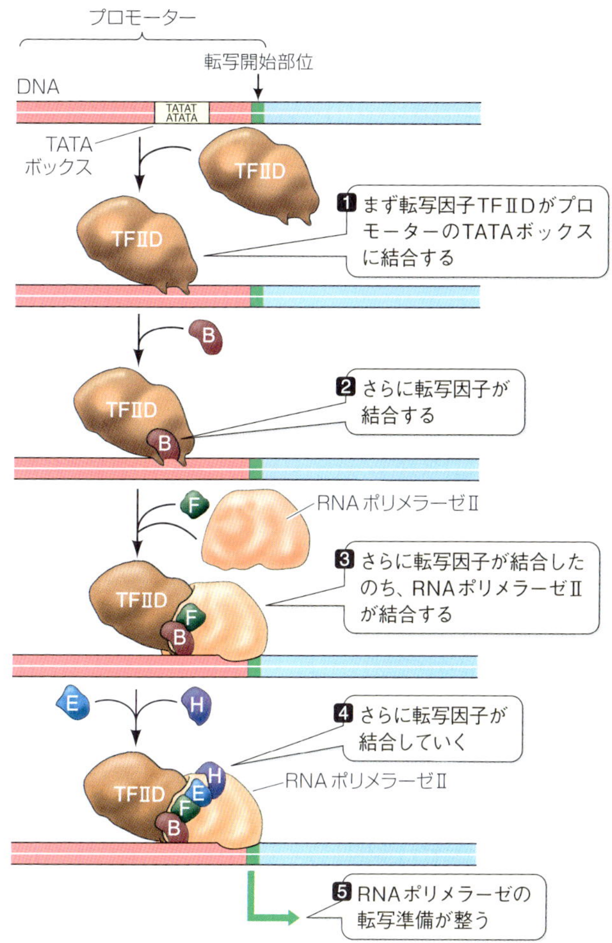

図11-15　真核生物の転写開始機構

TFⅡDはTATAボックスに結合する。TFⅡD以外の転写因子は、互いに結合し複合体を形成し、DNAには直接結合しない。図中のB、E、F、Hは転写因子を表している。

調節配列、エンハンサー配列、サイレンサー配列 RNAポリメラーゼを活性化するタンパク質が結合する**調節配列**がプロモーターの上流に存在している。さまざまな調節タンパク質（たとえばβグロビンの遺伝子では7種類もある）がこの調節配列に結合し、隣接する転写複合体とも結合しこれを活性化する（**図11-16**）。

プロモーターから遠く離れた場所（2万塩基対以上）には、**エンハンサー配列**が存在し、そこに結合したアクチベータータンパク質は転写複合体を強力に活性化する。エンハンサー配列がどのようにして影響を及ぼしているのかは、まだ不明であるが、アクチベーターが転写複合体と接触するようにDNAが湾曲するモデルが考えられている。

サイレンサー配列という、負の調節配列もある。サイレンサー配列にはリプレッサータンパク質が結合し、転写活性を弱める。

こうしたタンパク質やDNA配列（転写因子、調節タンパク質、アクチベーター、リプレッサー、調節配列、エンハンサー配列、サイレンサー配列）はどのようにして転写を調節しているのだろうか？　たいていの組織では、わずかなRNAがすべての遺伝子から転写されている。上記の因子が組み合わされることで、最終的に転写率が決定されている。たとえば、骨髄にある成熟赤血球には大量のβグロビンタンパク質が存在するが、βグロビン遺伝子の転写は7つの調節タンパク質と6つのアクチベータータンパク質によって活性化されている。しかし、同じ骨髄にある白血球では、これらの13種類のタンパク質は存在せずβグロビン遺伝子の調節配列やエンハンサー配列には何も結合しないためβグロビン遺伝子の転写はまったく起きない。

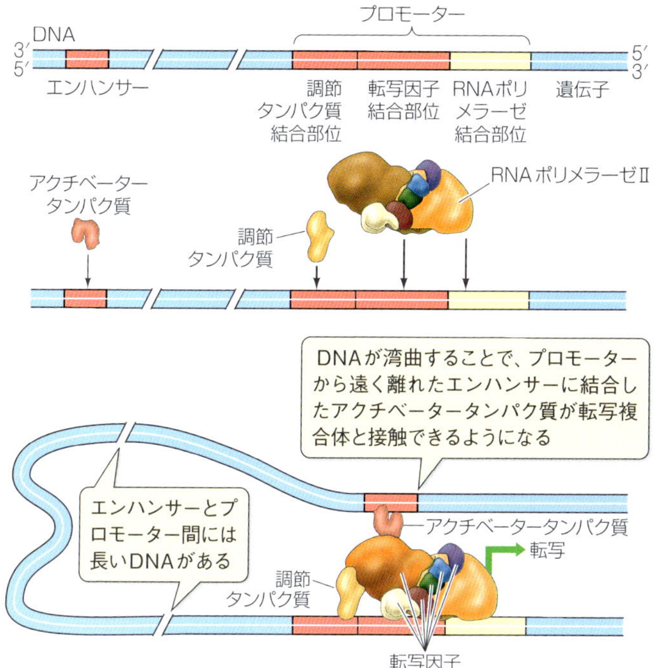

図11-16　転写因子、調節タンパク質、アクチベーター
数多くのタンパク質によってRNAポリメラーゼⅡがどこに結合してどのように転写を行うかが決められている。

DNAと相互作用するタンパク質の立体構造　遺伝子発現が調節的かつ協調的に行われるためには、DNAに結合するタンパク質が多く存在しなければならない。こうしたDNA結合タンパク質には、DNAに結合するドメインがあり、そのドメインには共通した構造（モチーフ）が4種類ある。**図11-17**には、それぞれ「ヘリックス-ターン-ヘリックス・モチーフ」、「ロイ

図11-17　タンパク質とDNAの相互作用
DNA結合ドメインには、この4つのモチーフのうちどれかがある。

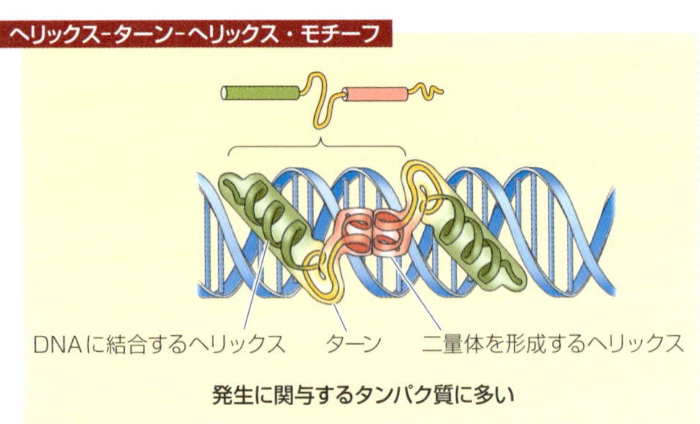

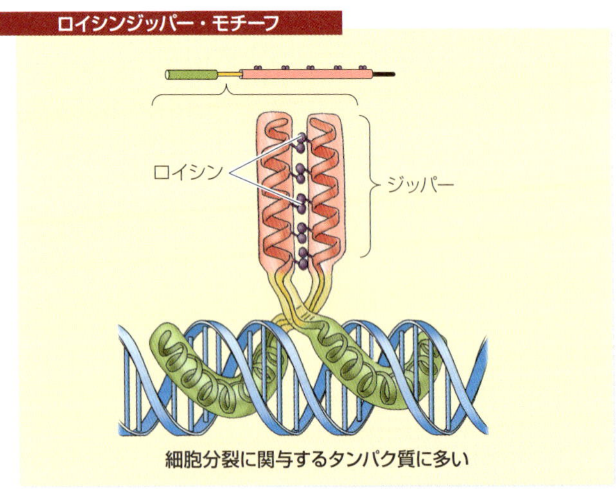

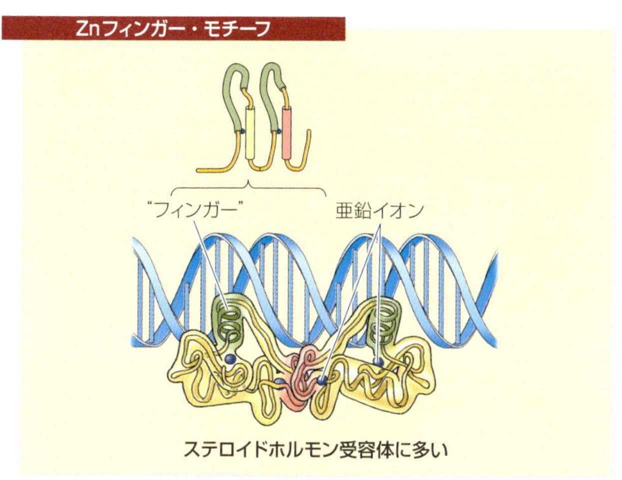
Znフィンガー・モチーフ
“フィンガー”
亜鉛イオン
ステロイドホルモン受容体に多い

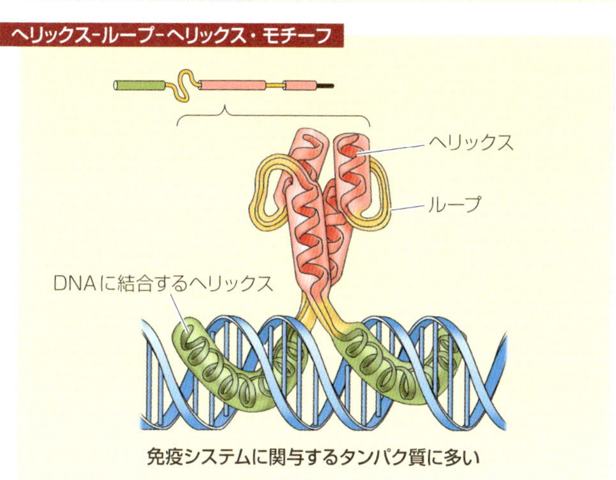
ヘリックス-ループ-ヘリックス・モチーフ
ヘリックス
ループ
DNAに結合するヘリックス
免疫システムに関与するタンパク質に多い

シンジッパー・モチーフ」、「Znフィンガー・モチーフ」、「ヘリックス-ループ-ヘリックス・モチーフ」が示されている。DNA結合タンパク質は、これらのモチーフを使ってDNAに結合し転写を活性化したり不活性化したりしている。

8.2節でも述べたように、DNAの塩基は相補的な塩基と水素結合を形成するだけでなく、タンパク質とも水素結合することが可能である（特に、DNAらせん構造の溝〈主溝、副溝〉で。**図8-10B**参照）。DNAの二重らせんは、次のような特徴を持つタンパク質に認識される。

- 主溝もしくは副溝に合う構造をしている。
- 二重らせんの内部に入り込むアミノ酸を持つ。
- 内部の塩基と水素結合を形成できるアミノ酸を持つ。

ヘリックス-ターン-ヘリックス・モチーフは、２本のαヘリックスが非らせん構造のペプチド鎖（ターン）によって繋がれている。２本のαヘリックスのうち、内側にある“認識ヘリックス”はDNA内の塩基と相互作用するアミノ酸を持つ。外側のヘリックスはDNAの糖-リン酸骨格の上に位置し、認識ヘリックスが正しく配置されるようにしている。リプレッサータンパク質の多くが、このヘリックス-ターン-ヘリックス・モチーフを持っている。

複数の遺伝子の協調的な発現　真核生物では、どのようにして数種類の遺伝子発現を同時に調節しているのだろうか？　原核生物では、関連のある遺伝子群はオペロンという単位で１つに連結してあるので、１つの調節機構がまとめて行っていた。しかし、真核生物では、連携すべき遺伝子群がバラバラに位置している。

こういう場合、こうした遺伝子すべてに同一の調節配列があれば、同じ調節タンパク質が結合して、調節が可能になる。多くの例があるが、その1つにストレス反応がある。植物にとっての水不足を例にあげると、その状況下で植物は多くの種類のタンパク質を合成しなければならないが、その遺伝子はゲノムに散在している。しかし、これらの遺伝子のプロモーターのそばには「ストレス応答配列」(stress response element, SRE)が存在するため、そこにストレスによって誘導された調節タンパク質が結合しRNA合成を活性化させることができる（**図11-18**)。こうした遺伝子には、水分保持に関するものだけでなく土壌中の過剰塩分や凍結からの保護に関するものも含まれる。このような知見は、農作物をいつも最適な条件で栽培できるわけではない農業にとって非常に重要である。

クロマチン構造変化による遺伝子発現調節

他の転写調節機構として、クロマチンや染色体の構造調節がある。6.3節で述べたように、クロマチンはDNAと数多くのタンパク質の複合体であり、ヌクレオソームという構造にDNAを詰め込み、RNAポリメラーゼや転写因子が物理的に近づけないようになっている。これは、*lac*オペロンのオペレーターにリプレッサーが結合すると転写が阻害されるのと似ている（10.4節参照)。局所的にも染色体全域のレベルでも、クロマチン構造は転写活性に影響を与えている。

クロマチンリモデリング　DNAはヒストンに巻きついていて、ヌクレオソームを形成している。ヌクレオソームの形成は転写開始・伸長を阻害するが、2種類のリモデリングタンパク質により転写開始・伸長は可能となる（**クロマチンリモデリング**、

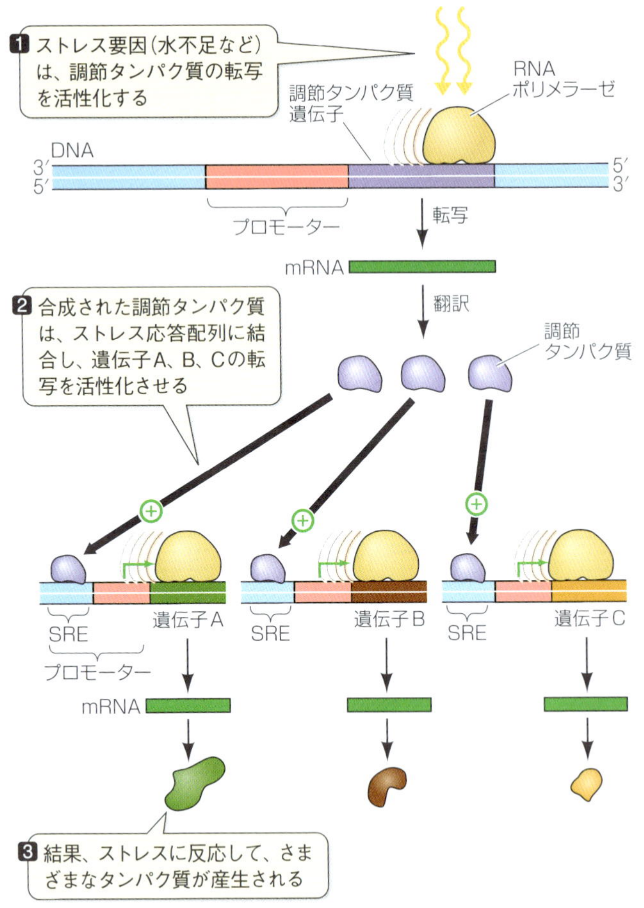

図11-18　遺伝子発現を同期させる
水不足などの環境シグナルにより、多くの遺伝子に作用する転写調節タンパク質が合成される。

図11-19)。まず、最初のリモデリングタンパク質が転写開始場所の上流に結合しヌクレオソーム構造を緩和させると、転写複合体が結合しRNAポリメラーゼが転写を開始できるようになる。そして、もう1つのリモデリングタンパク質が結合すると、ヌクレオソーム構造はそのままで転写複合体が移動できるようになる。

ヒストンコード　ヌクレオソームはどのようにしてほどかれて、そして再び組み立てられるのだろうか？　ヒストンタンパク質のN末端には、約20アミノ酸残基の“尾部”が外に突き出ている。この尾部のアミノ酸（特にリシン）は正の電荷を持っているが、ある酵素によってアセチル基が付加されると電荷の状態が変化する。

$$\cdots N(H)-C(H)\big((CH_2)_3-{}^{+}NH_3\big)-C(=O)\cdots + CoA-S-C(=O)-CH_3 \rightarrow \cdots N(H)-C(H)\big((CH_2)_3-HN-C(=O)-CH_3\big)-C(=O)\cdots + CoA$$

リシン残基　　アセチルCoA　　アセチル化リシン

普通の状態ではヒストンタンパク質は正に帯電し、DNAは負に帯電（リン酸基による）しているので、これらの分子は電気的な力で結合している。ヒストンの尾部の正電荷が減少すると、ヒストンとDNAの電気的引力も減少し、凝集しているヌクレオソーム構造が緩和してくる。ゆるゆるのヌクレオソーム構造となると、リモデリングタンパク質がDNAに結合できる。

つまり、ヒストンアセチル基転移酵素（ヒストンアセチルトランスフェラーゼ）によってアセチル基が付加されると遺伝子

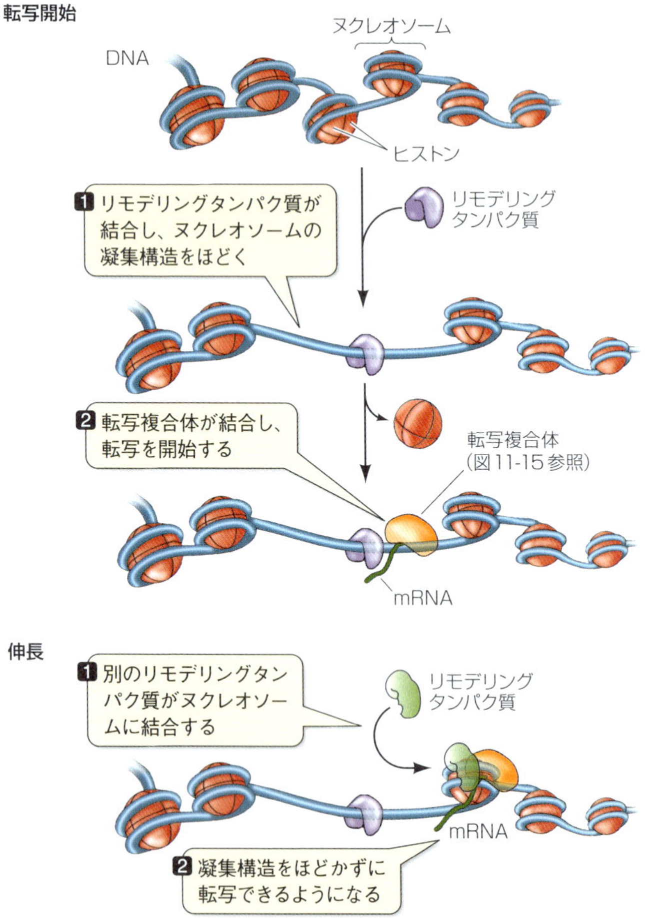

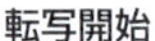

ヌクレオソーム

DNA

ヒストン

1 リモデリングタンパク質が結合し、ヌクレオソームの凝集構造をほどく

リモデリングタンパク質

2 転写複合体が結合し、転写を開始する

転写複合体
(図11-15参照)

mRNA

伸長

1 別のリモデリングタンパク質がヌクレオソームに結合する

リモデリングタンパク質

mRNA

2 凝集構造をほどかずに転写できるようになる

図11-19　局所的なクロマチンリモデリング

転写開始には、ヌクレオソーム構造が緩い構造へと変化し、転写複合体が近づけるようになることが必要である。RNAの伸長には、そのままの構造で大丈夫である。

発現は活性化し、ヒストン脱アセチル化酵素（ヒストンデアセチラーゼ）によってアセチル基が除去されると遺伝子発現は抑制される。癌のような病気では、細胞分裂を抑制する遺伝子での脱アセチル化がアセチル化よりも亢進しているため、細胞分裂が活性化している。ヒストンの脱アセチル化を阻害してアセチル化側へと傾ければ、これらの遺伝子が活性化し細胞分裂が抑制されるため、ヒストン脱アセチル化酵素（ヒストンデアセチラーゼ）は創薬の標的にもなっている。

ニューヨークのロックフェラー大学のデイヴィッド・アリス（David Allis）が“ヒストンコード”と呼んだ遺伝子発現調節をするヒストン修飾には、いくつかの種類がある。たとえば、遺伝子発現を不活性化させるメチル化や、アセチル化と同様に遺伝子発現を活性化させるリン酸化などがある。これらはどれも可逆的な修飾である。クロマチンリモデリングによる遺伝子活性化調節はヒストン修飾パターンと関連があると考えられている。

染色体レベルでの調節　転写調節は染色体レベルでも行われている。染色した分裂間期のクロマチンを顕微鏡下で観察すると、色の違う２種類のクロマチン、すなわちユークロマチンとヘテロクロマチンが識別できる。薄く疎なユークロマチンでは遺伝子が活発に転写されている。一方、濃く密なヘテロクロマチンでは転写はほとんど行われていない※。

※**訳注**：ユークロマチンではDNAを取り巻くタンパク質の結合が緩くなり、転写因子などが容易にDNAと結合できる状況となっている。ヘテロクロマチンはタンパク質がDNAをしっかりと抱き込み密に結合しており、転写因子などがDNAにアクセスできないようになっている。

ヘテロクロマチンによる発現調節の最もよい例が、哺乳類におけるX染色体の不活性化だろう。通常、哺乳類の雄はXとYの染色体を1本ずつ持ち、雌はX染色体を2本持つ。X染色体とY染色体は、3億年前に常染色体から分離されてできたと考えられている。その後長い時間を経て、Y染色体には雄性決定遺伝子が誕生し、X染色体に相同の遺伝子を持つものはY染色体から次第に失われていった。その結果、X染色体の遺伝子の"容量"が雄と雌で大きく異なってくるようになった。つまり、雌にはX染色体の遺伝子が2コピーあるため、1コピーしかない雄に比べて2倍のX染色体の遺伝子のタンパク質を作れる。しかし、実際はX染色体上の4分の3の遺伝子で、転写に関して雄性と雌性で差はない。どういうわけだろうか？

1961年にメアリー・ライアン（Mary Lyon）、ライアン・ラッセル（Liane Russell）、アーネスト・ボイトラー（Ernest Beutler）は、雌のX染色体の片側は胚発生の初期段階で不活性化されているとそれぞれ独立に提唱した。また、発生初期で不活性化されたX染色体は、その系列の細胞すべてで同じように不活性化されている。雌のX染色体のうち、一方は父親から、他方は母親から受け継いだものであるが、どちらのX染色体が不活性化されるのかはランダムである。つまり、ある胚細胞では母親由来のX染色体が不活性化されているが、隣の細胞では父親由来のX染色体が不活性化されていることがありうる。

分裂間期の核には、凝集したヘテロクロマチンであるバー小体（発見者のマレー・バー〈Murray Barr〉にちなむ）が顕微鏡下で雌の細胞に観察される（**図11-20**）。バー小体は雄の細胞には観察されず、まさに不活性化したX染色体であった。核内のバー小体の数は、総X染色体数から1を引いた数とな

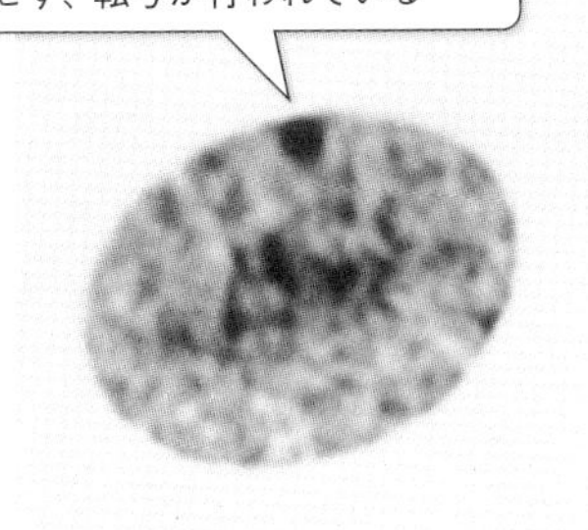

図11-20　雌の細胞の核に見られるバー小体
バー小体の数はX染色体の数から1を引いた数である。通常の雄（XY）には存在せず、雌（XX）には1つだけ存在する。

る（残りの1つのX染色体では、転写が行われている）。つまり、通常の雌（XX）の場合は、1個のバー小体が観察される。珍しいケースでは、染色体がXXXX（雌）の場合は3個のバー小体が、染色体がXXY（雄）の場合は、1個のバー小体となる。

不活性化するX染色体は凝集していて、転写機構が物理的にアクセスできないようになっている。この凝集メカニズムの1つが、DNAのシトシンの5′側へのメチル基修飾である。不活性化したX染色体にあるシトシンの多くがメチル化されているが、不活性化されていないX染色体のシトシンはほとんどメチル化されていない。メチル化したDNAはある種の染色体タンパク質を結合しやすく、ヘテロクロマチンの形成に寄与していると考えられている。

不活性化したX染色体にも、メチル化が比較的軽く、転写が行われる遺伝子が1つだけある。この「*Xist*」と呼ばれる遺伝子は、“活性化”状態のX染色体ではメチル化されており、転写されない。*Xist*の転写RNA産物は、核外へ移行せず、またmRNAでもない。自分の遺伝子がのっているX染色体に結合し、どういうわけか、その染色体が不活性化する。このRNAは**干渉RNA**※として知られている（**図11-21**）。

※**訳注**：干渉RNAは染色体そのものに結合している。一般的には「RNA干渉」は小分子RNAによるmRNAの制御（RNAに結合）を意味する（401ページ参照）。

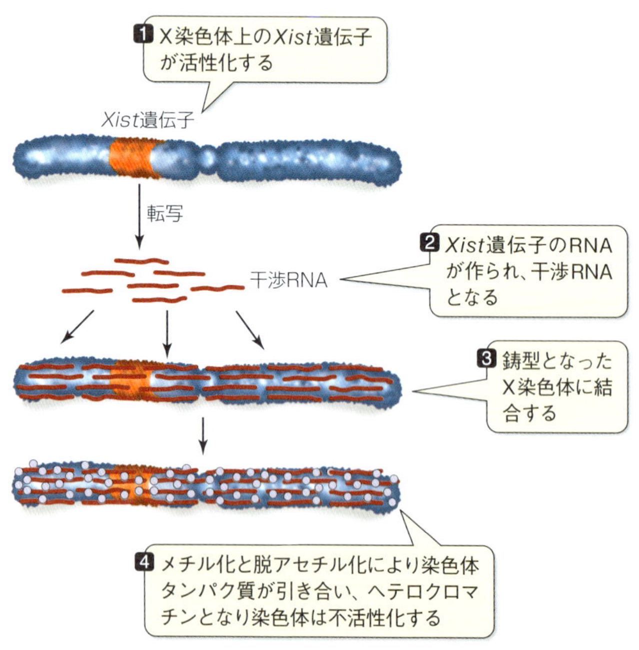

図11-21　X染色体不活性化のモデル
干渉RNAと染色体タンパク質の修飾によりX染色体は不活性化する。

転写時の鋳型を増やすための選択的な遺伝子増幅

ある細胞が他の細胞よりも特定の遺伝子の発現量を増やす別の方法が、遺伝子自体のコピー数を増やしてしまうことである。このことを**遺伝子増幅**という。

ヒトの４つのリボソームRNAのうち３つは、ある１つのユニット内にある。このユニットは数百回と繰り返されていて、rRNA合成の鋳型となっている（rRNAは細胞内のRNAで最も多い）。しかし、状況次第ではこれでも十分に要求に応えられないことがある。

カエルや魚の成熟卵には、１兆個ものリボソームがあり、受精後の大量のタンパク質合成に使われる。卵へと分化する前駆体細胞には、rRNAの遺伝子は1000コピー以下しかなく、最大効率でrRNAを作っても１兆個のリボソーム分のrRNAを合成するには50年もかかってしまう。どのようにしているのだろうか？

この細胞は、rRNAの遺伝子のセットを選択的に100万コピー以上増幅することで解決している（**図11-22**）。この遺伝子セットはゲノム全体の0.2％から68％にまで増加し、この100万コピーから最大効率で転写が行われて、数日で必要量である１兆に達する。

ある特定の遺伝子を選択的に増幅する機構はまったくわかっていないが、医学的には重要な関わりがある。癌のなかには、癌遺伝子と呼ばれる癌を引き起こす遺伝子が増幅されているものがある（14.4節〈第３巻〉参照）。さらに、腫瘍をあるタンパク質を標的にした薬物で治療すると、その標的タンパク質の遺伝子増幅によりタンパク質量が亢進し、最初に処方された量では効かなくなることがある。

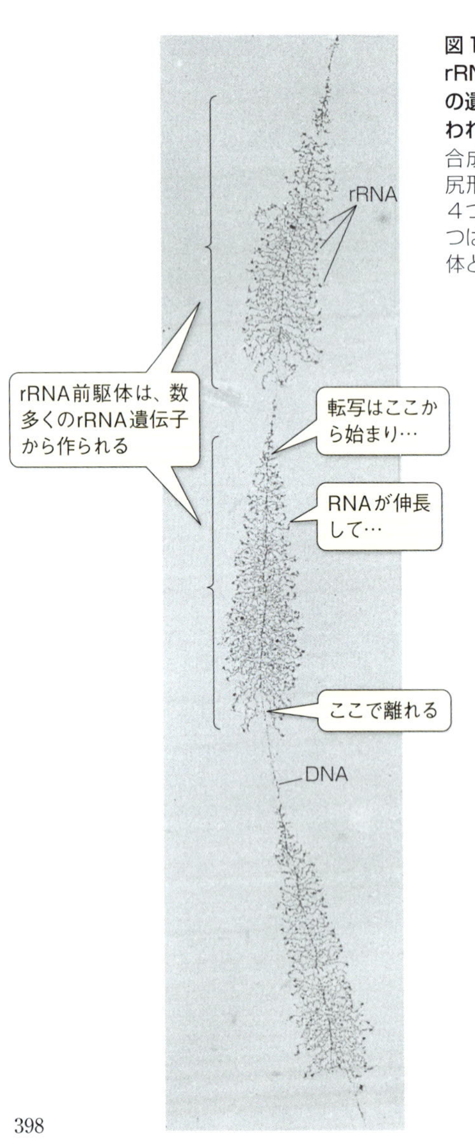

図11-22
rRNA合成は、数多くの遺伝子コピーから行われる
合成されたRNAが矢尻形に伸長している。４つのrRNAのうち３つは１本のrRNA前駆体として合成される。

11.5 真核生物の遺伝子発現は転写後にどのように調節されているのだろうか？

転写後の発現調節にも多くの方法がある。前駆体mRNAのプロセッシング（11.3節参照）もその1つである。

前駆体mRNAはイントロンが切り取られエキソンのみが繋がれる。もしエキソンも前駆体mRNAから除かれると、当然違ったタンパク質が合成されることになる。また、mRNAが細胞質内にとどまる時間も長ければ長いほど、合成されるタンパク質量も多くなる。

選択的スプライシングによって1つの遺伝子から複数のmRNAが作られる

大半の前駆体mRNAは複数のイントロンを持ち（**図11-7**参照）、スプライシング機構はエキソンとイントロンの境界を認識している。もし、イントロンを2つ持つβグロビンの前駆体mRNAが、1つ目のイントロンの最初から2つ目のイントロンの終わりまで一気にスプライシングされたら、なにが起こるだろうか？　その2つのイントロンだけでなく、あいだに挟まれたエキソンも一緒に除かれてしまい、完全に新しいタンパク質（確実にβグロビンではない）が合成され、正常なβグロビンの機能は失われるだろう。

選択的スプライシングは、1つの遺伝子から複数種類のタンパク質を作り出すための機構である。トロポミオシン（哺乳類の細胞骨格タンパク質の1つ）の前駆体mRNAは、骨格筋、平滑筋、線維芽細胞、肝臓、脳の組織ごとにスプライシングが異なり、遺伝子は1つであるが、5種類の成熟mRNA（結果として5種類のタンパク質）が存在する（**図11-23**）。

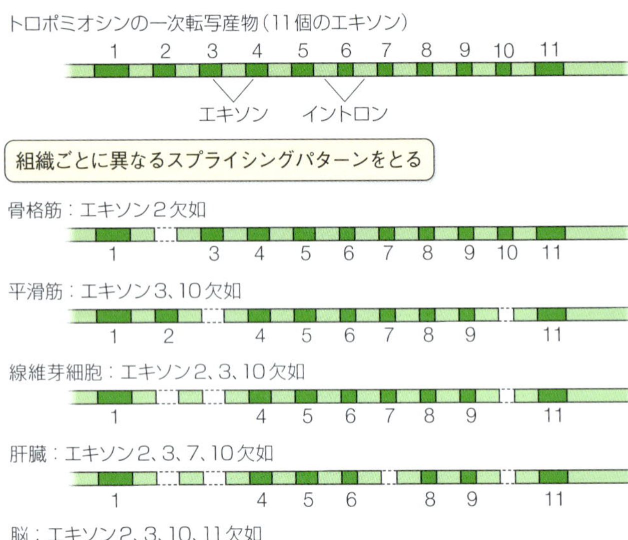

図11-23　選択的スプライシングによって1個の遺伝子からさまざまに異なった成熟mRNA、タンパク質がつくられる
哺乳類のトロポミオシン遺伝子には11個のエキソンがある。トロポミオシンの前駆体mRNAは組織ごとに異なるスプライシングをうけ、5種類のタンパク質を作り出す。

ヒトのゲノム配列の解読が始まる前、その遺伝子数は10万個から15万個と見積もられていた。しかし、実際の数はたったの2万4000個ほどであり、科学者たちは驚きを隠せなかった。実際のところ、ヒトの遺伝子数よりもはるかに多くのmRNAの種類が存在するが、この多様性は選択的スプライシングによってもたらされるものである。最近の研究によると、ヒトの遺伝子の半分が選択的スプライシングを行っており、選択的スプライシングこそが生物の複雑さを規定する鍵なのかもしれない。

mRNAの安定性も調節されている

DNAは遺伝物質であるので、当然安定でなければならない。また、ダメージを受けたときのために、念入りな修復機構も備わっている（8.4節参照）。しかし、RNAにはそのような修復機構はなく、細胞質に到着後は細胞質やリソソームにある分解酵素によって分解されやすい。つまり、不適切なmRNAがたまたまできたとしても、直ちに分解されるために被害はほとんどないのである。

mRNAが細胞質にとどまる時間が短ければ短いほど、翻訳されてできるタンパク質の量も減少する。しかし、真核生物のすべてのmRNAが同じ寿命であるわけではない。mRNAの安定性の違いは、タンパク質合成における転写後調節機構の1つである。

あるAUリッチな配列を含むmRNAは、**エキソソーム**と呼ばれる分解酵素複合体によって直ちに分解される。たとえば、成長因子のようなシグナル分子のmRNAはAUリッチ配列を持ち、非常に不安定であり、必要時のみ作られ過剰にならないようになっている。

低分子RNAはmRNAを分解する

あるmRNAの相補的な配列である約20塩基ほどの超低分子RNA（**マイクロRNA**）は、リボソームよりも先にそのmRNAに結合できる。こうなると、このmRNAは分解されてしまう（訳注：いわゆるRNA干渉）。たとえ分解を逃れることができたとしても、マイクロRNAと塩基対を形成している領域に

tRNAは結合することができないので、タンパク質への翻訳が阻害される。最近になって発見されたのだが、マイクロRNAをコードする遺伝子がヒトのゲノムに250個ほど見つかっており、転写後調節のありふれた機構とみなされつつある。

70塩基ほどの2本鎖のRNAが、ダイサーというタンパク質複合体によって“マイクロ”サイズにまで切断され、相補的配列を持つ標的のmRNAに結合する（**図11-24**）。この機構は、線虫の神経ネットワークの発生から、ショウジョウバエのアポトーシス、植物の花の発生、ヒトの血球の発生にいたるまで、幅広い機能において遺伝子発現調節に関与していると考えられ

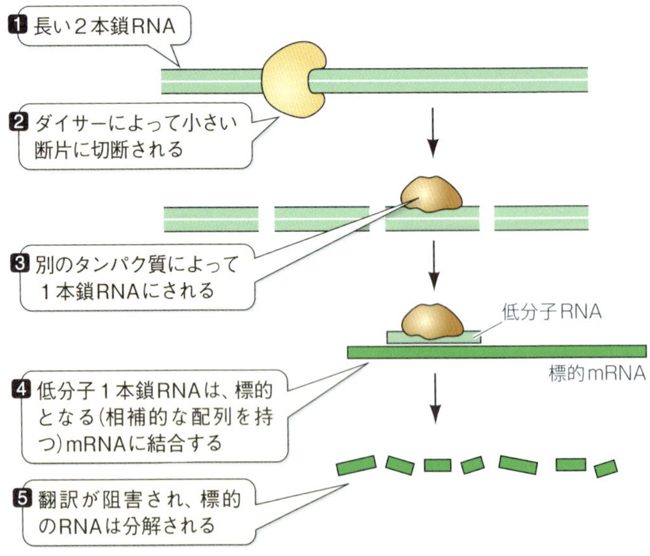

図11-24　低分子RNAによるmRNA阻害
低分子RNAは翻訳を阻害し、mRNAを分解させる。

ている。また、第13章（第３巻）で触れるが、低分子RNAはヒトの遺伝病に対する薬としても開発中である。

RNAは編集され、アミノ酸配列が変化する

mRNAの配列は転写、スプライシング後に**RNA編集**を受け変化することもある。RNA編集には２種類のやり方がある（**図11-25**）。

- **ヌクレオチドの挿入**：共生原生生物である「トリパノソーマ」（*Trypanosoma brucei*）には、遺伝子配列から予想される配列よりも長いmRNAが見つかっている。このmRNAに

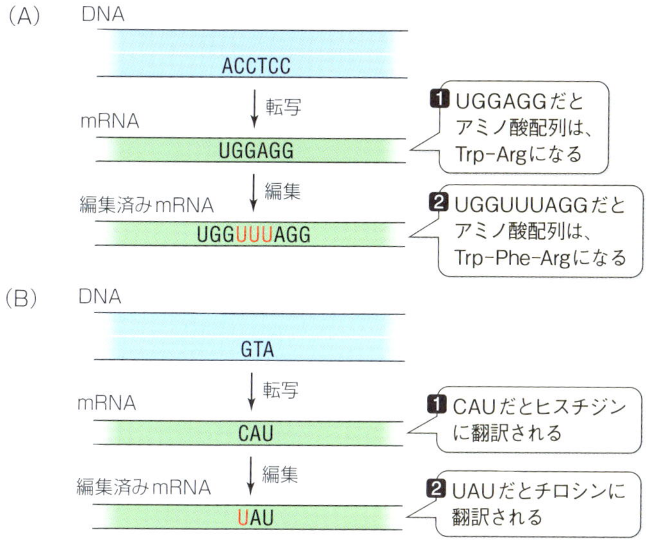

図11-25　RNA編集
RNA編集には、(A) 新しいヌクレオチドが挿入されるか、(B) 既存のヌクレオチドが化学的に変換されるかの２種類がある。

は、転写後に数塩基のウラシルが付加されており、合成されるタンパク質を変化させている。

- **ヌクレオチドの置換**：シトシンが脱アミノ化されると、ウラシルとなる。このRNA編集は、哺乳類の神経系に発現するあるチャネルタンパク質のmRNAで起きる。通常、このチャネルタンパク質はカルシウムイオンとナトリウムイオンを通すが、RNA編集によりシトシンがウラシルに変わると、アミノ酸もヒスチジンからチロシンへと変化しカルシウムイオンを通さなくなってしまう。

11.6 真核生物の遺伝子発現は翻訳過程や翻訳後にどのように調節されているのだろうか？

成熟mRNAが作られ、細胞質に移行した後の翻訳過程や翻訳後にも発現調節機構がいくつか存在する。

あるタンパク質の細胞内の量は、そのタンパク質のmRNAの量によって決まるのだろうか？　近年、酵母を使ってmRNAとタンパク質の関係が調べられた。調べられた数十遺伝子のうち約３分の１で、mRNA量とタンパク質量に相関関係が見られたが、残りの３分の２に関しては、明らかな相関関係が見られなかった。こうしたタンパク質の細胞内含有量は、mRNA合成後に作用する要因によって決定されているに違いない。

翻訳の開始と伸長は調節されている

翻訳を調節する１つの方法が、mRNAのGキャップを利用したものである。mRNAの5′末端はメチル化されたGTPによって修飾されているが（**図11-12**参照）、この修飾がないmRNAは翻訳されない。タバコスズメガの卵細胞に貯蔵されているmRNAはこの修飾が完了しておらず、翻訳されない。しかし、受精後にその修飾は完了し、mRNAから翻訳が開始されて初期の発生に必要なタンパク質が合成される。

細胞内の状態も翻訳に影響する。哺乳類の細胞内の鉄イオン（Fe^{2+}）は、「フェリチン」というタンパク質と結合している。鉄イオンが過剰に存在すると、フェリチンタンパク質の合成は劇的に上昇するが、フェリチンのmRNA量は一定のままである。細胞内の鉄イオン濃度が低いと、フェリチンmRNAにあるタンパク質が結合し、リボソームをブロックして翻訳を阻害している。しかし、鉄イオン濃度が高くなると、過剰な鉄イオンがこのタンパク質に結合してmRNAから解離させるため、リボソームがアクセスできるようになり翻訳が可能となる。

翻訳調節は、ヘモグロビンのような複数のサブユニットのバランスを保つためにも使われている。ヘモグロビンは4つのグロビンサブユニットと4つのヘムからできているが、もしグロビンの合成とヘムの合成が等しくなかったら、細胞内をヘムが漂うことになる。この過剰なヘムは、リボソームで翻訳開始をブロックしているものを除去し、グロビンmRNAの翻訳率を上昇させる。

翻訳後調節はタンパク質の寿命を調節する

多くの遺伝子産物――タンパク質――は翻訳後に修飾を受ける。これには、糖修飾やリン酸化などの共有結合もあれば、膜タンパク質におけるシグナルペプチドの除去（**図9-18**参照）も含まれる。

細胞内でタンパク質の活動を制御する方法の1つが、タンパク質の寿命を調節することであるが、その機構にタンパク質の修飾がある。76アミノ酸からなる**ユビキチン**（ユビキタスに〈広範に〉存在するということから名付けられた）という小タンパク質が標的となるタンパク質のリシン残基に付加される。最初の1つが結合すると、次々とユビキチンが付加され、ポリユビキチン化する。ポリユビキチン化したタンパク質は、**プロテアソーム**という巨大なタンパク質複合体に取り込まれる（**図11-26**）。プロテアソームの構造は管状であり、「管腔」に標的タンパク質は取り込まれる。取り込まれた標的タンパク質からユビキチンはATPエネルギーを使って除去され、再利用される。“犠牲者”となる標的タンパク質の立体構造は破壊され、

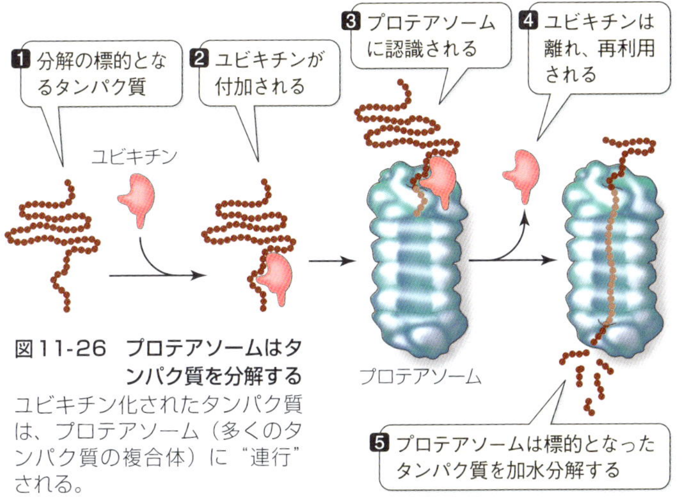

図11-26　プロテアソームはタンパク質を分解する
ユビキチン化されたタンパク質は、プロテアソーム（多くのタンパク質の複合体）に"連行"される。

1本の紐のように引き延ばされる。"タンパク質処理室"ともいうべき管を通過するあいだに、3種類のタンパク質分解酵素によって、あらゆる標的タンパク質は、短いペプチドやアミノ酸へと分解される。

多くのタンパク質の細胞内の量は、遺伝子の発現量だけではなくプロテアソームを含めて、さまざまなタンパク質分解酵素による分解によっても決まってくる。サイクリンは常にオンの状態にならないように、細胞周期のある時点で分解される(6.2節参照)。ウイルスにはこうしたシステムを乗っ取るものがある。子宮頸癌を引き起こすヒトのパピローマウイルスは、細胞周期を抑制するp53タンパク質をプロテアソームで分解されるように誘導し、細胞分裂を制御不能にして癌をもたらす。

チェックテスト （答えは1つ）

1. 真核生物の遺伝子（タンパク質をコードしている遺伝子）が原核生物と異なる点は、以下のうちどれか？

ⓐ2本鎖である。
ⓑ1コピーしか存在しない。
ⓒイントロンがある。
ⓓプロモーターを持っている。
ⓔmRNAに転写される。

2. 細菌と酵母を比べた時、酵母だけが多くの遺伝子を持っているのは、以下のうちどれか？

ⓐエネルギー代謝
ⓑ細胞壁合成
ⓒ他のタンパク質と結合する細胞内タンパク質
ⓓDNA結合タンパク質
ⓔRNAポリメラーゼ

3. ショウジョウバエや線虫のゲノムは酵母のゲノムとよく似ているが、ある機能において酵母とは違い多くの遺伝子を持っている。それは以下のうちどれか？

ⓐ細胞間シグナル伝達因子
ⓑ多糖合成に関するタンパク質
ⓒ細胞周期に関するタンパク質
ⓓ他のタンパク質と結合する細胞内タンパク質
ⓔ転位因子

4. 以下の記述のうち、転写開始後に起こらないものはどれか？

ⓐRNAポリメラーゼⅡがプロモーターに結合する。
ⓑ5′末端がキャップされる。
ⓒ3′末端にポリAが付加される。
ⓓイントロンが除かれる。
ⓔ細胞質へと輸送される。

5. RNAスプライシングに関する以下の記述のうち、正しくないものはどれか？

ⓐイントロンが除かれる。
ⓑ核内低分子リボ核タンパク質粒子（snRNP）によって行われる。
ⓒ常に同じイントロンが除かれる。
ⓓコンセンサス配列が重要である。
ⓔRNA分子は短くなる。

6. 真核生物のトランスポゾンに関する以下の記述のうち、正しいものはどれか？

ⓐ複製の際にRNAを使う。
ⓑ約50塩基対の長さである。
ⓒDNAのものもあれば、RNAのものもある。
ⓓ転位のための遺伝子を持っていない。
ⓔヒトゲノムの約40％を占める。

7. 真核生物の転写に関する以下の記述のうち、正しくないものはどれか？

ⓐ合成するRNAの種類によって、RNAポリメラーゼが使い分けられている。
ⓑ転写因子が必要である。
ⓒオペロン単位で転写される。
ⓓ活性化機構もあれば抑制機構もある。
ⓔプロモーターには多くのタンパク質が結合する。

8. ヘテロクロマチンに関する以下の記述のうち、正しいものはどれか？

ⓐユークロマチンよりも多くのDNAを持っている。
ⓑ転写は不活性化状態である。
ⓒ転写抑制機構はすべてこれを利用している。
ⓓ男性のX染色体を凝集させている。
ⓔ有糸分裂のあいだにのみ、観察できる。

9. 翻訳調節に関する以下の記述のうち、正しいものはどれか?

ⓐ真核生物にはない。
ⓑ転写調節よりもゆっくりとした調節機構である。
ⓒある1つの機構しかない。
ⓓmRNAのキャップが外れていないといけない。
ⓔヘム合成量とグロビン合成量が等しいのは、この調節機構による。

10. 真核生物の遺伝子発現調節と直接的な関係がないのは、以下のうちどれか?

ⓐ選択的スプライシング
ⓑDNA結合タンパク質
ⓒ転写因子
ⓓアロステリック調節によるフィードバック阻害
ⓔDNAメチル化

テストの答え 1.ⓒ 2.ⓒ 3.ⓐ 4.ⓐ 5.ⓒ
6.ⓔ 7.ⓒ 8.ⓑ 9.ⓔ 10.ⓓ

著者略歴（『LIFE』eighth editionより）

デイヴィッド・サダヴァ（David Sadava）

クレアモント大学に設立されたケック・サイエンス・センターで教えるプリツカー家財団記念教授。これまで生物学入門、バイオテクノロジー、生理化学、細胞生物学、分子生物学、植物生物学、がん生物学などの講座を担当し、優れた教育者に与えられるハントゥーン賞を2度受賞。この15年間は、ヒト小細胞がんの抗がん薬多剤耐性の機序を解明し、臨床応用することを目指している。

H・クレイグ・ヘラー（H. Craig Heller）

スタンフォード大学で生物科学および人体生物学を講じるローリー・I・ロッキー／ビジネス・ワイア記念教授。1970年にイェール大学で生物学の博士号を取得。1972年以来、スタンフォード大学で生物学の必修講座を担当しており、生物学科主任、研究担当副学部長などを歴任。科学雑誌『サイエンス』の出版元でもあるアメリカ科学振興協会（AAAS）の会員であり、優れた教育者に贈られるウォルター・J・ゴレス賞を受けている。専門分野は睡眠と日周性、哺乳類の冬眠、体温調節、スポーツ選手の生理学などである。

ゴードン・H・オーリアンズ（Gordon H. Orians）

ワシントン大学名誉教授。生態学・動植物相保護・進化学の権威である。1960年にカリフォルニア大学バークリー校で博士号を取得。全米科学アカデミー、米国学士院の会員、オランダ王立学士院の海外会員。熱帯研究機構長（1988～1994）、米国生態学会長（1995～1996）を歴任。行動生態学、植物と草食動物の相互関係、共同体構造、環境政策などの研究で世界中を飛び回っている。現在は執筆活動及び環境政策立案の科学的指導に専念している。

ウィリアム・K・パーヴィス（William K. Purves）

カリフォルニア州クレアモントのハーヴェイ・マッド・カレッジの生物学名誉教授であり、同大学生物学部の創設者であるとともに学部長も務めた。1959年、イェール大学にて博士号を取得。AAAS会員であり、コネチカット州立大学ストーズ校にて生命科学グループを率い、カリフォルニア州立大学サンタバーバラ校にて生物科学部の学部長を務めた。専門分野は植物の生長における植物ホルモンの調節。1995年に早期退職し、科学の学習法と教育法の研究に専念している。

デイヴィッド・M・ヒリス（David M. Hillis）
テキサス大学オースティン校のアルフレッド・W・ローク百周年記念総合生物学教授であり数理生物学センター所長。同校の生物科学部長も兼任。これまでに、入門生物学、遺伝学、進化学、系統分類学、そして生物多様性などを担当。米国学士院会員に選出され、進化学会および生物分類学会の会長も歴任。研究は、ウイルス進化の実験的研究、天然分子の進化の経験主義的研究、系統発生学の応用、生物多様性分析、進化のモデル実験など、進化生物学の多分野に及ぶ。

【監訳・翻訳】 **石崎泰樹**
東京大学医学部医学科卒業後、東京大学大学院医学系研究科を修了、医学博士号を取得。生理学研究所、東京医科歯科大学、ロンドン大学ユニヴァシティカレッジ、神戸大学を経て、現在は群馬大学大学院医学系研究科教授（分子細胞生物学）。著書に『イラストレイテッド生化学』（丸善、監訳）、『症例ファイル生化学』（丸善、監訳）など。

丸山　敬
東京大学医学部医学科卒業後、東京大学大学院医学系研究科を修了、医学博士号を取得。トロント大学医学部、東京大学助手、東京都精神医学総合研究所主任研究員、東京都臨床医学総合研究所主任研究員、国立生理学研究所助教授、東京都精神医学総合研究所室長を経て、現在は埼玉医科大学医学部教授（薬理学）。主な著書に『休み時間の薬理学』（講談社）、『MR薬理学』（恒心社）、『イラストレイテッド生化学』（丸善、監訳）、『症例ファイル生化学』（丸善、監訳）など。

【翻訳協力】
浅井　将　　埼玉医科大学助教（薬理学）
吉河　歩　　埼玉医科大学助教（薬理学）

さくいん　（太字のページ番号は、本文中で強調表示している箇所）

【あ行】

【か行】

【さ行】

【な行】

【は行】

【ら行】

N.D.C.460　422p　18cm

ブルーバックス　B-1673

カラー図解 アメリカ版 大学生物学の教科書 第2巻 分子遺伝学

2010年5月20日　第1刷発行
2011年6月6日　第6刷発行

著者　D・サダヴァ 他
監訳・翻訳者　石崎泰樹
丸山　敬
発行者　鈴木　哲
発行所　株式会社講談社
〒112-8001 東京都文京区音羽2-12-21
電話　出版部　03-5395-3524
販売部　03-5395-5817
業務部　03-5395-3615
印刷所　（本文印刷）豊国印刷株式会社
（カバー表紙印刷）信毎書籍印刷株式会社
製本所　株式会社国宝社

定価はカバーに表示してあります。
Printed in Japan

ISBN978-4-06-257673-4

発刊のことば

科学をあなたのポケットに

二十世紀最大の特色は、それが科学時代であるということです。科学は日に日に進歩を続け、止まるところを知りません。ひと昔前の夢物語もどんどん現実化しており、今やわれわれの生活のすべてが、科学によってゆり動かされているといっても過言ではないでしょう。

そのような背景を考えれば、学者や学生はもちろん、産業人も、セールスマンも、ジャーナリストも、家庭の主婦も、みんなが科学を知らなければ、時代の流れに逆らうことになるでしょう。

ブルーバックス発刊の意義と必然性はそこにあります。このシリーズは、読む人に科学的に物を考える習慣と、科学的に物を見る目を養っていただくことを最大の目標にしています。そのためには、単に原理や法則の解説に終始するのではなくて、政治や経済など、社会科学や人文科学にも関連させて、広い視野から問題を追究していきます。科学はむずかしいという先入観を改める表現と構成、それも類書にないブルーバックスの特色であると信じます。

一九六三年九月　　野間省一